PÂTISSERIE AIGRE DOUCE

味之美學

寺井則彥

L'ART DE LA PÂTISSERIE FRANÇAISE AIGRE-DOUCE

NORIHIKO TERAI

Cher Nori,

On ne fait du bon qu'avec du très bon, telle est la devise de Nori, pâtissier émérite du Japon, qui à fait ses classes en France.

Créateur, Nori à fait le succès des vitrines Relais Desserts française avec ses mini cakes,mais sourtout, le régal des palais car, son souci majeur est le goût qui fait le succès de sa pâtisserie à Tokyo.

Apprécié par ses collègues du Relais Desserts depuis une décennie pour sa simplicité, son efficacité et sa disponibilité, je lui souhaite encore beaucoup de succès dans sa vie professionnelle et familiale.

Gérard Bannwarth

Pâtisserie «Jacques»

Président d' honneur des Relais Desserts.

親愛的則彥，

「好東西，源自於絕佳的材料」這是經歷法國修練的優秀日本甜點師則彥的信念。

則彥扮演甜點創作者角色，在法國Relais Desserts即以小蛋糕博得廣大支持，真不得不讚許那無一不取悅舌尖的好滋味。他對＜美味＞此般全神貫注的堅持，正是成就東京創店成功的一大要素。

在此謹祝福十年多來，深受Relais Desserts夥伴們喜愛，率直、有能力、才華洋溢的則彥，於公於私都能獲得不凡的成就！

傑哈班瓦 Gérard Bannwarth

Patisserie《Jacques》

Relais Desserts榮譽會長

Norihiko Terai est un créateur, un magnifique pâtissier.

Il incarné la modernité de la pâtisserie française avec une certaine culture japonaise, à la fois dans les techniques, dans les ingrédients et surtout dans la manière d'exprimer son art.

Sa précision, qualité essentielle dans la pâtisserie, est plus que perceptible dans ses création, autant que son travail sur les sensations et le goût.

Elle transparaît dans toutes ses créations, comme le gâteau Caraïbe.

C'est avec un grand plaisir que je préface ce livre qui marque le dixième anniversaire de la Pâtisserie Aigre-Douce.

Membre des Relais Desserts, Norihiko fait partie de l'élite de la Pâtisserie mondiale et contribute à son rayonnement.

Pierre Hermé

寺井則彥是位創作家，也是位優秀的甜點師。

不論技術、材料，再加上將日本文化融入的藝術性呈現，他具體展現了現代風格的法式甜點。

構築感覺、味覺的技巧固然是他的長項，但在製作甜點時最重要的天賦「敏銳」，更是他所擁有創意中最卓越強烈的特徵。

這個特徵除了彰顯於「Caraïbe 加勒比」這款蛋糕外，更著實展現在他所有甜點裡。

現在我以非常愉悅的心情，在「Patisserie Aigre-Douce」屆十周年所出版的本書中，寄予我的祝福。

身爲 Relais Desserts 會員的則彥，作爲全球甜點界菁英，以其光芒榮耀我等。

皮耶艾曼

10

前言

我立志成爲甜點師是在念高二時。母親提醒我思考未來的志向，我一開始想選擇從小就喜歡的料理這條路。之後幾番思索，最後選擇了比起料理感覺更富創意，並能以多樣化呈現的甜點之路。這可能是受1928年出生，現職西洋畫畫家迄今仍持續創作的家父影響。父親對製作工藝所懷抱的創作欲望一直是我的目標。

常有人說甜點師是藝術家，實際上卻全然不同，因爲製作上幾乎無法獨自完成一件作品，而是一個需要以團隊方式和其他從業者一起製作、呈現的工作。再者，一旦成爲經營者兼主廚，還必須思考經營問題，無法只是純粹地做著自己喜歡的東西這麼簡單。一旦鬆懈，即可能走偏變得貪圖方便或一味追求利潤，然而我仍想堅持做一個持續製作美味甜點的職人。

我認爲，甜點的製作是諸多小小堅持積沙成塔的過程。選擇適合那個甜點的素材，再以最恰當的方法予以加工並組合，進而催生出「自己的味道」。單就每個小作業程序來看可能只是很小的差異，但透過深思熟慮、斟酌體會，一點一滴累積之後，卻能夠在完成時形成口味上極大的差異，使獨特性脫穎而出。

本書以37款甜點爲題，詳盡解說我在創造口味時的想法，並以實例具體說明。在關注配方或作法前，我希望大家能瞭解更重要的「原理」。爲什麼選擇這個局部或組合？爲什麼選擇這個做法？如何加深味道的層次感，如何掌控？這些甜點師獨特的理論或用心，都隱藏在甜點的本質中。首先必須理解甜點的全貌與各個部分的重點，才去瞭解配方與操作法，我想就能明確掌握創造美味時所需要的重點。

這是我的第一本書，盼有幸能提供每天製作甜點的各位，在創造美味的途中更上一層樓的線索。

寺井則彥

目次

第1章 基本甜點

第2章 特殊甜點

第3章 多層蛋糕

法國甜點 關於美味

採訪・執筆/瀨戸理恵子
攝影/合田昌弘
藝術指導/成澤 豪(なかよし図工室)
設計/成澤宏美(なかよし図工室)
法文翻譯/髙崎順子(p2～3)
編輯/永井里果、鍋倉由記子

開始製作前

- 配方雖以AIGRE DOUCE店裡製作的單位爲準，但部分爲配合本書製作方便而調整爲較小的份量。
- 材料基本上以重量(克/g)標示，但如香草莢則以根，而吉利丁片則以片數記載(AIGRE DOUCE所使用之香草莢一根約3.5g，吉利丁片一片約3.4g)。請依使用之材料或喜好適當調整。
- 蛋基本上皆恢復常溫狀態，一顆約55g(蛋黃約20g、蛋白約35g)。
- 奶油使用無鹽奶油。
- 粉類(如杏仁粉、可可粉或糖粉等)一律於使用前過篩。
- 手粉使用適量高筋麵粉。
- 吉利丁片若未特別說明，一律以水(配方分量外)泡軟後使用。
- 香草莢縱向剖開後取出香草籽，依需要使用香草籽與香草莢。
- 堅果粉類全部爲自製。選用優質堅果，使用剛研磨完成者。
- 覆蓋巧克力(chocolat de couverture)、可可膏(cocoa mass)、巧克力鏡面(Pâte à glacer)(表層覆淋coating用巧克力)等選用較方便使用的鈕扣狀，塊狀者則切碎後使用。
- 冷凍水果泥類皆於冷藏庫解凍後使用。
- 烤箱之溫度及烘烤時間僅供參考。請依烤箱之機種或特性等適當調整。
- 義式蛋白霜或炸彈麵糊等在拌入糖漿時，應於鍋邊或攪拌鋼盆外側以噴火槍略爲加熱，避免糖漿凝固。
- 將麵糊平鋪薄薄一層於烤盤上烘烤時，在抹平表面後以手指繞著烤盤邊緣畫一圈，抹去麵糊將有助於烘烤完成後脫模。
- 室溫約維持於25℃。

＊材料之製作商或品牌等並沒有特定。基本上只要選用個人喜好材料即可，但因部分商品可能因此影響成品，故列舉如下。基本上選用當時判斷的最佳材料，因此未來亦有變動的可能性。

- 吉利丁片使用Granbell「德國銀級吉利丁片」。
- 法式布丁粉即卡士達粉。使用Artisal公司的Flan poudre。
- 即溶乾酵母使用Lesaffre公司的saf-Instant(RED)。
- 開心果泥使用BABBI與Sevarome兩家公司的製品。
- 香草醬使用DOVER的Mon Reunion。
- 香草粉爲使用過之香草莢乾燥後，以料理機打成粉狀之自製品。
- 咖啡粉使用成塚公司的微米咖啡粉(濃縮咖啡)。
- 紅酒使用DOVER的Triple Rouge。
- 柳橙丁泥、檸檬果泥使用Granbell製品。

＊基本組合配方請見p107～確認。

製作甜點的道具

特別介紹衆多製作甜點的道具中
AIGRE DOUCE不可或缺的。

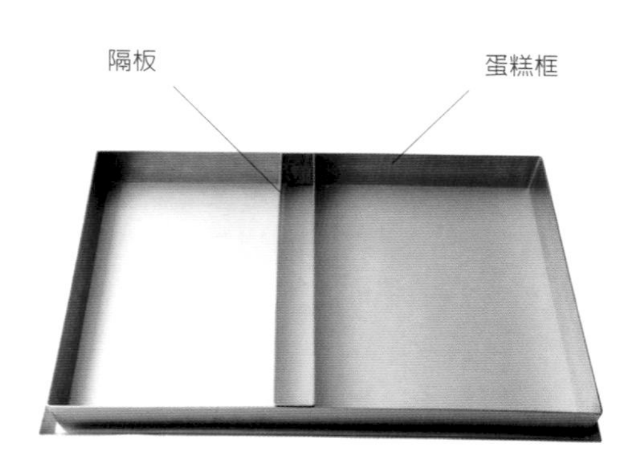

蛋糕框 Cadre
訂製的隔板

在製作甜點時我們把60×40cm的烤盤設為一個標準。通稱法國烤盤，用於廚房，通常從冷藏庫、冷凍庫到烤箱都會以其大小為標準訂製。適合這個烤盤的蛋糕框為57×37cm的尺寸。需經切割才算完成的小蛋糕，若以蛋糕框直接製作，在切割時難以避免產生蛋糕邊的損耗。為了減少損耗，特別訂製能加入蛋糕框中的隔板，搭配甜點的尺寸運用，以降低損耗。

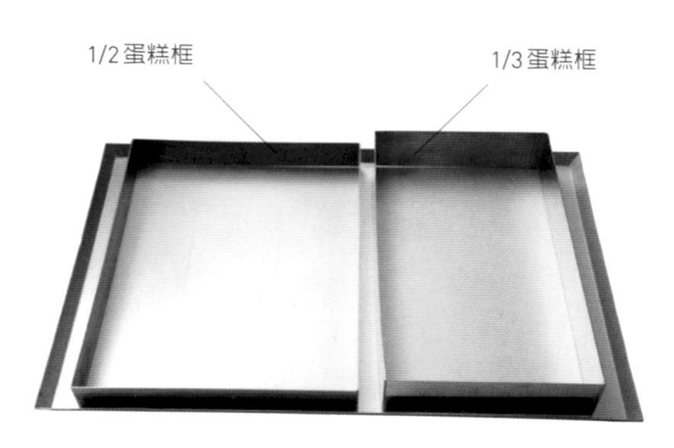

1/2蛋糕框
1/3蛋糕框

像左述57×37cm蛋糕框相同，在店裡常使用的有1/2個蛋糕框大小的28×37cm尺寸，與1/3個蛋糕框的21×37cm尺寸。誠如其名，我們特地訂製了少量製作時小兵立大功的1/2和1/3大的蛋糕框。AIGRE DOUCE分切販賣的小蛋糕主要都使用這三個尺寸。

食材細切機 Blixer

Blixer是Robot Coupe公司出品的食材細切機。銳利的刀頭與強力的馬達較一般食物調理機能更快速地瞬間細切食材。由於短時間細切完成，不易產生摩擦熱，因此對食材的破壞可降到最低也是一大優點。除自製堅果醬外，水果泥或醬料等的製作時也常使用。

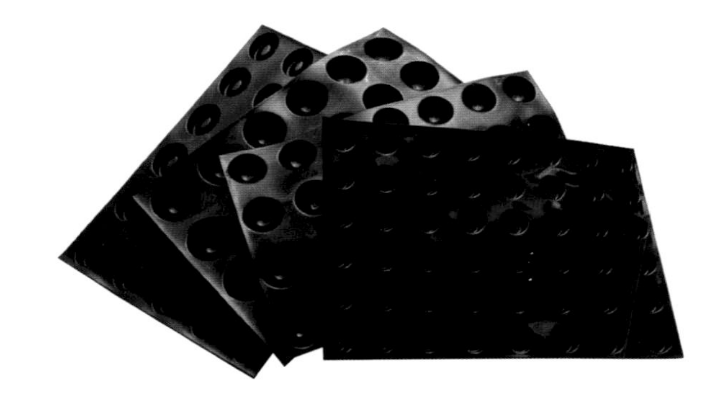

軟烤模 Flexipan

軟烤模是從冷凍到烘烤的高低溫（-40～250˚C）皆可使用，且具柔軟特質的烤模。由矽膠與玻璃纖維製成，倒入麵糊烘烤時不容易沾黏於模具，即使是複雜的造型也容易脫模是一大特徵。有各式各樣的造型，當中最常使用的是半圓型。如P176「柔情」這類的小蛋糕，不論是主體或內層，經常有機會運用，因此備有大小尺寸。薄圓盤造型的模，則常活用於製作冷凍果凍等。

堅果研磨機 Nuts Grinder

用來研磨堅果成為粉末狀的堅果研磨機，是為了廣為開拓甜點製作範疇而引進。可自由調整粒子粗細，能在剛研磨完成風味最佳狀態時，應用於甜點製作是最大魅力所在。優點是比起用食物調理機攪打更不易摩擦生熱，且堅果也不易出油。市面上買不到，如P124「椰香蛋糕卷」般細的椰子粉，也得以實現。自從引進堅果研磨機後，全新滋味的各種詮釋法變得更多樣了。

可研磨成想要的粗細。

粉條機 Vermicelle

從法國訂購栗子泥擠細餡專用機，最適合用來擠硬的栗子泥。在P66「栗子火炬」中使用。黑色部分內部為圓筒狀，只要將把手由上往下壓，即可將填於內部的栗子泥擠出，穿過前端的小洞擠成細長條狀。通常孔洞口徑約為3mm，AIGRE DOUCE選用特製的2mm口徑，呈現纖細且自然撒落斷裂的栗子泥質地。

磨製機 Millser

帶不鏽鋼製的刀頭，可高速迴轉的小型電動磨製機用於粉碎少量固體材料時。P190「洋茴香咖啡蛋糕」裡使用的香料，於使用前才磨製，因此比使用市面上販賣的粉末風味濃郁度更勝一籌。此外，製作P142「榛果咖啡蛋糕」中的咖啡糖漿時，用來研磨咖啡豆。先磨成細粉再煮出味道，可讓咖啡豆的精華更強烈，完整萃取。

麵糊填充器 Depositor

用於將慕斯或果醬填充入模具時使用的不鏽鋼製麵糊填充器。淋鏡面時最令人介意的氣泡，只要使用麵糊填充器，氣泡便會浮上來，如此便能將底部沒有氣泡的部份淋在甜點上。在AIGRE DOUCE，除法式甜點使用的麵糊填充器外，同時並用日本製的「麵糊分配器」（如照片）。比一般的麵糊填充器填充口的口徑大，因此若麵糊或奶油中含有內餡也不用擔心在分配時塞住。此外，不會過度損及慕斯或奶油當中的氣泡，可保有鬆軟柔嫩的質地是一大優點。

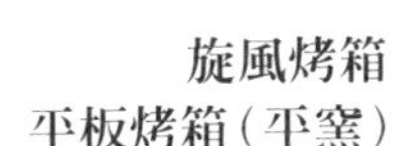

旋風烤箱 平板烤箱（平窯）

甜點店使用的烤箱主要有兩種。一種乃承襲自傳統石窯結構的平板烤箱，以上下火來烘烤，上下火的溫度可個別控制。此烤箱的特徵是蓄熱性高，可讓麵糊內外受熱均勻。另一種是旋風烤箱，特徵為透過風扇讓熱風於烤箱內循環來烘烤，從麵糊的表面開始導熱，邊乾燥邊烘烤的構造。前者適合使用較深烤模，如：海綿蛋糕、塔類、重奶油類蛋糕等；後者適合蛋白霜、小西點餅乾等。透過烘烤的過程凸顯其美味，並決定口味優劣，因此配合目的選擇烤箱來烘烤麵團或甜點相當重要。照片上方為旋風烤箱，下方為平板烤箱（平窯）。

1 法國甜點 關於美味

「絕對味覺」

口味乃根據記憶而生。自幼年時一路品嚐過的滋味、覺得耳目一新的滋味、自己料理的滋味，許許多多的舌尖體驗都累積於記憶的抽屜裡。即使專業職人，也無法呈現出超越記憶的滋味。因此職人必須致力維持感覺清晰靈敏，將多樣化的滋味浸潤於一身。在這過程中所建構起判斷「美味」的主要能力，就彷彿音樂世界裡提到的「絕對音感」，我稱之爲「絕對味覺」。對我來說，在實習的第一間甜點店就得以進入忠實呈現法國口味的雷諾特（LENÔTRE），相當的幸運。在此建立了對法國甜點絕對味覺的基礎，前往法國並在這樣一個龐大飲食文化下進行甜點鑽研，才得以更加確實地扎根滋長。霧裡看花仍不知往何處前進時，不妨從模仿師傅起頭。累積到一定程度的經驗，從良師身上學習正確的理論，時時保持關心，用心品嚐，那麼甜點師骨架般重要，不容動搖的絕對味覺，自然就能融會貫通、豁然開朗。

擺脫配方迷思

「甜點成敗取決於配方」，這是很容易產生的迷思。確實，以麵粉、蛋、砂糖等製作的甜點一旦配方大錯，結果就會一敗塗地。但我想，一味追求忠實重現配方，卻遺忘了去親自感受滋味、思考，也不對。

辻調集團創辦人辻靜雄先生在「味覺世界史」（舌の世界史）書中將料理書（即配方）比喻爲樂譜，料理師傅比喻爲演奏家，提及製作者不同會大大的影響成品，配方僅爲遵循的基準。比如即使寫著「草莓」，書中幾乎也都不會提到是哪種草莓，或想呈現什麼樣的滋味。亦即，最重要的重點卻不得而知。重要的不是數字或程序，而是營造滋味的製作者的手感或想法等。並非照著配方照本宣科，而是要從配方中學會滋味的製作，並與日俱進。這才是該追求的美味創造，不是嗎？

第 1 章
基礎甜點

Les Bases

Choux à la Crème
Cassolette
Crème Caramel
Crème d' Orge
Crème Chocolat
Chantilly Fraise
Miserable
Chantilly Fromage
Tarte aux Fraises
Terrine aux Pommes
Torche aux Marrons
Rois de Marron
Mille-Feuille
Chausson
YUKIDARUMA
Fleur Framboise
Crème de Coco
Verrine Pêche Melba

奶油泡芙

Choux à la Crème

泡芙點心可謂法式甜點的經典。
奶油泡芙對日本人來說，更是老少咸宜，
相當於法式甜點入門般的存在。
在圓鼓鼓膨脹著，經確實烘烤過後的泡芙中，
擠入濃厚滑順的卡士達鮮奶油，
凸顯出充滿法式甜點口感的對比。
比起剛填完餡，
稍候片刻兩者略融合後的狀態才是最美味的時分。
簡單卻饒富層次的風味會慢慢擴散開來。

奶油泡芙的口味組合

POINT 1
泡芙
Pâte à Choux
爽口、酥脆的輕盈度與香氣。

POINT 2
卡士達鮮奶油
Crème Diplomate
與泡芙皮成對比，綿密濃稠的質地與濃郁口感。

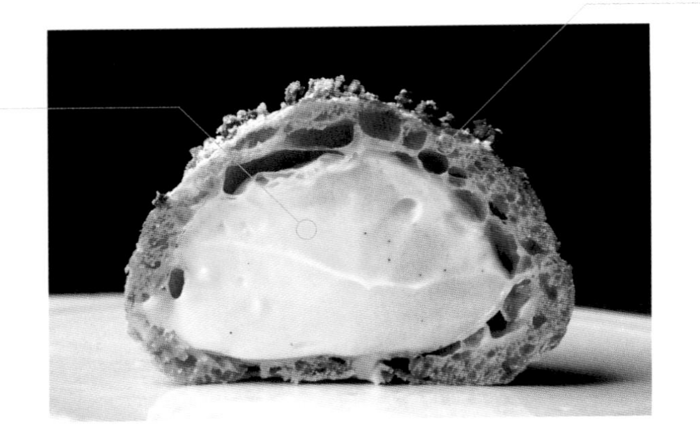

奶油泡芙的2大重點

POINT 1 *Pâte à Choux*
泡芙

在水中加入奶油等煮沸，迅速拌入麵粉後再慢慢拌入少許蛋液直至乳化。確實烤乾。

烘烤酥脆

確實烘乾
可達到保形性

烘烤至完全不殘留濕潤麵糊的程度相當重要。

「烘乾」至水分完全蒸發爲止

若不確實烘烤麵糊，則蛋白質凝固所造成的保形性將嫌不足，即使一時膨脹成型也會在出爐後萎縮。為避免這個狀況，必須「烘乾」至麵糊裡的水分完全蒸發為止。如此便可營造出酥脆的輕盈口感和香氣。此外，烘烤時建議使用適合烘乾的旋風烤箱。

不加牛奶，而添加奶油

有些泡芙為了增添風味和烤色而添加牛奶，但比起只加水製作的泡芙，會比較容易產生沒烤熟般的軟爛感。為呈現爽口的嚼感特地不添加牛奶，以凸顯強烈的奶油風味。

加上杏仁和細砂糖再烘烤

在擠好的麵糊表面撒杏仁粒再撒上細砂糖烘烤，可增添烘烤過的杏仁香氣和焦糖風味。還會產生令人喜愛的嚼感。

圓鼓鼓，輕盈地膨脹

確實達到乳化狀態

在吸收了熱水與油脂的麵粉裡拌入蛋液時，若一鼓作氣全數加入會造成乳化不足，影響膨脹的力道，因此必須分次少量拌入，以確保達到完全乳化。像甘納許的操作概念即可。低速拌合以避免拌入空氣，麵糊不斷裂可更柔滑地連結，麵糊中央產生的水蒸氣被包覆著，會向外擠壓擴張，像氣球般圓鼓鼓地膨脹起來。

確實糊化

富含於麵粉中的澱粉透過加水與加熱進行糊化，成為具黏性且有延展性的狀態。這是讓泡芙膨脹不可或缺的第一要件。在水和奶油達到完全沸騰狀態時將粉迅速拌入，讓粉類充分吸收熱水是美味的關鍵。細切奶油以避免水分過度蒸發，將奶油溶化調整到與水同步煮沸是一大重點。

比較

蛋液添加方法影響乳化程度

蛋液拌入方法不同會影響乳化程度（左），一次全部拌入（右）會在黏稠麵糊中出現結塊，組織也較粗糙。

確認麵糊是否都維持在相同的溫度下完成

泡芙麵糊完成狀態的判斷，常聽到的說法是「用刮刀舀起時麵糊會拉長、滑落，殘留於刮刀上的麵糊呈現漂亮的三角形狀態」，對此我並無異議，但達到此狀態時必須一直是相同的溫度（標準約30°C），並且要在還保持在溫暖狀態下進行確認，相當重要。還保持在溫暖狀態便會像下方照片般柔軟，一旦涼掉澱粉就會變黏稠、變硬。在溫暖狀態下擠出並烘烤，不論操作性或膨脹狀態都更佳。

比較

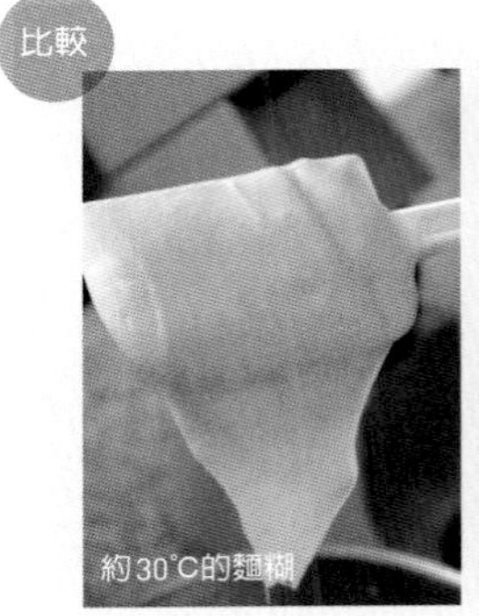

約30°C的麵糊

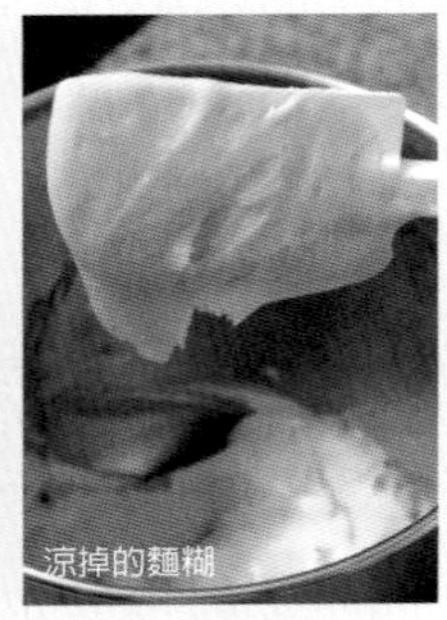

涼掉的麵糊

全部都在相同溫度下確認麵糊狀態

烘烤完成前不打開烤箱

泡芙麵糊經烘烤會在麵糊中央產生水蒸氣，水蒸氣會將麵糊往外擠壓擴張而膨脹。將水蒸氣在烤箱內烘烤至完全蒸發為止，麵糊已烤至定型，可保持圓鼓鼓的狀態。一旦在達到這狀態前便打開烤箱接觸外面空氣，則會因為急速的溫度下降導致麵糊中央（空洞部分）的空氣體積瞬間縮小，就是造成泡芙萎縮的原因。在確實烘烤到定型前，絕對不要打開烤箱。

在烘烤到定型前打開烤箱，接觸外界空氣就會像右方照片這樣萎縮。

POINT 2 *Crème Diplomate*

卡士達鮮奶油

在卡士達奶油中拌入未打發的鮮奶油。

卡士達奶油 Crème Pâtissière

在濃郁中增添輕盈

添加法式布丁（Flan）粉

用法式布丁粉取代麵粉或玉米粉等，風味更佳且可營造出輕盈的口感。

用圓底鍋快速加熱

卡士達奶油一旦加熱過頭，水分過度蒸發即會變得沉重，口感也變差。快手加熱到輕盈滑潤狀態非常重要。將蛋黃放回到室溫，拌入確實沸騰的牛奶，再馬上倒回鍋中等，在這連續的操作中都要極力確保不涼掉。使用導熱性高的圓底銅鍋或銅製缽盆加熱都有助於快速導熱，製作出輕盈的口感。

卡士達鮮奶油 Crème Diplomate

提高濃郁度

使用乳脂肪含量高的鮮奶油

使用乳脂肪含量45%的鮮奶油。營造出更香濃的奶味，更豐富的層次感。

呈現濃稠滑順的口感

拌入未打發的鮮奶油

捨棄將打發鮮奶油拌入卡士達奶油來製作出軟嫩的口感，反而以未打發的鮮奶油拌入，做出與泡芙絕配的濃稠柔滑質地，層次感也更加豐富。

奶油泡芙的配方

直徑6.5cm的泡芙，45個

■ 泡芙
(1個25g)
水　422g
奶油　169g
鹽　9g
細砂糖　17g
低筋麵粉　253g
全蛋　456g
杏仁細粒、細砂糖　各適量

1　於鍋中加入水、切成2cm立方大小的奶油、鹽、細砂糖，以中火加熱。
2　待奶油完全融化並達到完全沸騰後熄火，一次拌入所有低筋麵粉，以木杓快速攪拌。待麵團結成一團並能從鍋底完全推開時即完成(a)。
3　移至攪拌盆，使用攪拌葉片以低速攪拌，再馬上轉高速讓蒸氣蒸發。
4　將攪拌器轉到低速，拌入打散蛋液的1/4量。
5　大致拌勻後先暫時停止攪拌，用橡皮刮刀將鋼盆邊及攪拌葉片上的麵糊刮下，才再次啟動攪拌，直至完全乳化。之後轉中速，打出筋性。
6　重複三次步驟4～5(b)。但在加入最後蛋液時須確認麵糊硬度，來調整拌入的量。
7　全數拌完為止時的溫度約為30℃為佳。確認達到這個溫度時的麵糊硬度，以橡皮刮刀舀起麵糊時會拉長後落下(c)，還掛在刮刀上的麵糊呈現斷裂面乾淨的三角形即可。
8　將口徑12mm的圓口擠花嘴套入擠花袋，在不沾加工的烤盤上擠出直徑5cm，高度1.5cm的圓形麵糊(d)。
9　撒上2小撮杏仁細粒，再於上方撒上2小撮細砂糖。
10　以180℃旋風烤箱烘烤約1小時(e)。再放置於網架上於室溫中冷卻。
11　以尖棒在底部戳1個直徑約5mm的小洞。

■ 卡士達奶油
(容易操作的份量)
牛奶　500g
香草莢　0.5根
蛋黃　120g
細砂糖　150g
法式布丁(Flan)粉　45g

1　於圓底銅鍋中加入牛奶、香草籽和豆莢、1/3細砂糖，開火煮至沸騰。
2　於鋼盆中加入蛋黃和剩餘的2/3細砂糖，以網狀攪拌器攪拌，再加入法式布丁粉拌勻(f)。
3　將步驟1倒入步驟2(g)，過篩後再倒回鍋中。開大火以網狀攪拌器攪拌加熱至沸騰後約1分鐘，卡士達奶油糊一度變稠後再次回軟狀態為止(h)。
4　倒入鋪了保鮮膜的烤盤上攤薄開來，再於上方緊貼覆蓋一層保鮮膜。放入急速冷凍庫中冷卻，降溫後即移至冷藏庫。使用時只取需要的分量，在鋼盆中以攪拌器拌至滑順後使用。

■ 卡士達鮮奶油
(1個約55g)
卡士達奶油　460g
鮮奶油(脂肪成分45%)　140g

1　鮮奶油分3次拌入卡士達奶油中，每次拌入後皆以網狀攪拌器攪拌至均勻為止(i)。

■ 完成
糖粉　適量

1　將卡士達鮮奶油裝入套有5mm口徑泡芙專用擠花嘴的擠花袋中，充分擠入泡芙底部戳開的小洞裡(約55g)(j)。
2　排在烤盤上並於表面輕輕篩上糖粉。

卡酥來特

Cassolette

擁有如小杯皿造型的卡酥來特是我獨創的甜點。

在法國製作愛之泉（PUITS D'AMOUR）蛋糕時，用手指在小圓模中塗上泡芙麵糊烘烤而突發奇想。

構想主軸並非華麗或炫酷，而是飽滿且令人垂涎，我追求的是如餐廳料理般的甜點。

自口感極佳的杯狀泡芙滿溢而出的濃稠奶油餡，與濃郁的香蕉、香脆的焦糖共同譜出美麗的旋律。

避開太複雜的思考，單純地，用胃品嚐。

卡酥來特的口味組合

POINT 4
焦糖
Caraméliser
脆薄的口感和香氣成爲最佳點綴。

POINT 3
焦糖風味炒香蕉
Banane Sauté au Caramel
口味的關鍵。濃縮香蕉與焦糖的香氣增添層次感。

POINT 2
卡士達鮮奶油
Crème Diplomate
輕盈化口的溫和奶油。與香蕉、泡芙滑順調和。

POINT 1
泡芙
Pâte à Choux
這款蛋糕的盛裝部分。與奶油餡融合，締造出嚼感、香氣。

卡酥來特的4大重點

POINT 1 *Pâte à Choux*
泡芙

在水中加入奶油後煮沸，快速拌入麵粉後再分多次慢慢拌入蛋液直至乳化。烘烤成杯狀。

渾圓、輕盈地膨脹

・完全糊化→p16
・確實乳化→p16
・確認麵糊一直維持在相同溫度→p17
・烘烤完成前不打開烤箱→p17

發揮盛裝器皿的功能

烘烤成杯狀

將泡芙麵糊塗進軟烤模烤成杯狀，不只就外觀來說相當有趣，也藉由填餡幫助不容易固定形狀的柔軟奶油餡定型。軟烤模較金屬烤模導熱不易，因此操作重點是必須提高下火以確實烘烤。即便如此水分依然不易蒸發，因此不用烤到完全乾燥即可出爐。烤箱使用火力可達全體的平面烤箱。

POINT 2 *Crème Diplomate* 卡士達鮮奶油

卡士達奶油打至6分發再與鮮奶油拌合。

卡士達奶油 Crème Pâtissière

濃郁中凸顯出的輕盈

・加入法式布丁（Flan）粉→p17
・以圓底的鍋子快速攪拌加熱→p17

提味

添加蘭姆酒

用芬芳的蘭姆酒提點出蛋與牛奶的圓潤風味

卡士達鮮奶油 Crème Diplomate

拌成柔滑濃稠的質地

拌入滿滿的6分發鮮奶油

相對於麵糊或香蕉，這道甜點奶油餡的份量相當多，為避免過於厚重，特地拌入打發而富含空氣的香緹鮮奶油。且因為是倒入杯狀的泡芙中，因此不需擔心定型與否。維持6分發程度，創造濃稠柔嫩的質感。

POINT 3 *Banane Sauté au Caramel* 焦糖風味炒香蕉

將香蕉與焦糖拌合，再加入鮮奶油與砂糖熬煮至濃稠。

入口即是鮮明的風味

使用成熟的香蕉

成熟香蕉的狀態最能發揮其風味。務必在室溫追熟至照片右邊般皮稍變黑的狀態後使用。

與焦糖一起熬煮收汁

眾所皆知焦糖與香蕉相當合拍。在香濃的香蕉中拌入完全焦化的焦糖後熬煮收汁，可幫助味道更加融合、濃郁。

POINT 4 *Caraméliser* 焦糖

具一定厚度及豐富色澤

糖粉與細砂糖並用

最上層的焦糖是這款蛋糕口感與口味組合中最重要的元素，也是裝飾的一部分。只使用細砂糖雖然也能焦糖化，但上色情形並不佳，會呈現偏黃色澤。只用糖粉雖可呈現帶紅色的色澤但厚度則嫌不足，無法呈現薄脆口感。因此兩者並用，凸顯其存在感，並可燒成令人垂涎欲滴的烤色。

比較

加入糖粉 可強化促進食慾的紅色

照片的下方是只撒上細砂糖，而上方為細砂糖再篩上糖粉後焦糖化的成品。加入糖粉可讓焦糖色更濃厚。

卡酥來特的配方

直徑7.5cm，24個

■ 泡芙
（1個25g）
水 280g
奶油 120g
鹽 6g
細砂糖 11g
低筋麵粉 170g
全蛋 300g

1　依照p18的操作要領製作泡芙麵糊（a）。
2　在直徑7.5cm的圓型軟烤模內側用湯匙背塗抹上5mm厚度的泡芙麵糊。須在泡芙麵糊溫熱狀態下進行（b）。
3　移至烤盤以平面烤箱設定上火170°C下火245°C烘烤約40分鐘。出爐後放置網架上在室溫中放涼（c）。
4　內側膨脹起來的部分壓平，較硬的部分剝掉，整形成盛裝器皿的形狀。（d）

■ 焦糖風味的炒香蕉
（1個18g）
香蕉（果肉） 360g
細砂糖A 40g
細砂糖B 20g
鮮奶油（脂肪成分35%） 100g
※ 使用完全成熟的香蕉。

1　香蕉切成5mm厚度。
2　平底深鍋中加入細砂糖A，開中火。一邊搖晃平底深鍋避免局部燒焦，加熱直至全體呈現可樂般深的焦糖色為止。
3　加入少量熱水（配方份量外），以避免溫度繼續上升。
4　拌入步驟1，以木杓拌炒焦糖香蕉。
5　拌入細砂糖B攪拌後再拌入鮮奶油，邊以木杓攪拌邊熬煮（e）。讓焦糖與香蕉確實入味，湯汁已略收乾且香蕉接近煮糊前即可離火。
6　倒在烤盤上攤薄（f），再放入急速冷凍庫降溫。

■ 卡士達鮮奶油
（1個60g）
卡士達奶油（→p107） 720g
蘭姆酒 40g
鮮奶油 （脂肪成分35%） 720g

1　於卡士達鮮奶油內拌入蘭姆酒。再將打至6分發的打發鮮奶油少量拌入，以網狀攪拌器攪拌均勻，最後拌入剩餘的打發鮮奶油，以橡皮刮刀拌至均勻即可（g）。

■ 完成
細砂糖 適量
糖粉 適量

1　將卡士達鮮奶油填入裝好16mm圓形花嘴的擠花袋內，擠餡至泡芙約一半的高度為止。
2　用湯匙舀一匙焦糖香蕉於步驟1的中間（h）。
3　再擠入卡士達鮮奶油直至稍滿出泡芙的高度，用抹刀抹成平緩的山形（i）。放入冷藏庫定型。
4　抹上少許卡士達鮮奶油再以抹刀抹平。
5　於上方撒上細砂糖，再篩上糖粉，以噴火槍噴燒至焦糖化（j）。
6　篩上糖粉再次以噴火槍灼燒至焦糖化為止。

焦糖布丁

Crème Caramel

在法國，布丁（Crème Caramel）比起甜點店，不如說是在咖啡廳或餐廳，甚至會在家庭裡登場的甜點。
經仔細推敲思量，我希望除了保有布丁質樸的特色外，
還要在其中加入甜點店的元素，製作出這款獨創的焦糖布丁。
鎖定介於餐廳可吃到馥郁濃稠的法式烤布蕾（Crème Brûlée），和媽媽做的清爽柔嫩口感布丁間的質地。

焦糖布丁的口味組合

POINT 1
蛋奶液
Appareil
是這道甜點的主要部分，不能過硬或過軟，不能太過濃郁也不能偏於輕盈，要恰到好處。

POINT 2
焦糖
Caramel
這是布丁不可或缺的醬汁。凸顯滑溜感及分明的層次。

焦糖布丁的2大重點

POINT 1 蛋奶液 *Appareil*

拌合全蛋、蛋黃、細砂糖、鮮奶油，並與已加入香草籽煮沸的牛奶攪拌混合。

追求恰到好處的濃郁度與口感

並用全蛋與蛋黃

具彈性、凝固成凍狀布丁的口感，主要來自於蛋白的凝固作用（遇熱即凝結）。然而豐富的濃郁度及香醇風味，則來自於富含脂肪的蛋黃。若能完美調和兩者比例，即能做出不過硬不過軟，入口即化的美味質地，組合出不過度厚重也不過度清淡的適中口味。

牛奶與鮮奶油並用

鮮奶與鮮奶油雖然都來自於牛奶，但所含的脂肪量相差約10倍。提高鮮奶油比例，風味將變得濃厚且有層次感，而口感也會變得濃稠且綿密。因此也和蛋一樣，適當並用調和牛奶與鮮奶油比例，以呈現適中的口味與質地。

全蛋與牛奶　　兩者都各別調配使用　　蛋黃與鮮奶油

完美調和全蛋與蛋黃、牛奶與鮮奶油比例

相較於使用「全蛋與牛奶」製作的布丁會呈現碎裂質地，「蛋黃與鮮奶油」製作則濃稠且軟爛。就口味上來說前者較清爽，後者則濃郁。正中央是本書介紹的焦糖布丁。

間接加熱

蛋的凝結溫度是70～80°C。烘烤時不論部分受熱或直接受熱，只要達到高溫都會容易形成孔洞，成為口感不佳的布丁。一定要加入熱水直到蛋奶液的高度，隔水加熱，並從上方蓋上蓋子以避免直接接觸到熱氣。以低溫的烤箱烘烤出柔滑口感。

POINT 2 *Caramel* 焦糖

以細砂糖分次添加少許，直至呈現焦糖化才加入熱水。

呈現爽口的微苦

均勻地焦化

砂糖一旦焦化過頭便會脫離適當微苦的程度，而碳化凸顯出焦臭味。均勻地焦化，避免燒出焦臭味是煮出風味極佳焦糖的關鍵。為避免僅部分焦糖呈現過焦現象，在鍋中分次加入少量細砂糖，控制使其整體慢慢上色，便能煮出無雜味的爽口微苦風味。

製作焦糖時不要一次融解所有砂糖，每次加一小把，待融解後再加一小把，重複此程序，以避免砂糖於加熱過程中結塊。

焦糖布丁的配方

口徑5.5cm，高7cm的玻璃杯10個

■ 焦糖
(1個8g)
細砂糖 300g
熱水 120g

1 開小火，抓一小把細砂糖分散撒入圓底銅鍋裡。融解後再抓一小把加入，避免砂糖結塊。
2 融化的細砂糖達到一定量後便可開始加入較大量的細砂糖，注意邊緣燒焦，使用木杓邊加熱邊拌開(a)。
3 煮至整體冒起大氣泡後轉小火繼續加熱(b)。待冒煙並變成可樂般的深咖啡色狀態，從鍋緣分次加入少量熱水(c)，再以木杓拌至溶解，過篩。
4 趁熱倒入麵糊填充器中，依序填入排列於方型不鏽鋼深盤中的玻璃杯內，每杯各8g(d)。再放進冷藏庫冷卻凝固。

■ 蛋奶液
(1個100g)
牛奶 560g
香草莢 1根
香草醬 少許
全蛋 270g
蛋黃 40g
細砂糖 170g
鮮奶油(脂肪成分40%) 115g

1 鍋中加入牛奶、香草籽、豆莢、香草醬(e)，開中火，以網狀攪拌器攪拌煮沸。
2 鋼盆中加入全蛋與蛋黃，以網狀攪拌器打散。依序加入細砂糖、鮮奶油，每種加入都需拌勻。
3 於步驟2的蛋奶液中邊倒入步驟1的牛奶液邊攪拌(f)。過篩並拿掉豆莢(g)，以手持式電動攪拌棒攪拌，以釋放香草的香味(f)。
4 倒入麵糊填充器，再分配至已倒入焦糖的玻璃杯中，每杯100g(i)。為避免弄髒杯緣，在分配時佐以湯匙塞住麵糊填充器口，再移動至下一杯。
5 以噴槍快速於玻璃杯上方掃過以消泡，再於鋼盤中倒入60～70℃的熱水(配方分量外)，直到與蛋奶液同高。
6 於上方蓋上烤盤，放入120℃的平板烤箱(平窯)中烘烤約70分鐘(j)。搖晃玻璃杯確認表面已凝固，再以竹籤刺入拔起確認不沾蛋奶液即可。中心溫度約75℃為佳。
7 從熱水中取出，放入冷藏庫冷卻。

麥香布丁

Crème d'Orge

d'orge是法文的「大麥」。
這是一款蘊含濃郁麥茶香氣，有層次感的布丁。
我在2004年代表日本參加世界盃甜點大賽（La Coupe du Monde de la Pâtisserie）
當中有個「使用祖國食材」的主題，
來自法國大麥糖漿的概念而製作的麥茶奶油醬，就是這道布丁的起點。
使用日本食材的麥茶打造出法式甜點風味，
是我喜歡這道甜點的主因。

麥香布丁的口味組合

POINT 1
蛋奶液
Appareil
是這道甜點的主體。蘊含強烈麥香，濃稠、風味豐富的蛋奶液。

POINT 2
麥茶醬
Sauce d'Orge
加了碎大麥的佐醬。以最直接的方式傳達麥茶的香氣與口感，後味清爽。

POINT 3
焦糖
Caramel
布丁中不可或缺的佐醬。為濃郁的蛋奶液增添鮮明層次。

麥香布丁的3大重點

Appareil

蛋奶液

用牛奶煮麥茶至出味，再拌入細砂糖、鮮奶油。

萃取出麥茶最純粹的風味至極限

使用無殼大麥製作麥茶

通常麥茶使用帶殼大麥（hulled barley），為追求無雜味的純粹麥香風味，因此在此選用不帶殼的麥茶。

重新煎焙麥茶，打碎後萃取

為倍增麥茶香氣，特地重新煎焙大麥，打碎後以牛奶充分萃取其風味。這和單純直接以牛奶煮麥茶相較，不僅視覺上，在口味上也呈現天壤之別。萃取時若加入鮮奶油則會因其脂肪成分而難以萃取出麥茶的精華，因此一開始只用牛奶。

比較

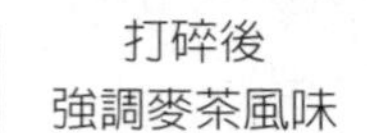
打碎後
強調麥茶風味

如果只是單純浸煮麥茶，其風味與色澤都嫌不足。浸煮後再以手持式電動攪拌棒將麥茶打碎，則可增添其風味與色澤。

更勝於麥茶的豐富滋味

充分運用蛋黃與鮮奶油

為了與麥茶的強烈風味取得平衡，需運用適量的蛋和乳脂肪的風味與濃郁度。因此蛋奶液只使用脂肪成分高且風味濃厚的蛋黃，並使用一半鮮奶油一半牛奶，呈現豐富的風味。比加了蛋白的蛋奶液較不容易凝固，因此以隔水加熱並加蓋的方式低溫慢火細細烘烤。

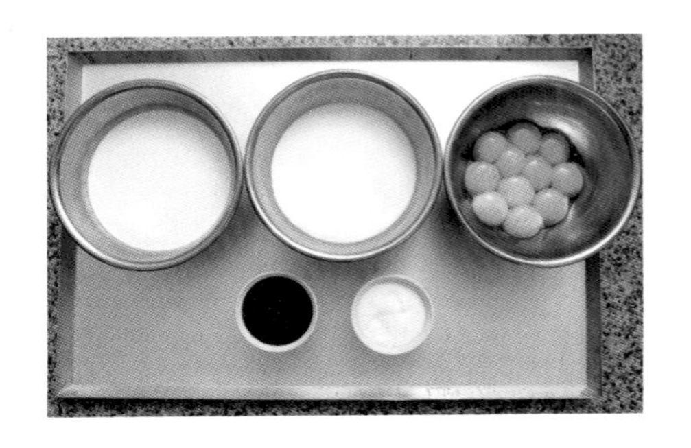

POINT 2 *Sauce d'Orge* 麥茶醬

於透明果膠中加入煮軟並打碎的麥茶。

芬芳的麥茶直接變身佐醬

・使用無殼大麥→POINT 1

重新煎焙麥茶並煮至軟

重新煎焙麥茶倍增香氣後再煮軟，並打碎成為佐醬。不殘留於口中但能充分品嚐大麥風味，視覺和味覺效果的差異成為絕佳點綴。重點是不添加油脂與奶類，以提點出麥茶特有的清新風味。

POINT 3 *Caramel* 焦糖

以少量細砂糖分次煮成焦糖後再加入熱水。

呈現爽口的微苦

・均勻地焦化→p25

麥香布丁的配方

口徑5.5cm，高7cm的玻璃杯10個

■ 焦糖
（1個8g）
細砂糖　300g
熱水　120g

1　依照p26的操作要領製作焦糖。
2　趁熱倒入麵糊填充器中，依序填入排列於方型不鏽鋼深盤中的玻璃杯內，每杯各8g（a）。再放進冷藏庫冷卻凝固。

■ 蛋奶液
（1個100g）
麥茶　66g
牛奶　420g
蛋黃　210g
細砂糖　100g
鮮奶油（脂肪成分35%）　420g
※ 麥茶使用不帶殼的無殼大麥。

1　於平底深鍋中加入麥茶，以中火煎焙至飄香（b）。
2　於上述鍋中加入牛奶並以鋼盆等蓋上以中火浸煮。沸騰後轉小火，直至麥茶煮軟約1～2分鐘。
3　離火，以手持式電動攪拌棒打碎麥茶（c）。過篩後秤重補足至420g。不足部分可加牛奶，和篩子上濾出的麥茶渣一起攪拌後再過篩補足（d）。
4　將蛋黃加入鋼盆，並加入細砂糖以網狀攪拌器攪拌。依序加入步驟3的牛奶和鮮奶油，以橡皮刮刀攪拌。
5　倒入麵糊填充器，再分配於已倒入焦糖的玻璃杯中，每杯100g（e）。為避免弄髒杯緣，在分配時佐以湯匙塞住麵糊填充器口，再移動至下一杯。
6　以噴火槍快速在玻璃杯上方掃過以消除氣泡，再於鋼盤中倒入60～70℃的熱水（配方外份量），直至與蛋奶液同高。
7　在上方蓋上烤盤，以120℃的平板烤箱（平窯）烘烤約70分鐘（f）。搖晃玻璃杯確認表面已凝固，再以竹籤刺入拔起確認不沾蛋奶液即可。中心溫度約75℃為佳。
8　從熱水中取出，放入冷藏庫冷卻。

■ 麥茶醬
（1個8g）
麥茶　12g
水　80g
細砂糖　20g
透明果膠（可加水稀釋）　75g
※ 麥茶使用不帶殼的無殼大麥。

1　與蛋奶液步驟1一樣煎焙麥茶。
2　於上述鍋中加入水，並以鋼盆等蓋上以中火浸煮。沸騰後轉小火，直至麥茶煮軟約1～2分鐘。
3　倒至稍有深度的器皿中加入細砂糖，並以手持式電動攪拌棒攪拌打碎麥茶（g）。
4　另一個鍋中加入透明果膠，並倒入90g步驟3的麥茶。開中火，以網狀攪拌器攪拌煮至溶解（h）。
5　移至鋼盆中，隔冰水降溫（i）。於冷藏放置一晚。

■ 完成
1　每杯布丁淋上8g麥茶醬（j）。

Crème Chocolat

運用微苦的苦甜巧克力與可可膏打造出大人風味，蘊含歷經千錘百鍊氛圍的布丁。

滑順綿密的蛋奶液層、濃稠流動的佐醬等，能將容易變形的各個要素完美呈現，正是杯裝甜點特有的妙趣。

裝飾於杯口的蕾絲狀巧克力片，展現驚奇與華麗。

運用甜點師特有技巧呈現的一道甜點。

巧克力布丁的口味組成

POINT 4
黑巧克力片裝飾
Décor de Chocolat Noir

視覺的美感，薄脆口感的點綴。

POINT 2
巧克力佐醬
Sauce au Chocolat

比蛋奶液更強烈的可可風味。為布丁提升順口度。

POINT 3
焦糖
Caramel

布丁不可或缺的佐醬。增添層次與鮮明風味。

POINT 1
蛋奶液
Appareil

此道甜點的主體。可可的微苦、濃稠與綿密口感。

巧克力布丁的 4 大重點

Appareil
POINT 1 蛋奶液

製作添加牛奶的甘納許，再拌入鮮奶油、全蛋與蛋黃。

呈現出柔滑度

提高蛋黃與鮮奶油的比例

添加了巧克力的蛋奶液容易呈現凝固變硬的質感。因此添加了比一般焦糖布丁更高比例的蛋黃與鮮奶油，打造出綿密口感。

避免油水分離

巧克力布丁的蛋奶液中水分含量較高，比起一般甘納許更不易達到乳化。一旦油水分離，油脂便會浮到表面而呈現分層狀態，會變成口感不佳的布丁，因此要特別注意。為達成乳化應注意以下事項：

1 添加的油脂類控制在所需量的最低限度。
2 提高蛋黃的比例，因其所含的卵磷脂有助促進乳化。
3 添加水麥芽（左）。
4 以手持式電動攪拌棒充分攪拌（右）。
5 烘烤時以熱水取代冷水，以縮短蛋奶液中心溫度升溫的時間。

比較

一旦油水分離，油脂會浮至表面形成分層

布丁的蛋奶液一旦油水分離便會如照片右邊般，油脂浮至表面，呈現分層狀態。

POINT 2 *Sauce au Chocolat* 巧克力佐醬

在細砂糖與可可粉中拌入加了香草籽的沸騰牛奶，再倒入可可膏（cocoa mass）中，添加吉利丁與鮮奶油。

呈色佳口感滑順

添加可可粉

若只使用可可膏則難以呈現巧克力色澤，但若反之，則冷卻後流動性稍嫌不足。與可可粉並用可確保滑順口感的同時，也保有具層次感的色澤。

風味更加突出

添加可可膏

為了在巧克力風味的蛋奶液中凸顯對比，因此試圖讓佐醬呈現苦澀滋味。捨棄苦甜巧克力而選用可可膏，可凸顯出更強烈的微苦滋味，讓整體風味更為突出。

於覆蓋巧克力片的空隙中注入巧克力佐醬，增添驚奇感。

POINT 3 *Caramel* 焦糖

以少量細砂糖分次焦糖化後再加入熱水。

呈現爽口的微苦

・均勻地焦化→p25

POINT 4 *Décor de Chocolat Noir* 黑巧克力片裝飾

使用經過調溫的覆蓋巧克力繪製成爲蕾絲狀，再覆蓋於杯緣上方，呈現視覺上的華麗風格。此外，薄脆的口感也成爲滑嫩布丁及佐醬的絕佳點綴。

巧克力布丁的配方

口徑5.5cm，高7cm的玻璃杯10個

■ 焦糖
(1個8g)
細砂糖 300g
熱水 120g

1 依照p26的操作要領製作焦糖。
2 趁熱倒入麵糊填充器中，依序填入排列於方型不鏽鋼深盤中的玻璃杯內，每杯各8g。再放進冷藏庫冷卻凝固。

■ 蛋奶液
(1個100g)
牛奶 490g
水麥芽 145g
全蛋 55g
蛋黃 100g
覆蓋巧克力(chocolat de couverture)
(苦甜巧克力) 145g
鮮奶油(脂肪成分35%) 120g

1 於鍋中加入牛奶與水麥芽，開中火。以網狀攪拌器攪拌至沸騰。
2 於鋼盆中加入全蛋與蛋黃，以網狀攪拌器打散。
3 在另一個鋼盆中放入覆蓋巧克力，倒入步驟1的牛奶並攪拌。以手持式電動攪拌棒拌至均勻為止。
4 於步驟3的鋼盆中拌入鮮奶油至均勻，一邊倒入步驟2的蛋液中，一邊以網狀攪拌器攪拌(a)。改以手持式電動攪拌棒攪拌直至完全乳化為止。
5 倒入麵糊填充器，再分配於已倒入焦糖的玻璃杯內，每杯100g(b)。為避免弄髒杯緣，在分配時佐以湯匙塞住麵糊填充器口，再移動至下一杯。
6 以噴火槍快速於玻璃杯上方掃過以消除氣泡，再於鋼盤中倒入60～70℃的熱水(配方份量外)，直至與蛋奶液同高。
7 在上方蓋上烤盤，以120℃的平板烤箱(平窯)烘烤約70分鐘。搖晃玻璃杯確認表面已凝固，再以竹籤刺入拔起確認不沾蛋奶液即可。中心溫度約75℃為佳。
8 從熱水中取出，放入冷藏庫冷卻。

■ 黑巧克力片裝飾
覆蓋巧克力(chocolat de couverture)
(苦甜巧克力) 適量

1 烤盤上噴水後再緊密貼上OPP膠膜(c)。以刮板或橡皮刮刀將空氣擠出。
2 將調溫完成的巧克力裝入烘焙紙擠花袋中，描繪細緻曲線。再將烘焙紙擠花袋口剪得稍大一些，在畫好的細線上疊上較粗的曲線(d)。
3 待步驟2的巧克力凝固後，將冷卻的布丁杯緣倒置蓋上(e)。以此狀態放入冷藏庫中冷卻定型。
4 將OPP膠膜翻至正面並撕下。
5 將直徑6.5cm的慕絲圈模以噴火槍加熱，以熱的慕絲圈融去覆蓋於玻璃杯口超出杯緣的巧克力片(f)。切口部分再以加熱過的小刀清理乾淨。

■ 巧克力佐醬
(1個15g)
細砂糖 40g
可可粉 8g
牛奶 180g
香草莢 0.5根
可可膏(cocoa mass) 45g
吉利丁片 1.5片
鮮奶油(脂肪成分35%) 180g

1 鋼盆中加入細砂糖與可可粉，以網狀攪拌器攪拌均勻。
2 鍋中加入牛奶、香草籽與豆莢，開中火，以網狀攪拌器攪拌煮至沸騰。
3 步驟2的牛奶倒入步驟1中攪拌(g)，再倒入可可膏以網狀攪拌器拌勻，取出香草豆莢後加入吉利丁片，以手持式電動攪拌棒攪拌至完全乳化狀態(h)。
4 過篩，拌入鮮奶油後以橡皮刮刀拌勻，再隔冰水降溫(i)。

■ 完成
杏桃果醬(→p109)適量
金箔 適量

1 將巧克力佐醬填入注射器中，從布丁杯上黑巧克力片裝飾的孔隙間注入巧克力佐醬，每杯15g(j)。
2 將杏桃果醬填入烘焙紙擠花袋中，擠少許在黑巧克力片裝飾片的一邊，再貼上金箔。

臨機應變創造美味

大大改變我，使我在製作甜點時非常注重口味的契機，是在法國料理店工作那七年的經驗。雖然都是調理食物，廚師和甜點師的做法大相逕庭。甜點師基本上在製作甜點時非常重視配方，然而相對於此，廚師則是以構想成品的滋味爲起跑點。朝著那個目標，邊以自己的舌尖去感覺，再加入眼前的素材，直覺性的創作料理。

甜點只要照著配方操作，基本上便可做出相近的成品，但爲了更接近美味這個感覺的本質，製作者就必須更善於駕馭自己的感覺。每天嘗試不同食材的滋味。自製佐醬或果醬。在料理過程試味道調整風味。斟酌鮮度，重現剛完成時的滋味與口感。只要學會運用這樣的臨機應變料理手法，想當然甜點的滋味必將更爲精粹純熟。

草莓香緹蛋糕

Chantilly Fraise

法式甜點中沒有的草莓鮮奶油蛋糕，卻是日本人最愛的蛋糕之一。
這是我思索「難道不能以製作法式甜點概念，獨創草莓鮮奶油蛋糕？」而誕生的甜點。
首先我想要凸顯草莓風味，因此將添加了草莓果泥的糖漿滿滿的刷在海綿蛋糕上。
與此取得美好和諧滋味的，是充滿乳香的香緹鮮奶油（Crème Chantilly）。
我認爲不讓海綿蛋糕作爲主角是法式思維。

草莓香緹蛋糕的口味組合

POINT 1
草莓
Fraises
這道甜點的主角。鮮美多汁風味。

POINT 2
糖漿
Sirop
與草莓同爲這道蛋糕的主角。強調草莓的滋味與香氣。

POINT 3
香緹鮮奶油
Crème Chantilly
平衡草莓滋味的配角。濃醇乳脂的美味與輕盈、柔滑口感。

POINT 4
海綿蛋糕
Génoise
承接草莓與香緹鮮奶油的角色。不過度搶味，恰到好處的滋味與口感。

POINT 5
杏仁脆粒
Croquants aux Amandes
視覺與口感的點綴。

爲了強調主角草莓

一般提到草莓鮮奶油蛋糕，是在厚厚的海綿蛋糕上刷甜甜的糖漿，再夾入鮮奶油與薄切草莓，最後在蛋糕上裝飾一顆草莓的型態。這樣的狀況下，難免構成主角是海綿蛋糕體，鮮奶油居次，草莓僅是點綴的組合。但這裡的草莓香緹蛋糕，爲了凸顯主角草莓，特地使用薄切的海綿蛋糕，夾層用的草莓是整顆對半切的厚度。此外，用來刷塗海綿蛋糕的糖漿，更添加草莓果泥，果實感倍增。蛋糕體、鮮奶油、草莓等要件都相同，但比例的不同便構成完全不同的滋味與印象。

左為草莓香緹蛋糕，右為一般的草莓鮮奶油蛋糕的剖面。蛋糕體、鮮奶油、草莓各比例的不同，形成整體滋味的變化。

草莓香緹蛋糕的4大重點

POINT 1 *Fraises* 草莓

草莓選用像是當季的「栃乙女（tochiotome）」等，甜味與酸味恰到好處，風味濃郁且扎實者。選用較小顆但大小一致且新鮮的較好。

POINT 2 *Sirop* 糖漿

拌合草莓果泥、水、糖漿、紅石榴糖漿。

凸顯草莓風味

添加草莓

在糖漿中加入草莓攪打成果泥狀態刷上，不只可增添海綿蛋糕的濕潤感與甜度，更能倍增草莓的滋味與香氣。不僅是滋味，加上了紅色的視覺效果更可強調草莓主題。不過要小心草莓添加過量海綿蛋糕將會難以吸收。

使用冷凍草莓

新鮮草莓依季節會形成色澤或口味的落差，因此使用整顆鮮紅帶酸味且香氣穩定的歐洲冷凍草莓。

POINT 3 *Crème Chantilly* 香緹鮮奶油

於鮮奶油中拌入10%的細砂糖後打發。分成夾層用，以及抹面、擠花用2種。

左為夾層用，右為抹面用香緹鮮奶油。

乳脂的美味與輕盈的和諧

夾層用與抹面用鮮奶油，使用不同乳脂肪成分

要讓香緹鮮奶油成為匹敵草莓的主角級要件，濃郁乳脂的美味與清爽化口兩者須兼具。夾層使用脂肪成分45%的鮮奶油，以發揮濃郁奶香的美味。而抹面、擠花則調和脂肪成分45%與40%者各半，追求清爽的化口性。由於脂肪成分低於夾層鮮奶油，因此即使經過一段時間也不易乾裂粗糙，並可避免油膩感，保持滑順，軟綿綿的綿密口感。

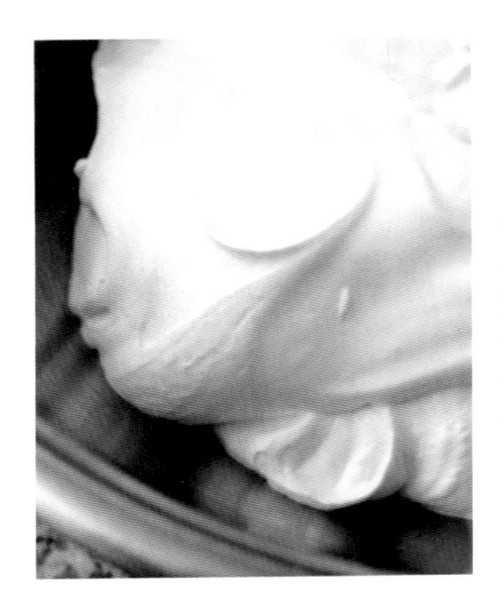

打發至接近最佳狀態

香緹鮮奶油因為會使用抹刀進行抹面，或使用擠花袋擠出鮮奶油花，這些過程都會促使更進一步打發而造成呈現粗糙狀態。因此打發時須將此程序計算在內，在所需的硬度之前收手。為避免油水分離，操作過程中隔冰水降溫，保持在冰涼狀態也很重要。

Génoise

海綿蛋糕

在全蛋中加入細砂糖和水麥芽後打發，拌入融化奶油、低筋麵粉、玉米粉後入模烘烤。

不特異突出的風味和質地

不使用杏仁粉，添加玉米粉

基本上海綿蛋糕是使用同比例的全蛋、砂糖、低筋麵粉，充分拌合均勻後再加入少量的油脂（奶油）。如再加入杏仁粉可提高其層次感，但為了不破壞這款蛋糕主題的草莓和香緹鮮奶油的細緻風味，而捨棄了杏仁粉。添加玉米粉可提高口感的輕盈度，而水麥芽可預防口感粗糙。

稍微拌出筋性

必須拌出一定程度的筋性，海綿蛋糕才能確實膨脹，從烤箱出爐後維持不塌陷變形。加入粉類後，不能僅拌到看不見乾粉即停手，必須持續拌至感覺到重量感，稍微出筋程度。但過度出筋會導致膨脹狀態不佳，烘烤成孔洞密實的蛋糕體，因此應控制在適度即可。

Croquants aux Amandes

杏仁脆粒

杏仁中拌入糖漿，以銅鍋裹上糖衣，拌炒至芬芳上色。沾黏上蛋糕的底邊，不僅有視覺點綴效果，更增添口感，齒頰留香。

草莓香緹蛋糕的配方

直徑15cm的海綿蛋糕烤模3個份

■ 海綿蛋糕
(1個250g)
全蛋 270g
細砂糖 190g
水麥芽 60g
奶油 30g
低筋麵粉 165g
玉米粉 50g

1 於攪拌盆中加入全蛋，細砂糖分兩次加入，每次加入後都要以網狀攪拌器拌至均勻為止。隔水邊攪拌邊加熱至40℃（a）。中途加入水麥芽並拌至溶解。
2 攪拌器以高速攪拌，充分打入空氣，直至泛白並變濃稠，麵糊呈緞帶狀滑落為止（b）。轉低速將麵糊的氣泡調整至細緻。
3 將奶油在爐上加熱融化，加入少許步驟2的麵糊以網狀攪拌器攪拌均勻。
4 剩下的步驟2麵糊倒入鋼盆，加入低筋麵粉與玉米粉以橡皮刮刀拌合（c）。拌至麵糊稍有重量感，稍微出筋為止。
5 將步驟3的奶油糊拌入步驟4的麵糊當中，倒250g麵糊入襯有蛋糕卷用白報紙的海綿蛋糕模（帶底）中。將模在作業台上輕敲以敲出較大的氣泡，輕輕旋轉一圈讓中央呈現凹陷狀態。
6 放入烤盤上，放入上火180℃，下火170℃的平板烤箱（平窯）烘烤約40分鐘（e）。脫模後連著模紙置於鋪有烘焙紙的網架上放涼。
7 撕掉模紙，薄切掉底部後再橫切成3片1cm厚的蛋糕（f）。

■ 糖漿
(1個105g)
草莓（冷凍，整顆） 250g
水 150g
波美30˚糖漿（→p108） 250g
紅石榴糖漿（grenadine） 35g

1 將解凍的草莓放入深量杯中，以手持式電動攪拌棒打碎，加入波美30˚糖漿、紅石榴糖漿（g）後再攪打至果泥狀。

■ 香緹鮮奶油
(夾層用／容易操作量)
鮮奶油（脂肪成分45%） 500g
細砂糖 50g

■ 香緹鮮奶油
(抹面・擠花用／容易操作量)
鮮奶油（脂肪成分45%） 250g
鮮奶油（脂肪成分40%） 250g
細砂糖 50g

1 夾層用、抹面與擠花用分別於鮮奶油中加入細砂糖，攪打至7分發

■ 完成
草莓（夾層用／裝飾用） 適量
杏仁脆粒（→p112） 適量
糖粉 適量
覆盆子 適量
紅醋栗 適量

1 去草莓蒂並縱切對半。
2 於旋轉檯上放蛋糕襯紙，放上一片切好的海綿蛋糕，再以刷子約略刷上糖漿。
3 以抹刀抹上一層薄薄香緹鮮奶油（夾層用），將草莓以放射狀排列（h）。再抹上香緹鮮奶油（夾層用），以抹刀稍微抹平。
4 再蓋上一片切好的海綿蛋糕，用手輕按使其黏著。再以刷子充分刷上糖漿（i）。
5 步驟3～4再操作一次。
6 將香緹鮮奶油（抹面擠花用）抹在步驟5的蛋糕表面（參考p41）。
7 將剩餘的香緹鮮奶油（抹面擠花用）填入已裝上口徑13mm花嘴的擠花袋，於步驟6的蛋糕上擠上不規則5條偶有交錯的直線。以噴火槍加熱抹刀，將超出蛋糕邊緣部分的香緹鮮奶油切除乾淨（j）。
8 單手托著步驟7的蛋糕襯紙，於側邊沾黏上杏仁脆粒。
9 將步驟8的蛋糕放上旋轉檯，裝飾上切對半的草莓。避開草莓部分在整體蛋糕上篩上糖粉，再裝飾上縱切對半的覆盆子與紅醋栗。

基本抹面

抹面(masquer)是以抹刀將奶油或蛋白霜等抹在整個蛋糕上。使用旋轉台是日本獨有，追求效率的手法。抓到訣竅就可以抹得完美。

1 用抹刀取部分香緹鮮奶油，先抹蛋糕側面，再抹上方，抹上一層薄薄的基底。

2 取大量鮮奶油置於步驟1蛋糕上中央的位置。

3 以抹刀將鮮奶油推平。

4 用抹刀在蛋糕側面抹上鮮奶油，抹刀呈垂直緊靠著蛋糕側邊，抵在可以用眼睛確認的位置，抹刀相對於蛋糕側面爲銳角狀態，轉動旋轉台(抹刀固定不動)。以此方法抹上的鮮奶油可維持固定的厚度。

5 就草莓香緹蛋糕來說，蛋糕的側面和抹刀以維持30°的角度爲宜。若想抹上較厚的鮮奶油時，抹刀相對於蛋糕側面則較接近平行狀態，想抹薄時則較接近直角狀態，傾斜抹刀刮下鮮奶油，靠轉動的力道滑過蛋糕側面，就是操作時的訣竅。

6 以抹刀將蛋糕上的鮮奶油由外往內抹平，抹去超出蛋糕邊緣部分的鮮奶油。

悲慘世界

Miserable

這款蛋糕是我在比利時實習接觸到的傳統糕點。
將口感扎實的蛋糕體夾上奶油霜，
是道雖美味但感覺厚重的甜點。
改造成更容易入口、更輕盈，即誕生這款悲慘世界。
在奶油餡中加入水果的酸味和肉桂的香氣，提高清爽度，
再加入義式蛋白霜，顯得更加爽口。
此外，蛋糕體本身也以蛋白霜爲主要成分，軟綿化口。
很容易一口接一口，簡單的組合也是魅力所在。

悲慘世界的口味組合

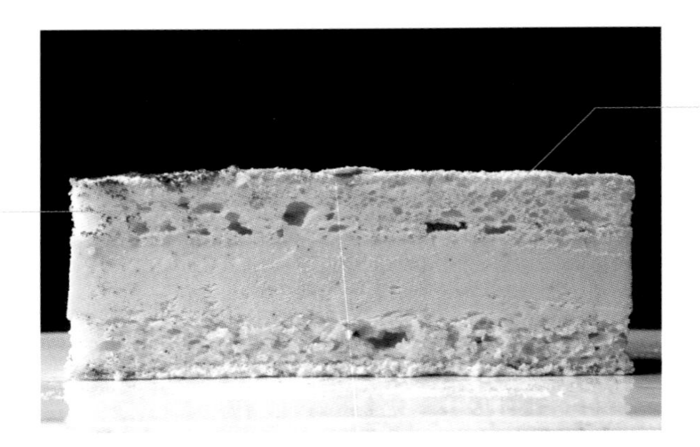

POINT 1
悲慘世界蛋糕體
Fond de Miserable
主角之一。厚厚的兩層，有著扎實的存在感，但口感鬆軟輕盈。

POINT 2
奶油霜
Crème au Beurre
另一個主角。輕盈入口即化、圓潤的濃郁度，清爽滋味。

悲慘世界的 2 大重點

Fond de Miserable

POINT 1 悲慘世界蛋糕體

於蛋白霜中加入糖粉、低筋麵粉、杏仁粉約略攪拌後烘烤，與達克瓦茲相似的蛋糕體。

軟綿綿、輕盈

蛋白霜中的砂糖不完全拌到溶解

蛋白中的細砂糖一旦完全溶解則會攪拌成氣泡少、扎實、偏硬的蛋白霜。如此一來烘烤完成的蛋糕體口感就會變差，因此在細砂糖完全溶解前便一口氣打發蛋白霜，並加入所有粉類拌合。砂糖不加到一定的量，就難以呈現出柔嫩與濕潤感，因此細砂糖不做大幅度減量，以有效減輕蛋糕體的口感，是這裡運用的技巧。

不完全拌勻便烘烤

粉類拌入蛋白霜後，若過度攪拌則低筋麵粉會出筋，杏仁粉會出油，都會造成蛋白霜消泡，使蛋糕體口感變重。比起麵糊均勻與否，更優先重視輕盈口感，不完全拌勻便可將麵糊倒入蛋糕框中抹平烘烤。使用抹刀抹平麵糊時，盡可能不要擠壓氣泡，將抹平的次數減到最少是重點。

比較

攪拌過頭氣孔會變扎實麵糊變重

即使相同配方，攪拌程度會使成品產生很大的落差。

POINT 2 *Crème au Beurre*

奶油霜

以柳橙爲基底的英式蛋奶醬（Crème anglaise）中，加入奶油及義式蛋白霜等拌合的輕盈奶油餡。

輕盈風味

以柳橙及肉桂等添加清爽感

奶油霜的油脂比例高，因此即使盡量選用輕盈的配方也難免感覺厚重。添加如柳橙、百香果、肉桂、蘭姆酒等香氣或酸味等，可營造出清爽輕盈的感覺。

口感柔滑、輕盈

減少油脂

為了使風味與口感更趨輕盈，在衆多奶油餡做法中選用了以柳橙汁取代牛奶的英式蛋奶醬基底，呈現較清爽的風味。此外，奶油的用量也減低至不至於油水分離的最少量。

均勻加熱

煮英式蛋奶醬時，若事先就在蛋黃裡拌入太多空氣，將造成不易導熱，因此在煮到變稠之前都不拌入空氣。此外，煮時使用中～小火，以橡皮刮刀持續輕拌幫助整體受熱，煮出柔滑質地。添加較多的糖可提高沸點，更能確實加溫提高殺菌力。

攪拌不停手，以餘溫完成

英式蛋奶醬接近完成前熄火，用橡皮刮刀繼續攪拌，以餘溫加熱至蛋奶醬會薄薄一層附著在刮刀上的狀態（à la nàppe），將鍋子從爐火移至作業台的過程也不能停止攪拌，維持溫度均一。為了能持續保持滑順，其後使用的鋼盆和錐形濾網chinois等也都要先備好。

徹底執行溫度管理

由於奶油含量不高，因此英式蛋奶醬溫度一旦過高，奶油就會融化造成油水分離。英式蛋奶醬降至約35℃後，再與奶油（20～25℃）拌合，不至於過熱或過涼，兩者皆可在滑順狀態下互相融合。此外，義式蛋白霜也一定要降到30℃再行拌合。

比較

靠蛋白霜營造出奶油霜的輕盈感

照片右方為拌合英式蛋奶醬與奶油，再加入義式蛋白霜（左）就會變成看起來感覺輕盈且滑順的奶油霜。

拌入6分發的義式蛋白霜

添加了義式蛋白霜的奶油霜明顯變得更輕盈。但這個配方中的奶油含量相當低，因此義式蛋白霜若打過發，則會因為太輕導致不易拌勻，容易產生油水分離。打到6分發的濃稠狀態，小心地與添加了奶油的英式蛋奶醬拌合，避免消泡。

悲慘世界的配方

1/2蛋糕框(37×28cm)1個份

■ 悲慘世界蛋糕體
(57×37cm的蛋糕框1片份量/1120g)
蛋白 450g
細砂糖 100g
糖粉 180g
低筋麵粉 100g
杏仁粉 290g
杏仁片 15g

1 於攪拌盆中加入蛋白及一小搓細砂糖,以中高速攪拌器打發。全部打發後再加入剩餘的細砂糖,一口氣打發。
2 拌合糖粉、低筋麵粉、杏仁粉,分次以橡皮刮刀拌入步驟1的蛋白霜中,未完全拌勻前即可停手(a)。
3 烤盤襯上防沾矽膠墊,再放上57×37cm的蛋糕框,倒入步驟2的麵糊。以L形抹刀抹平,小心不擠壓氣泡,盡量減少抹的次數。
4 於蛋糕框的半邊撒上杏仁片,再於全體篩撒上滿滿的糖粉(b)。以185°C旋風烤箱烘烤10～12分鐘(c),烘烤完成後連同矽膠墊一起移至網架上放涼。
5 將撒有杏仁片和沒有杏仁片的蛋糕體切開,各為1/2蛋糕框大小(37×28cm)。
6 在鋪有烤盤紙的烤盤上放1/2蛋糕框,放入步驟5中沒有杏仁片的蛋糕體,上色面朝下放入框內。有杏仁片的蛋糕體則是上色面朝上,放於網架上備用。

■ 奶油霜
(1/2蛋糕框1片份量/1300g)
水 260g
香草莢 1根
蛋黃 200g
細砂糖 175g
肉桂粉 0.2g
柳橙汁 88g
百香果泥 53g
磨下的柳橙皮 1.8g
蘭姆酒 33g
奶油 455g
義式蛋白霜
細砂糖 105g
水 28g
蛋白 70g

1 鍋中放入水、香草籽和香草豆莢,煮至沸騰。
2 鋼盆中加入蛋黃、細砂糖和肉桂粉拌合,以網狀攪拌器拌勻。續加入柳橙果汁、百香果泥並拌勻。
3 於步驟1中倒入步驟2,並以橡皮刮刀仔細拌勻。轉中～小火加熱,一邊以橡皮刮刀攪拌,以煮英式蛋奶醬的要領加熱至80°C(d)。煮到非常濃稠的狀態。
4 離火以網狀攪拌器攪拌,並以錐形濾網(chinois)過篩。加入磨下的柳橙皮(e)。隔冰水用橡皮刮刀邊攪拌降溫至35°C為止。拌入蘭姆酒。
5 將步驟4分3次拌入軟化成乳霜狀的奶油(20～25°C為宜)中,每次加入後都以網狀攪拌器充分攪拌至乳化為止。改持橡皮刮刀將鋼盆邊的奶油霜刮乾淨,繼續再以網狀攪拌器拌勻(f)。
6 製作義式蛋白霜。將細砂糖和水煮至沸騰,直至滴入冰水中可以捏出小軟球(petit boulé)程度的糖漿。倒入攪打的蛋白中,邊以高速打發(g)。打至6分發即降到中速,續攪拌到降溫至30°C為止。
7 步驟5加入步驟6中,以橡皮刮刀拌合。

■ 組合完成
糖粉 適量
可可粉 適量

1 在放入蛋糕框中的蛋糕體上加入1300g奶油霜,以L形抹刀抹平,盡量輕巧不擠壓氣泡(h)。
2 將置於網架上備用撒有杏仁片的蛋糕體,滑移蓋上步驟1(i),用手掌輕按使其貼合,放入急速冷凍庫定型。
3 在完全凍硬前將蛋糕取出,以鋸齒刀切割成10.5×2.7cm的大小。
4 表面篩上糖粉。隔空拿著菱格狀鋁板在蛋糕上方,以漸層方式由外向內漸淡的篩撒上可可粉(j)。

香緹乳酪蛋糕

Chantilly Fromage

我在最初實習的餐廳「雷諾特Lenôtre」，接觸到一款名為shuss的甜點，印象非常深刻。
以白乳酪搭配覆盆子，我未曾嚐過如此輕盈的乳酪蛋糕與精緻的風味，令我驚艷不已。
以此為起點，加上我個人的詮釋，呈現出這款生乳酪蛋糕。
於白乳酪中添加奶油乳酪與可爾必思，強烈凸顯乳酸等乳酪特有的風味。
搭配上酥脆的奶酥餅乾，不論口感或風味的對比，都令人感覺愉悅的一道甜點。

香緹乳酪蛋糕的口味組合

POINT 2
糖煮覆盆子
Compote de Framboises
豐富的水果風味。爲圓潤的乳酪增添清爽，是濃稠的果醬。

POINT 1
乳酪慕斯
Mousse au Fromage
這道甜點的主角。乳酪具層次感的風味和乳酸的香氣，輕盈的質地。

POINT 3
奶酥餅乾
Streuzel
底層。酥脆嚼感增添了整體口感的趣味性和香味。

POINT 7
草莓、覆盆子、紅醋栗
Fraises, Framboises, Groseilles
鮮美的酸味。

POINT 6
香緹鮮奶油
Crème Chantilly
增添乳香的濃郁感與圓潤順口。

POINT 5
糖漿
Sirop
可爾必思作爲糖漿，強化乳酸滋味。負責協調風味與色調。

POINT 4
杏仁海綿蛋糕
Génoise aux Amandes
吸取滿滿的糖漿，增添濕潤新鮮的風味。

香緹乳酪蛋糕的 6 大重點

Mousse au Fromage
POINT 1 乳酪慕斯

拌合奶油乳酪、白乳酪、可爾必思炸彈麵糊，再拌入吉利丁片和鮮奶油。

利用乳酸的清爽風味

調和2種乳酪

以爽口的酸味和圓潤乳香為特徵的白乳酪，呈現細緻的風味。與帶強烈酸味的奶油乳酪同比例調和使用，可在保有輕盈感的同時凸顯乳酪風味，增添清爽和層次感。

同時保有清爽感和乳酪風味

白乳酪本身呈現的是細緻風味，在能兼顧清爽度的份量下添加奶油乳酪，可為乳酪特有的酸味和層次感加分。

利用可爾必思的乳酸提高酸味

製作乳酪蛋糕時為了提味經常會添加檸檬汁，但檸檬汁的酸味類型和乳酪迥異，相當鮮明，且難免因此多了一股檸檬香氣。使用與乳酪相同具有圓潤乳酸風味的可爾必思，則可提升酸味卻毫不感覺突兀。

比較

選用符合乳酪風味的酸味

相對於具有鮮明且強烈酸味的檸檬汁（左）和檸檬酸等，乳酸（可爾必思）的酸味相當圓潤。可以溫和的與乳酪調和，提升層次感。

輕盈&滑順

調整在25℃
與鮮奶油拌合

吉利丁與冰冷鮮奶油拌合前須確認溫度，調整到約25℃，以避免溫度太低結塊。但因為鮮奶油份量少，因此若溫度太高則會造成慕斯溫度降不下來，導致油水分離。

以炸彈麵糊爲基底

用乳酪慕斯與蛋白霜來營造軟綿綿的輕盈感，使用炸彈麵糊更能凸顯出綿密柔滑口感，襯托並展現乳酪風味。透過濃稠細緻的氣泡襯托輕盈口感，再利用蛋黃增添濃郁與美味。

POINT 2 *Compote de Framboises* 糖煮覆盆子

在覆盆子果實與果泥中加入細砂糖與果膠後熬煮，再加入Eau de Vie白蘭地提香。介於醬汁和果醬間的濃稠度。

降低糖分以凸顯清爽

果醬的糖分一旦過高，會因其甜度形成厚重的印象。因此減糖以凸顯覆盆子令人耳目一新的酸味，與綿密的乳酪慕斯呈現鮮明對比。

放涼後
添加Eau de Vie白蘭地

為避免風味隨著酒精一併蒸發，因此覆盆子白蘭地選擇在降溫後添加。爽快不甜膩的白蘭地，更能襯托出美味與香氣，凸顯果醬的存在感。

不膩口且充滿果香

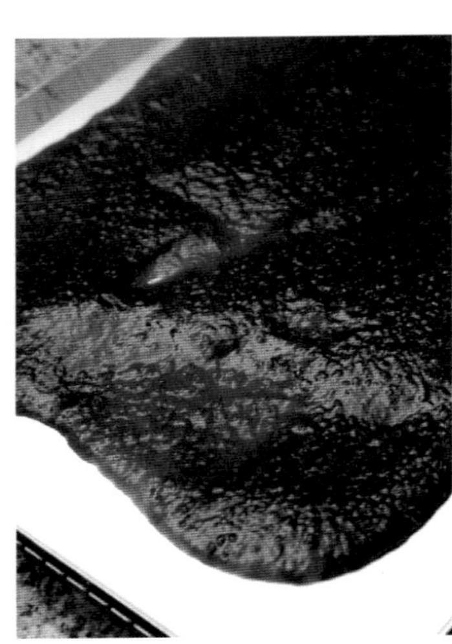

快速熬煮以凝聚風味

選用覆盆子份量所需尺寸大過許多的鍋具，以大火一口氣蒸發水分才能讓清新的莓果風味達到最大化。煮好後攤平在烤盤上，預防過度加熱的同時還要快速蒸發水分以濃縮風味。

呈現濃稠及恰到好處的果粒感

並用果粒與果泥

種籽的顆粒感也是呈現覆盆子水果風味的重要要件，但過多則會影響慕斯的滑順口感。並用果粒和無籽果泥可呈現恰到好處的果粒感。

添加果膠以調整到恰當的濃度

若搭配像是安茹白乳酪蛋糕（Crémet d'Anjou）般，極度輕盈的慕斯，即使做成醬汁狀態也適合，但這款乳酪慕斯因為更具層次感，因此需要較硬的果醬狀。即使一樣熬煮水果，也要分別視不同甜點調整糖分和濃度。在此不使用吉利丁而使用果膠，想煮出不過硬，但也不至於過軟而流出的恰到好處質地。

比較

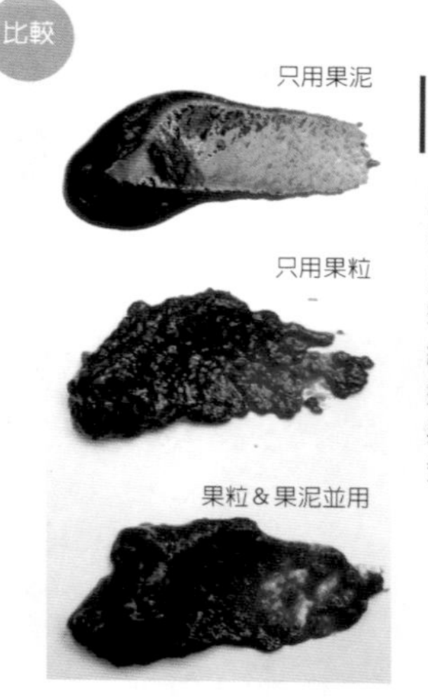

配合用途 調整質地與甜度

只用果泥煮出的糖煮覆盆子相當柔滑，而只用果粒則會留有種籽的口感。使用於香緹乳酪蛋糕的糖煮覆盆子取中間值，果粒與果泥等量並用，以煮出清爽的果醬。

Streuzel 奶酥餅乾

拌合奶油、黃蔗糖（brown sugar）、杏仁粉和低筋麵粉，再擀薄烘烤。

凸顯出風味的層次感與濃郁度

使用黃蔗糖（brown sugar）

像奶酥餅乾這樣的高含油量麵團，比起高度精製過的細砂糖，含蜜糖的黃蔗糖更合拍。更增添豐富的風味與層次感。

不提早做好備用

奶酥餅乾的香氣與酥脆口感會隨時間減低。為避免奶酥餅乾吸收濕氣，保有剛出爐般的嚼感和風味，在販售當天烘烤並組合。

酥脆，一咬即碎的口感

不用蛋，並使用較高比例的油脂

不使用蛋以減少水分避免麵粉出筋，添加高比例的杏仁粉以增加油脂，營造出鬆散易碎的口感。此外，若糖分高則會變成糖果般硬脆口感，而麵粉多則會烘烤成扎實樸素的風味。

擀薄烘烤

麵團若太厚會變得強調嚼感，破壞甜點整體的輕盈度。將麵團擀薄不僅可作為基底支撐整個蛋糕，還可點綴口感。不破壞甜點其他部分的風味，以恰到好處的存在感和諧共存。

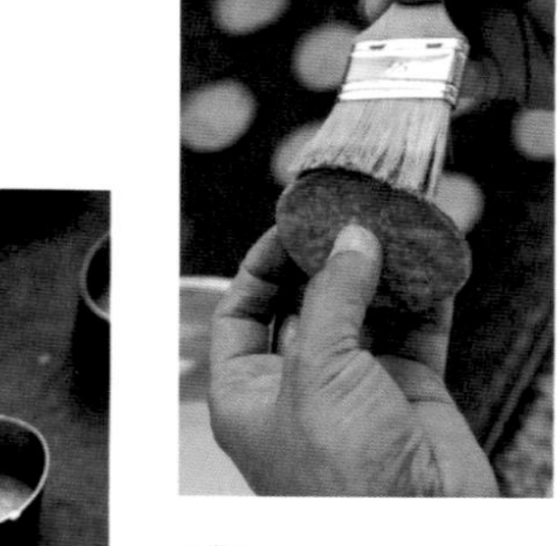

以噴砂用巧克力（Pistolet Chocolate）包覆

為避免奶酥餅乾在吸了水分後變軟，在組合前先以噴砂用巧克力包覆。重點是側面也要毫不遺漏地包覆住。調和了噴砂用白巧克力（Pistolet Chocolate Blanc）和噴砂用牛奶巧克力（Pistolet Chocolate au Lait），不影響整體的圓潤風味。

比較

前一天組合好後冷凍　販售當天組合

將口感與風味發揮至極致

若於販售的前一天就組合，奶酥餅乾的香氣與酥脆口感會因為吸了慕斯的水分而消失。

Génoise aux Amandes

杏仁海綿蛋糕

將全蛋與細砂糖打發，再加入低筋麵粉、黃蔗糖（brown sugar）、杏仁粉拌合烘烤成氣孔較大的蛋糕體。

製作氣孔粗大的海綿蛋糕

比較

氣孔粗大
有助於吸收糖漿

左：杏仁風味海綿蛋糕（糖分、麵粉、麩質（筋性）都較少）。
右：海綿蛋糕（糖分、麵粉、麩質（筋性）都較多）。

相較於細緻濕潤的海綿蛋糕（p36草莓香緹蛋糕中使用），杏仁風味海綿蛋糕的氣孔粗大且輕。呈現明顯的海綿狀態因此非常容易吸收糖漿（為比較出兩者的區別，特地都使用海綿蛋糕模烘烤）。

以高速一口氣打發

將全蛋和細砂糖以高速一口氣打發，含有相當多的氣泡。不要減低速度收成小氣泡，直接在這樣的狀態下輕巧地拌入粉類便烘烤。在殘留了大氣泡的狀態下烤出氣孔粗大的組織再滿滿地吸收糖漿。

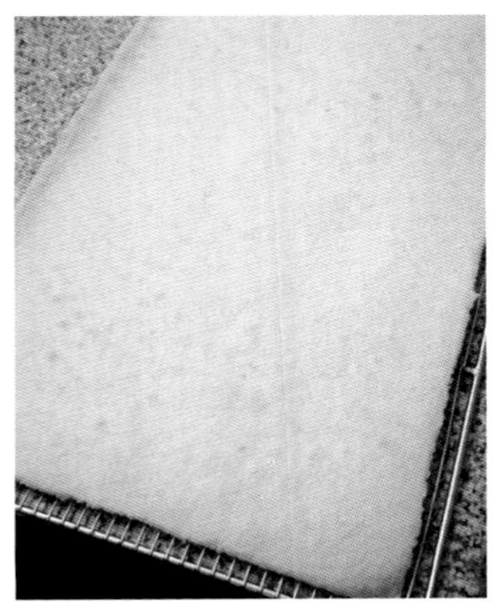

降低糖分和粉類

減低糖分和粉類以做出非常輕盈口感，且爽口風味的蛋糕。以法式布丁（Flan）粉取代麵粉，不止可營造出輕盈口感，還能增加層次感。再使用杏仁粉以凸顯出滋味的深度。由於麵糊相當纖細，甚至以海綿蛋糕模烘烤可能會造成塌陷，因此必須小心勿擠壓氣泡，在烤盤上攤平烘烤。

Sirop

糖漿

將混合了可爾必思與水的糖漿，刷上杏仁風味的海綿蛋糕，以增添乳酸風味。由於上方疊上的層次有一定重量（慕斯及果醬等），因此刷上適量，以受擠壓時糖漿不至於出水的程度為限。

Crème Chantilly

香緹鮮奶油

擠上滿滿的7分發香緹鮮奶油，以增添乳香與順口度。

香緹乳酪蛋糕的配方

長徑7× 短徑5cm橢圓模60個

■ 乳酪慕斯

(1個25g)

炸彈麵糊

- 細砂糖 140g
- 水 40g
- 蛋黃 4個

奶油乳酪 400g

白乳酪 400g

可爾必思 125g

吉利丁片 14g

鮮奶油(脂肪成分35%) 405g

1 製作炸彈麵糊。煮細砂糖和水，直至滴入冰水中可以捏出小軟球(petit boulé)程度的糖漿。邊倒入打散的蛋黃中，邊以網狀攪拌器攪拌(a)。

2 移至攪拌盆中以高速打發。打入滿滿的空氣，直至麵糊可如緞帶般流下為止即可停機。

3 將奶油乳酪放入鋼盆再以網狀攪拌器打成軟化的乳霜狀態。逐次加入白乳酪、可爾必思，並一一攪拌均勻。

4 於步驟3中加入步驟2，以網狀攪拌器拌合(此時溫度以25°C為宜)。

5 在已隔水加熱融好的吉利丁片中，加入少許的步驟4，並以網狀攪拌器拌勻。倒回步驟4中，以橡皮刮刀拌勻。

6 鮮奶油打至6分發後加入步驟5中，以網狀攪拌器拌勻(b)。改持橡皮刮刀拌至滑順為止。

7 倒入裝有口徑13mm圓口花嘴的擠花袋中，擠進長徑7× 短徑5× 高2cm的橢圓軟模(中央有凹洞)到滿為止(c)。放進急速冷凍庫中冷卻定型。

■ 糖煮覆盆子

(1個8g)

覆盆子(冷凍，果粒) 465g

覆盆子果泥 465g

細砂糖 140g

果膠 12g

覆盆子白蘭地 15g

1 取一把細砂糖與果膠混合。

2 取一寬底鍋加入覆盆子與覆盆子果泥，以網狀攪拌器邊攪拌邊以大火加熱(d)。

3 沸騰後即加入剩下的細砂糖攪拌。再次沸騰後加入步驟1，再以網狀攪拌器邊攪拌至再次沸騰。待糖度達白利糖度(Brix) 39%，即可攤平在烤盤，於室溫下放涼。

4 完全冷卻後再移至鋼盆，添加覆盆子白蘭地拌勻(e)。

■ 奶酥餅乾

(1個9g)

奶油 200g

黃蔗糖(brown sugar) 200g

杏仁粉 200g

低筋麵粉 200g

1 攪拌盆中加入奶油、黃蔗糖、杏仁粉，使用攪拌葉片以低速攪打至均勻狀態為止(f)。

2 移下攪拌棒，加入低筋麵粉並大致拌合後再次裝上攪拌葉片攪打，直至看不見乾粉並大致成團為止。

3 成團後稍微壓平(g)。以保鮮膜包裹，放入冰箱鬆弛至容易擀捲的硬度。

4 取出放在撒上手粉的工作檯上，稍微壓平回軟，以壓麵機壓成3mm厚度。

5 以長徑7× 短徑5的橢圓模壓切。套著橢圓模直接移至不沾烤盤上，以170°C旋風烤箱烘烤7分鐘(h)。拿掉橢圓模，移至網架上放涼。

■ 杏仁風味海綿蛋糕

(60×40 cm烤盤1盤/510g)

全蛋 220g

細砂糖 150g

奶油 20g

低筋麵粉 66g

法式布丁(Flan)粉 50g

杏仁粉 50g

1 於攪拌盆中加入全蛋，大致打散後加入細砂糖。以網狀攪拌器邊攪拌邊隔水加熱至40°C(a)。

2 網狀攪拌器以高速攪拌，充分打入空氣，直至麵糊呈緞帶狀滑落的濃稠度為止(i)。

3 融化奶油，加入少許步驟2的麵糊，以網狀攪拌器攪拌均勻。

4 剩下的步驟2麵糊倒入鋼盆，邊加入已拌合的低筋麵粉、法式布丁(Flan)粉、杏仁粉，邊以橡皮刮刀拌合(j)。加入步驟3的奶油麵糊，拌勻。

5 倒入已鋪上蛋糕卷用白報紙60×40cm的烤盤上，以L形抹刀抹平(k)。

6 放入180°C的平板烤箱(平窯)烘烤7分鐘。連著白報紙脫模移至網架上放涼。

7 以長徑7× 短徑5的橢圓模壓切備用(l)。

■ 糖漿

(1個5g)

可爾必思 100g

水 200g

1 混合可爾必思與水(m)。

■ 完成

噴砂用牛奶巧克力（→p110） 適量
香緹鮮奶油（7分發→p107） 適量
香草風味透明果膠（→p109） 適量
草莓 適量
覆盆子 適量
紅醋栗 適量

1 在奶酥餅乾的表面與側面用刷子薄薄刷上噴砂用牛奶巧克力（n）。排列在烤盤上放進冷藏庫待凝固後再刷塗底部，再次冷卻固定。

2 在杏仁風味海綿蛋糕兩面刷上糖漿，疊在步驟1上（o）。

3 從軟烤模中取出乳酪慕斯，疊在步驟2上。

4 在裝有口徑8mm花嘴的擠花袋中填入糖煮覆盆子，擠進步驟3中央的凹洞中（p）。

5 在裝有16齒1.5號的星形花嘴的擠花袋中，填入香緹鮮奶油，在步驟4上以螺旋狀擠三圈。

6 裝飾上切片草莓（刷上香草風味透明果膠）、縱切對半的覆盆子、紅醋栗。

草莓塔

Tarte aux Fraises

草莓塔是使用新鮮水果，塔類甜點的基本款之一。

我追求的是呈現「如何將草莓美味度提升到最高」。

首先考慮的是整體的和諧度。爲了讓底座塔皮的存在感不過頭，因此特別擀薄後烘烤。

此外，強烈主張草莓風味，靠的是果香和色澤都鮮豔呈現的自製果醬。

刷在堆疊滿載的新鮮草莓上，另外也擠在塔中。

草莓塔的口味組合

POINT 5
草莓
Fraises
這道甜點的主角。新鮮的酸甜滋味。

POINT 3
糖漿
Sirop
刷在烘烤過的杏仁奶油餡（frangipane）上使其變軟。並增添爽口風味。

POINT 4
卡士達鮮奶油
Crème Diplomate
扮演串聯草莓與杏仁奶油餡的角色。綿密滑潤的口感。

POINT 2
杏仁奶油餡
Frangipane
如同基座般的存在感。杏仁的香氣與濃郁感。

POINT 7
杏仁脆片
Croquants aux Amandes Effilées
裝飾用。杏仁的口感、香氣。

POINT 1
甜酥麵團
Pâte Sucrée
是甜點的基座。擀薄後烘烤帶來酥鬆嚼感與香氣。

POINT 6
莓果果醬
Confiture aux Fruis Rouges
莓果滋味大大升級。讓風味的變化更加鮮明。

草莓塔的7大重點

POINT 1 *Pâte Sucrée*
甜酥麵團

將粉類與奶油拌至融合程度，再加蛋的「粉油法flour batter method」製作。
不容易在烘烤過程中變形，最適合用來製作塔類底層的麵團。

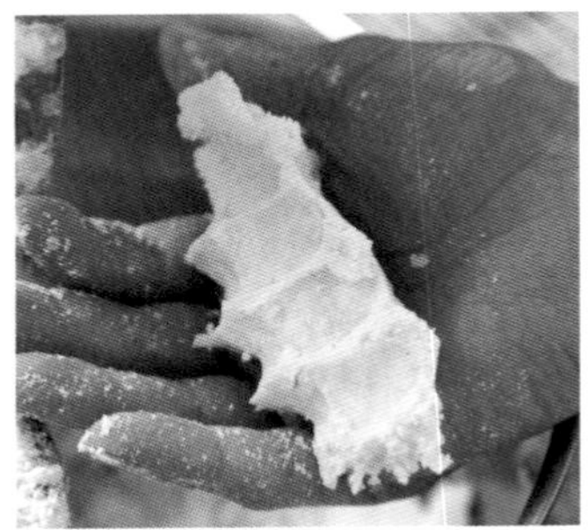

製作不易烘烤變形的麵團

於軟化的乳霜狀奶油中加糖攪拌，再拌入蛋與粉類「糖油法sugar batter method」的麵團，因為含有較多空氣因此烘烤後較鬆軟。另一方面，以粉油法製作的麵團，由於筋性較低且奶油中的空氣含量不高，因此烘烤後不易變形。烘烤後的麵團硬脆，形狀也維持得住。上方照片是粉類與奶油拌合後的狀態。雖是鬆散狀，但用手握緊即可成團。

烘烤得完美均勻

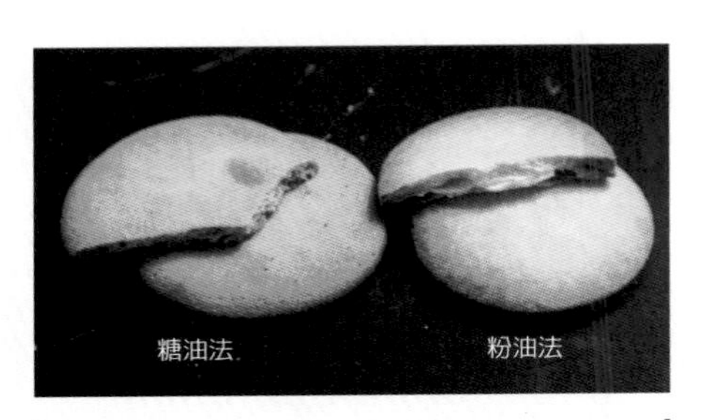

烘烤後硬脆不變形的麵團最適合

以相同配方與烘烤時間做比較。糖油法在烘烤過程中容易擴展、出油。粉油法則硬脆不易變形。

將麵團入模按壓進烤模的邊角

以相同厚度將麵團按壓入模至邊角，有助於麵團均勻受熱，不論外觀、風味及口感都較佳。操作重點是不要硬壓麵團，維持以相同厚度按壓入模（→p59）。若用力從上方按壓，側面的麵團會因延展而變薄，烤模上方麵團仍維持厚的狀態，造成烘烤後縮小或烘烤不均的狀況。

烘烤前充分鬆弛

入模後若馬上烘烤，會產生筋性導致容易變形。最少要在冷藏庫鬆弛1小時，讓筋性鬆弛。

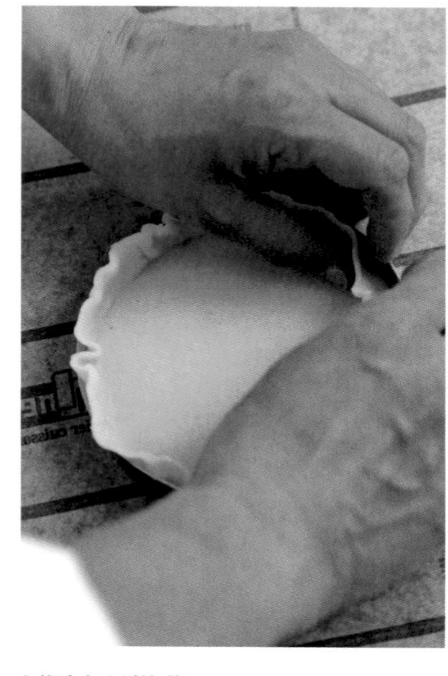

凸顯香氣和嚼感

利用粉油法呈現較硬的口感

使用粉油法，避免將空氣打進奶油，因此烘烤後可呈現硬脆的嚼感。

麵團盡量擀薄

這款草莓塔想呈現的是薄塔皮中填入大量的杏仁奶油餡，一口咬下塔皮不厚重，並與杏仁奶油餡混合為一的美好融合境界。但也由於擀得較薄，因此入模動作若不迅速適切，麵團很快就會軟塌掉。

使用無底的塔圈烘烤

製作塔類時，有連底的塔模與不連底的塔圈。若希望底部能夠確實烘烤，則適合選用導熱較佳的後者。若使用連底的塔模，則要調整為不使用烤盤改用網架，或提高下火等。

POINT 2 杏仁奶油餡 *Frangipane*

將添加了少量低筋麵粉的杏仁奶油餡與卡士達奶油拌合。

卡士達奶油 Crème Pâtissière

在濃郁中增添輕盈

- 添加法式布丁（Flan）粉→p17
- 使用圓底鍋快速加熱→p17

杏仁奶油餡 Frangipane

打造更濃郁的風味

塔中的內餡選用杏仁奶油餡

為了追求更豐富的風味，不單使用杏仁奶油，而是以拌入卡士達奶油的杏仁奶油餡擠入塔中。由於添加了卡士達奶油，因此多了蛋的層次感，且有效避免於烘烤過程中膨脹，提高奶油餡的密度，使杏仁風味更為強烈。

乳化至柔滑狀態

蛋與粉類交替拌入，並逐一拌至乳化

蛋的水分和奶油一旦拌不均勻，油水分離口感一定不佳。為避免奶油的油脂凝固，材料一律都要恢復室溫，蛋與粉類要分次交替拌入，每次拌入都要確實拌到乳化。蘭姆酒先與卡士達奶油拌合，在最後加入。

POINT 3 *Sirop* 糖漿

添加與草莓合拍的櫻桃白蘭地（Kirschwasser），帶勁卻高雅。

POINT 4 *Crème Diplomate* 卡士達鮮奶油

確實打發卡士達奶油後與鮮奶油拌合。

—— 卡士達奶油 Crème Pâtissière ——

濃郁中蘊含輕盈

・參考POINT 2

—— 卡士達鮮奶油 Crème Diplomate ——

增添濃郁感與輕盈度

拌入打發的高脂肪成分鮮奶油

銜接草莓與杏仁奶油餡的卡士達鮮奶油，調入較高比例的卡士達奶油，再與高脂肪成分的鮮奶油拌合可營造出濃郁的深度風味。將鮮奶油確實打發可增添輕盈度，與新鮮草莓滋味和諧調和。

提高保形性

確實打發鮮奶油

為達到保形效果，擠至塔上也不致流動，必須將鮮奶油確實打發。

不過度攪拌

卡士達奶油和鮮奶油一旦攪拌過頭就會失去彈性且有損保形效果。因此要盡量減少拌合次數，先用網狀攪拌器將卡士達奶油拌軟後再與打發鮮奶油拌合。

展現高雅風味

添加櫻桃白蘭地

以俐落高雅的櫻桃白蘭地，襯托蛋與乳脂肪的圓潤風味。

POINT 5 *Fraises* 草莓

草莓，選用如當季的「栃乙女（tochiotome）」等甜味與酸味恰到好處，風味濃郁且扎實者。選用較小顆但大小一致且新鮮者為宜。裝飾時若能凹凸立體展現流動感，因為同時看到草莓的切面與表面，而使得變化更為多元，令人垂涎欲滴。

POINT 6 *Confiture aux Fruis Rouges* 莓果果醬

以寬底鍋開大火，添加較多果膠一口氣加熱熬煮，不熬煮過頭留下莓果原有色澤與風味、香氣。煮好後馬上於烤盤上攤開，幫助水分蒸發，讓風味更佳濃縮。除了可提高草莓塔的光澤度外，滿滿刷在草莓上並擠入塔中，更可為草莓的風味加分。

POINT 7 *Croquants aux Amandes Effilées* 杏仁脆片

在杏仁片中拌入糖漿與糖粉烘烤而成。可增添與杏仁奶油餡迥異的香氣與口感。

草莓塔的配方

直徑12cm的塔圈2個

■ 甜酥麵團
（容易操作的份量）

全蛋 85g　　　鹽 4g
低筋麵粉 430g　　　奶油 300g
杏仁粉 55g　　　糖粉 160g
香草籽 0.25根份量

1 鋼盆內加入全蛋後打散，加鹽拌至溶解。
2 取部分低筋麵粉做為手粉，用擀麵棍敲打冰冷狀態的奶油，使其攤平並回軟。
3 混合剩餘的低筋麵粉、杏仁粉、糖粉，放入攪拌器。加入香草籽，並將步驟2的奶油用手撕成小塊一起加入攪拌盆，大致拌合（a）。
4 使用鉤形攪拌棒以中速攪拌。偶爾搖晃攪拌器微調速度，整個麵團均勻攪拌。
5 待看不到乾粉，整體拌成鬆散的沙狀（sablé），且以手掌握住麵團即可成團的狀態停止。中途偶爾停下攪拌器將附著於攪拌盆內側的麵團以刮板刮下攪拌。
6 以OPP膠模上下包住步驟5，用手掌壓平。放入烤盤進冷藏庫鬆弛最少30分鐘至1小時（放一晚為佳）（c）。
7 以壓麵機壓成1.25mm的厚度，以直徑16cm的塔圈壓出塔皮備用。
8 調整到容易入模的硬度後，將塔皮入模至12cm的塔圈中（fonçage）。
9 切除多餘的塔皮，將塔排列於鋪有烤盤紙的烤盤上。用小刀等在底部刺出小洞。進冷藏庫鬆弛最少1小時。

■ 杏仁奶油餡
（容易操作的份量）

杏仁粉 100g　　　低筋麵粉 17g
全蛋 100g　　　細砂糖 94g
奶油 100g
卡士達奶油（→p107） 80g
蘭姆酒 8.3g

1 混合杏仁粉與低筋麵粉。
2 在鋼盆中加入全蛋並打散，再加入細砂糖拌勻。持網狀攪拌器邊攪拌，邊以鋼盆底部接觸爐火，加熱至25℃以溶解細砂糖。
3 另取一個鋼盆放入已恢復室溫的奶油，將步驟1與步驟2各約分3次交替拌入（d），每次拌入後皆以網狀攪拌器拌至柔滑為止。
4 在卡士達奶油內拌入蘭姆酒，再加入步驟3中，以網狀攪拌器拌勻（e）。以保鮮膜緊貼覆蓋，放入冷藏庫鬆弛2～3小時。

■ 莓果果醬
（容易操作的份量）

細砂糖 470g　　　果膠 5.5g
草莓（冷凍，整顆）500g
覆盆子（冷凍，果粒）125g

1 抓一把細砂糖與果膠混合好備用。
2 草莓與覆盆子先於冷藏庫中解凍，放入鍋中開大火邊以網狀攪拌器壓拌，邊加熱（f）。
3 沸騰後加入剩餘的細砂糖攪拌，再次沸騰後加入步驟1拌勻。倒入烤盤以橡皮刮刀攤開，放室溫冷卻。

■ 組合

1 將杏仁奶油餡填入裝有口徑13mm圓形花嘴的擠花袋內，擠薄薄一層在已入模完成的甜酥麵團塔皮底部。
2 在杏仁奶油餡上方放莓果果醬，以湯匙抹平。
3 步驟2上方以螺旋狀擠上杏仁奶油餡（g），再以小刀抹平塔的表面。
4 放入上火180℃、下火175℃的平板烤箱（平窯）中烘烤約40分鐘，出爐後在網架上放涼（h）。

■ 糖漿
（1個5g）

波美30°糖漿（→108） 20g
櫻桃白蘭地（Kirschwasser） 20g

1 混合波美30°糖漿與櫻桃白蘭地。
2 刷在冷卻的塔上。

■ 卡士達鮮奶油
（1個65g）

卡士達奶油（→107） 120g
櫻桃白蘭地（Kirschwasser） 3g
鮮奶油（脂肪成分45%） 35g
糖粉 3.5g

1 將卡士達奶油拌軟再加入櫻桃白蘭地，以橡皮刮刀拌勻。
2 確實打發鮮奶油與糖粉，加入步驟1以橡皮刮刀拌勻為止。

■ 完成

杏仁脆片（→112） 適量
杏桃果醬（→109） 適量
糖粉 適量

1 將卡士達鮮奶油填入裝有13mm圓口花嘴的擠花袋內，於已刷上糖漿的塔中央擠上65g的圓錐形。
2 將已去蒂縱切對半的草莓裝飾在步驟1卡士達鮮奶油周圍，不規則地裝飾（i）成為圓頂狀。
3 加熱莓果果醬，調整到塗刷上去不至於流下的硬度。以刷子於步驟2的草莓上充分刷滿。
4 在塔基座的側邊以抹刀薄薄塗抹上煮過的杏桃果醬，貼上杏仁脆片（j），四周篩上糖粉。

基本入模（fonçage）

fonçage是將塔皮入模按貼到塔模的底部和側面。在甜點店這是相當考驗技術的作業。麵團先在冷藏庫鬆弛至少30分鐘～1小時，可以的話最好放置一晚再操作。

1 將麵團擀開，以「比模具直徑＋2倍高度大一些*」的壓模壓出所要的大小，則可事半功倍進行入模作業。
※比如使用直徑6.5cm×高1.5cm塔模時，壓模的直徑大小約10cm。

2 爲了好操作，麵團調整到約10℃左右。將塔皮放在圈模正中央，蓋到圈模正上方。

3 用兩手轉動圈模，同時以拇指按壓塔皮，將塔皮按到塔圈底部。

4 兩手將圈模傾斜抬高，一邊以拇指將塔皮按到模型底部，故意讓塔皮底部呈現鬆弛垂下狀態。

5 於工作檯上連著烤模輕敲，以幫助塔皮可以均勻漂亮地舖入底部的邊角內。

6 完成。翻至背面，確認塔模和塔皮間無縫隙。

蘋果凍派

我在最初實習的餐廳「雷諾特 Lenôtre」，
製作的一款「蘋果夏洛特 Charlotte aux Pommes」，
口味雖簡單但深奧，是道經典蛋糕，即是這個作品的原點。
蛋糕的結構忠於原貌，將形狀由圓形改爲方形，
調整了各個組成要件的比例，以及在布里歐上塗的奶油量。
用心致力於提升每種食材的滋味，使成品更爲芬芳且具現代感。
最大的關鍵在於蘋果的烹煮。
以傳統的烤蘋果，以及焦糖風味果醬的作法，濃縮食材的風味，
彰顯出強而有力的存在感。

蘋果凍派的味道組合

POINT 1
內餡
Garniture

這道甜點的主角。外觀、口感、滋味都強調著蘋果。

POINT 2
糖煮蘋果
Compote de Pommes

與內餡口感不同，添加焦糖以濃縮滋味，強調蘋果風味。

POINT 5
香緹鮮奶油
Crème Chantilly

乳香、輕盈且濕潤的口感。

POINT 4
杏桃果醬
Confiture d'Abricot

爲增加光澤感。強烈的酸味可更凸顯整體的風味。

POINT 3
布里歐
Brioche

盛裝內餡的外殼。烘烤後使用更提升層次感與香氣，鎖住蘋果的美味與水分。

蘋果凍派的5大重點

Garniture
內餡

將六等分的蘋果與細砂糖、二種肉桂、香草、奶油拌合，再進烤箱烘烤。

將蘋果的特質發揮至極限

蘋果切大塊

蘋果切成大塊的六等分，留下口感的同時也呈現切面的美感。比起單純用果泥製作糖漬，風味與口感的變化更明顯，可最直接呈現主角蘋果的存在感。

使用當季的紅玉蘋果

蘋果當中滋味與香氣最強烈，且最嚐得出蘋果特有酸味的，為11月～隔年2月左右產的紅玉蘋果。口感偏硬結實，選用成色鮮紅者。不使用太青澀、果實還太硬的。

濃縮滋味，透過烘烤讓風味更加豐富

混合汁液用烤箱烘烤

以烤箱烘烤過程中，不時再淋上從蘋果流溢出的蘋果汁液和溶解的砂糖，烘烤至軟嫩但仍殘留口感為止。透過直接烘烤蘋果，可以呈現烘烤上色變為茶色的部分、因受熱而變硬部分、因混合了滿溢的果汁，而變得濃厚多汁的部份…等，創造出各種風味與口感。如果使用糖煮，則蘋果風味會流失到糖漿中，口感與風味都會變淡且口感一致。透過烤箱烘烤過程，讓風味得以更為濃縮，更能豐富呈現蘋果的口感等特質。

比較

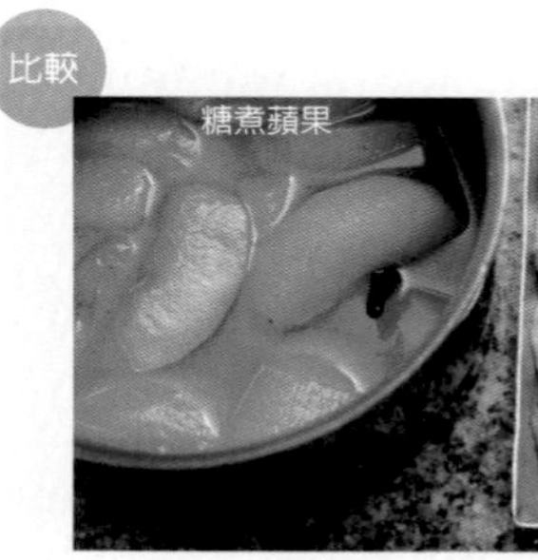

透過烘烤以濃縮風味

不同於糖煮，透過烘烤而滿溢出的果汁可再次淋回蘋果上，更加濃縮風味。

調和2種肉桂

一般來說法國甜點多使用風味較為圓潤，且帶有甜美香氣的肉桂（錫蘭肉桂），在這款甜點中更調和了以辛辣清爽為特徵的日桂（日本肉桂）。撒在蘋果上，強調具個性又有深度的肉桂風味。

比較

添加日桂增添個性

POINT 2 *Compote de Pommes* 糖煮蘋果

以份量中一半的細砂糖煮焦糖，再加入蘋果與剩餘的細砂糖、蘋果皮，煮成泥狀。

襯托出濃縮蘋果風味

不單只用果肉，果皮一起加入

蘋果皮含有強烈的味道與香氣，不要丟棄一併加入熬煮，可創造出更具深度的風味。因為較硬不容易煮爛，因此果皮與果肉分開煮，煮至泥狀後再加入，是製作的一大要訣。

比較

加皮的自製品濃郁度更高

市售糖煮水果不僅外觀，風味也偏清淡。自製品不僅風味濃，色澤也相當強烈濃厚。

自製糖煮水果

市面上販賣的糖煮水果為了降低糖度，多添加果膠煮成比較液狀的質地。這道甜點重視凸顯出濃縮的風味，因此選擇自製。首先煮到焦糖化以突顯出蘋果的強烈風味，於中途加入果皮熬煮，更進一步濃縮。同時添加具深度的「焦香」。

異於內餡的風味與口感

細砂糖分2次加入

將所有的細砂糖都煮成焦糖，再加蘋果則難以調整苦味。為了能呈現出穩定的甜味與苦味，特地將細砂糖分為2份。首先用前半分製作微苦的焦糖，剩餘的細砂糖再與蘋果一起加入，以加強甜度。

透過細砂糖的添加法 調整苦味與甜味

加入糖煮水果中的細砂糖扮演甜度和焦糖微苦的2個角色。先焦化提出苦味再加細砂糖提高甜味。

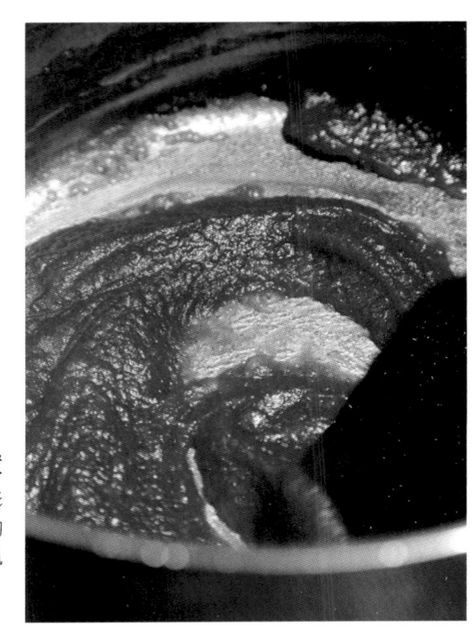

煮成軟爛的果泥狀

為了與切成大塊的內餡用蘋果形成對比，糖煮水果要煮成柔滑的果泥狀。加熱後再熬成果泥，風味會更濃縮。

Brioche

POINT 3 布里歐

混合高筋與低筋麵粉，加入牛奶、酵母、全蛋、細砂糖、轉化糖後拌揉。再加入大量的奶油，花較長時間烘烤。

有層次感的豐富滋味

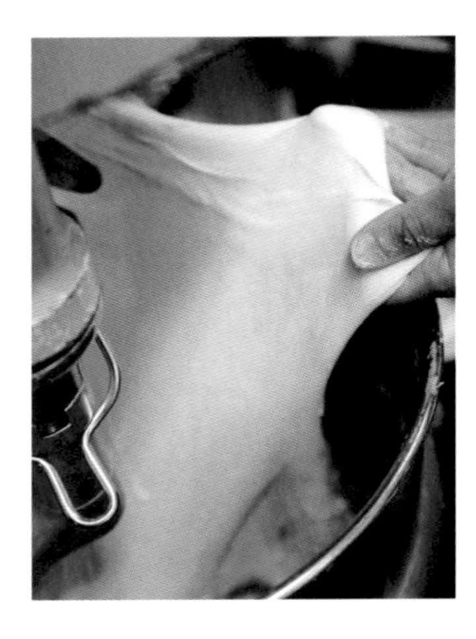

使用較高比例的奶油

為了封存蘋果強烈風味與水分，捨棄海綿蛋糕、分蛋蛋糕等，而選用油脂成分較高、較有層次感的布里歐類麵團最為恰當。由於奶油含量較高，因此為顧及嚼感，必須在加入奶油前先確實揉和，形成筋性。

塗上奶油再次烘烤以提高香氣

由於混合了高筋與低筋麵粉，因此雖較有咬勁，但會是口感絕佳的布里歐。在鋪入凍派模具前先薄切，於兩面刷上澄清奶油後進烤箱烘烤，可除去酵母的氣味，使香氣與美味更加分。即使吸收了內餡的水分也不易變得軟爛也是優點之一。

不影響蘋果的存在感

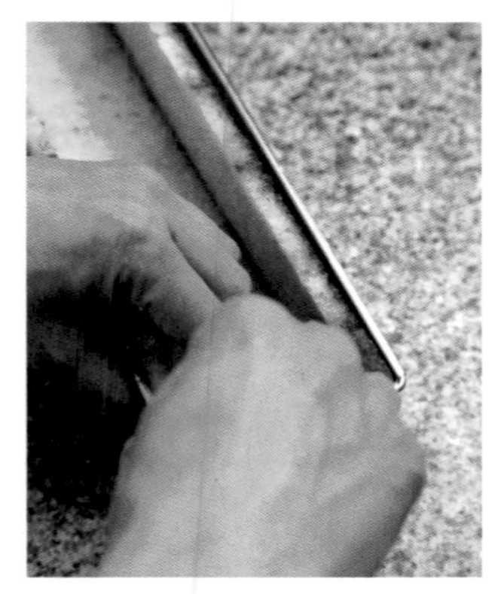

薄切後鋪進模具中

由於這道甜點中的布里歐僅扮演配角，因此薄切使用。將其鋪入長方形模具的操作相當簡單，且成品相當協調。

POINT 4 *Confiture d'Abricot* 杏桃果醬

如果只是為了提高光澤感，只需要選購好操作的市售透明果膠或果醬之類，但在這道甜點中扮演的是要提高整體口味深度的角色，因此稍微下了一點功夫以增添其風味。在市售果醬中加入杏桃果泥熬煮，使杏桃味更為強烈，變得更加清爽美味。

POINT 5 *Crème Chantilly* 香緹鮮奶油

完成階段組合的時候，以打至7分發的鮮奶油，做成紡錘狀裝飾。呈現乳香和鮮美的入口感。

蘋果凍派的配方

36×7×6cm長形蛋糕模1個

■ 布里歐
(36×7×6cm長形蛋糕模6個／1個240g)
全蛋　264g
細砂糖　68g
鹽　13.6g
轉化糖　45g
牛奶　130g
即溶乾酵母　10g
高筋麵粉　427g
低筋麵粉　143g
奶油　342g
蛋黃液Dorure(→p108)　適量
澄清奶油　適量

1　用刷子於烤模內塗上奶油(配方份量外)，放入冷藏庫冷卻。

2　鋼盆中放入全蛋並打散，以網狀攪拌器邊攪拌邊隔水加熱至40°C為止。加入細砂糖、鹽、轉化糖，拌至溶解(a)。

3　將即溶乾酵母加入已加熱至40°C的牛奶當中，以網狀攪拌器拌勻。

4　攪拌盆中加入已混合完成的高筋與低筋麵粉，依序拌入步驟3與步驟2。裝上鉤形攪拌棒以低速攪拌，全部拌勻後再轉中低速攪打。中途用刮板把黏在攪拌盆內側的麵團刮下，確實揉打到出筋程度(b)。

5　揉打到偏硬，將麵團拉開時雖不會有薄膜但已具延展性，且富有彈性狀態時，先暫時停掉攪拌機。

6　加入已恢復室溫呈乳霜狀的奶油，繼續以中低速揉打。中途用刮板把黏在攪拌盆內側的麵團刮下。攪拌到以雙手將麵團拉開時會呈現薄膜狀態為止。

7　將麵團移到鋼盆裡，雙手將麵團抬起邊轉動90度，邊將麵團滾圓收攏至底部，重複此動作讓表面呈現光滑狀態。

8　蓋上保鮮膜，發酵直至膨脹約2倍大。室溫下約3小時左右為宜(c)。

9　將麵團放置於烤盤上，以手掌將空氣擠壓出來。送進急速冷凍庫冷卻，待表面凝結後再移至冷藏，調整成適合整型的硬度為止。

10　移至工作檯並撒上手粉，從前端往自己的方向摺四折，每摺一摺便以手掌根按壓(d)，最後整型為長條狀。

11　用手掌將麵團前後搓長至稍細長，再分割為各60g的小麵團，用手掌包覆住小麵團，在工作檯上滾圓。

12　於步驟1的烤模中各排入8個麵團(e)。進行最後發酵，膨脹至2倍大為止。25°C狀態下約2小時為宜。

13　在麵團上方刷上蛋黃液，放入180°C的平板烤箱(平窯)烘烤約1小時。脫模在室溫中放置網架上冷卻(f)。

14　切掉底部上色的部分，側面長邊表面也切除。縱切成厚度約1cm的片狀，36×6cm的1片(A)、36×5cm的2片(B)、36×5.5cm的1片(C)(g)。

15　布里歐的兩面皆刷上澄清奶油，排列在烤盤上以250°C烤箱烘烤近5分鐘。烘烤至上色即覆蓋烤盤紙，放室溫冷卻。

■ 內餡

(1個676g)
蘋果(紅玉)　1025g
細砂糖　148g
肉桂粉　0.3g
日桂(NIKKI／粉末)　0.3g
香草莢　1根
奶油　28g

1　蘋果削皮並去芯。縱切六等分後放入鋼盆備用。

2　另取一鋼盆加入細砂糖、肉桂粉、日桂、香草籽並混合。

3　於步驟2中加入步驟1(h)，用雙手從底部仔細翻起拌勻，香草豆莢也一併加入。

4　融化奶油，趁熱狀態加入步驟3，排列於烤盤上。以200°C的旋風烤箱烘烤約10分鐘。

5　時間到後先拉出烤盤，為了能均勻烘烤用剷刀翻面，並將從蘋果中流溢出的汁液與所有蘋果塊拌勻(i)。

6　以200°C的旋風烤箱續烤5分鐘，蘋果變軟並上色後即可取出於室溫放涼。

■ 糖煮蘋果

(1個207g)
蘋果(紅玉)　2個
水　200g
檸檬汁　6g
細砂糖　71g
水　40g
細砂糖　71g
鮮奶油(脂肪成分35%)　33g
香草莢　0.5根

1　蘋果削皮並去芯。皮另外留下，果肉則切成適當大小。

2　蘋果皮放入鍋中，加水200g和檸檬汁。蓋上鍋蓋開中小火，熬煮至軟為止。

3　離火，用手持式電動攪拌棒打碎(j)。續以中小火煮至完全軟爛為止。

4　另取一鍋子開火，加入71g細砂糖，以木杓攪拌加熱製作焦糖。待變成深褐色後將火轉小加入水40g，再加入鮮奶油。

5　加入步驟1的果肉及71g細砂糖。將火稍調大煮開。

6　稍微燉煮後加入步驟3(k)，轉小火蓋上鍋蓋，煮軟至蘋果稍按壓就會糊爛掉的程度。

7　離火，以手持式電動攪拌棒打成柔滑的果泥狀。

8　再次放上爐子，邊以木杓攪拌邊熬煮至達到白利糖度(Brix)47%為止。於烤盤上攤平室溫放涼。

■ 完成

香緹鮮奶油(7分發→p107)　適量
杏桃果醬(→p109)　適量
肉桂粉　適量

1　鋼盆中加入內餡與糖煮蘋果，以刮板拌合，小心不破壞原有內餡的形狀。

2　取出冷卻的烤模，將切好烤過的布里歐A襯於底部，B鋪於側面。

3　倒入步驟1，蘋果縱向交替緊密不留空隙地排入，排至與布里歐片同高(l)。

4　表面以L形抹刀抹平，上方蓋上布里歐C，以手掌壓平。

5　表面再蓋上烤盤紙，於180°C平板烤箱(平窯)烘烤約1小時(m)。烘烤完成後馬上進急速冷凍庫冷卻，待表面凝固後再移進冷凍庫。等蘋果也凍到一定程度後再移到冷藏庫，調整到方便以刀具切割的硬度。

6　用噴火槍於側面稍微加熱以方便自烤模中取出，倒扣於工作檯上。表面以刷子刷上杏桃果醬，呈現光澤感。

7　將牛刀以噴火槍加熱，切割成厚度2.9cm的大小(n)。

8　切割後的凍派上以湯匙製作紡錘形鮮奶油裝飾，簡單撒上肉桂粉。

栗子火炬

Torche aux Marrons

蒙布朗其實並非源於法國的甜點店。

雖不知確切的發祥地，但我實習的地區－亞爾薩斯，有道稱爲「栗子火炬」的糕點可能正是原點。

彷彿品嚐豐富栗子風味的香緹蛋白霜夾心（法式蛋白霜 Meringue à la française 和

香緹鮮奶油 Crème chantilly 所組成一般的地方甜點，是秋天不可或缺的美食。

以低糖度糖漿熬煮法國阿爾代什省產的栗子，

再加工製成最能忠實呈現栗子風味的自製栗子奶油，擠上滿滿的份量。

栗子火炬的味道組合

POINT 1
栗子奶油
Crème de Marron
這道甜點味道的主角。栗子本來的自然風味和香氣，加上柔軟難以定型的口感。

POINT 2
香緹鮮奶油
Crème Chantilly
乳脂肪的甜美滋味。扮演蛋白霜與栗子奶油的銜接角色。

POINT 3
法式蛋白霜
Meringue à la Française
這道甜點的基座，也是造成輕盈口感的關鍵。

避免破壞剛完成時的風味與口感

栗子火炬的組成全都是完成時間越久，就越容易影響風味與口感的要件。栗子奶油會變乾燥而紛紛掉落，風味隨著煙消雲散。香緹鮮奶油會失去柔滑與綿軟質感，蛋白霜會吸收水分而黏膩、溶解。因此這道甜點的組合，必定是客人點了以後才現點客製(à la minute)，完成後一小時內吃掉，才享受得到三位一體的美味。

比較

時間經過美味相對折損

剛完成狀態（右）與經過約12小時(左)，狀態的差異一目瞭然。

栗子火炬的3大重點

POINT 1 *Crème de Marron* 栗子奶油

先燙過再以低糖度糖漿熬煮成糖煮栗子，加入栗子泥（Pâte de marrons）、糖粉、水麥芽與奶油，打成泥狀。

糖煮栗子

以添加了牛奶的熱水先燙過

以加了少許牛奶的熱水先燙過，清除表面殘留的薄皮等。如此一來可除去栗子特有的臭味，凸顯出討喜的風味並可呈現更鬆軟的狀態。

將栗子細緻的風味發揮至極致

使用法國阿爾代什省產的栗子

法國阿爾代什省是出產優質栗子著名的產地，在此使用該產區出產的板栗（品種名為Bouches Rouges）。每年秋天特地從當地訂購進口剝皮冷凍狀態的栗子。

煮出自然風味

為了凸顯栗子的細緻風味，在用糖漿熬煮時不加入香草或酒，煮出自然風味。

鬆軟的糖煮栗子

以低糖度糖漿慢火細燉

若以高糖度糖漿一口氣熬煮，在吸收糖份前栗子的水分已完全排出，會煮成硬實如橡膠般的口感。將燙過的栗子，以煮「日式燉煮」的要訣，利用低糖度糖漿慢慢加熱。一旦煮過頭果實會爛掉，失去濃郁度，因此於糖漿中浸泡一晚，透過滲透壓慢慢地讓糖漿吸收到芯裡，煮成稍碰即碎，軟透的糖煮栗子。

比較

糖漿的糖度會影響滲透程度

一開始即以高糖度糖漿熬煮的栗子，比起以低糖度熬煮的栗子感覺來得硬實。

冷凍糖煮栗子

於糖漿中糖漬一晚的栗子在瀝掉水分後一定要先冷凍。栗子中的水分會經由冷凍而膨脹，破壞原有組織，解凍後就會變成鬆軟、細緻的口感。此外，由於透過長時間糖漬，因此與熬煮效果不同，栗子的水分含量不會有變化，完成後不會影響濃郁的風味也是優點。

比較

先燙過更鬆軟

糖煮後的栗子，右邊是冷凍後再解凍，左邊是未冷凍直接放涼。左邊較硬，風味較淡；右邊整顆鬆軟。

栗子奶油

單純的呈現栗子風味

自家製可控制奶油與糖份用量

市面上有相當多各式各樣栗子醬商品，也可直接運用製作蒙布朗，但偏甜，且經常帶有香草等香味。因為想充分活用栗子的自然香氣和鬆軟的口感，因此在自製的糖煮栗子中，加入最低限度的糖份與奶油來製作栗子奶油。重點是要將手工製作的特質清晰呈現。

比較

由上而下分別是，自製栗子奶油(14%白利糖度Brix)、市售日本產栗子醬(25%)、市售法國產栗子泥(29%)。為充分發揮栗子特有的風味，特別降低甜度。糖度乃各取同等份量栗子醬加水測量的結果。

使用自製栗子奶油

添加市售的栗子泥

新鮮栗子依該年的天候或季節等，風味與品質難免良莠不齊。拌入少量栗子泥可避免增加多餘的味道或甜度，有助穩定提供美味。

溫潤的口感

細長地擠出

粉條機(Vermicelli擠蒙布朗用)的孔洞為直徑3mm。用這個尺寸擠出的栗子奶油呈現質樸且自然的樣貌，但入口後容易結塊，稍微有噎在喉嚨的口感。因此特地訂製了直徑2mm的擠花頭，可擠出較細的栗子奶油，改良成更纖細的感覺。呈現出鬆散地在口中融化開來的口感，更可以與香緹鮮奶油高雅搭配。

比較

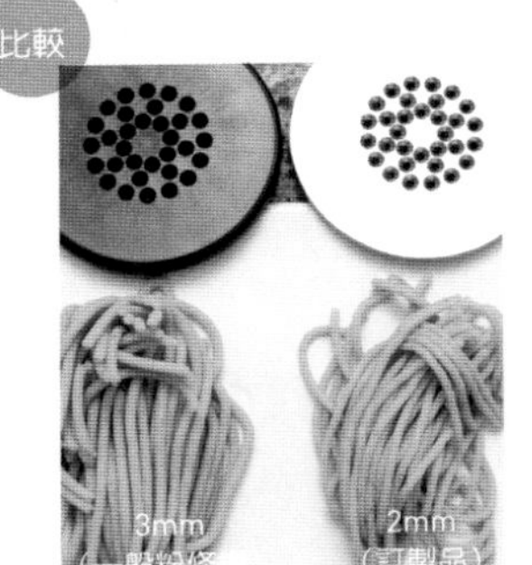

擠出的粗細度會左右給人的印象

僅僅1mm的差別，帶給人印象的差異也一目瞭然。入口時的印象也不同。

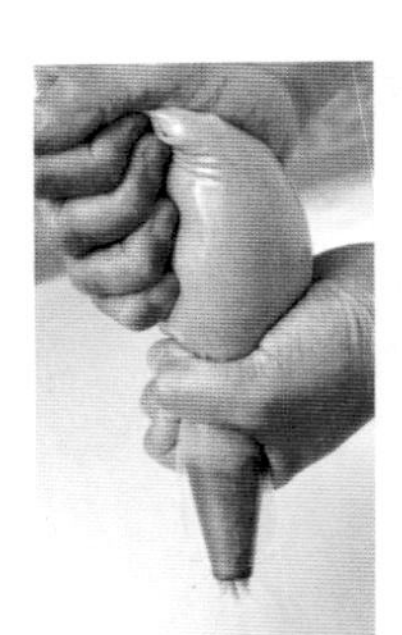

栗子比例較高的栗子奶油偏硬，如照片般無法以擠花袋擠出。因此需使用粉條機。

POINT 2 *Crème Chantilly*

香緹鮮奶油

為避免脂肪含量過高以致過度厚重而影響栗子的風味，在追求乳脂肪的美味，與恰到好處輕盈感兩者權衡下，最後選擇調和45%和40%鮮奶油。打到較扎實的8分發程度，具較高保形性。

POINT 3 *Meringue à la Française*

法式蛋白霜

將添加了細砂糖打發的蛋白霜烘乾，僅稍微上色。

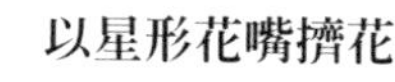

以星形花嘴擠花

比起使用圓形花嘴，星形花嘴所呈現凹凸表面積較多，入口時與奶油更為融合。

控制甜度，輕盈口感

降低糖份

栗子火炬的蛋白霜雖扮演此款甜點基底的角色，但味道與口感都不過度強調才是最佳狀態。蛋白霜的糖份一旦過高勢必拉長烘烤時間，表面結皮部分變厚，中間形成空洞，變成蛋白糖霜(Glace royale)般脆硬的堅硬口感。反之，含糖量低的蛋白霜，表面結皮部分相當薄，呈現細緻、入口即化的輕盈口感。為了呈現後者的口感，在此採用法式蛋白霜的配方與手法。

以兩階段溫度烘烤

如果一開始便以高溫烘烤，則可能因蛋白霜中的氣孔膨脹而造成破裂，因此先以低溫烘烤乾，再提高溫度烤至稍微上色，以降低甜膩感與蛋白腥味。

比較

口感因含糖量而變化

由上而下分別為：糖分為蛋白的1.25倍、1.5倍、2倍，製作的蛋白霜。在此採用1.25倍的法式蛋白霜。

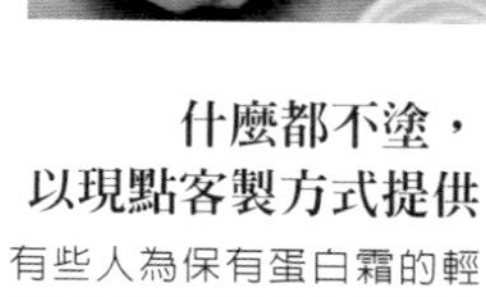

什麼都不塗，以現點客製方式提供

有些人為保有蛋白霜的輕盈口感避免吸收上層奶油的水分，因而塗上一層巧克力等，但AIGRE DOUCE為了避免加入多餘的味道，因此什麼都不塗，取而代之在點餐後才擠上奶油，以現點客製(à la minute)方式提供享用。

栗子火炬的配方

20個

■ 糖煮栗子
（容易操作的份量）
栗子 1000g
水 715g
細砂糖 285g
※ 使用解凍的法國阿爾代什省冷凍栗子（已去皮）。

1 於鍋中加水（配方份量外）煮至沸騰後加入少量牛奶（配方份量外）。
2 加入栗子煮至再次沸騰，不時以漏杓（écumer）輕拌，待栗子煮至膨脹且鬆軟狀態為止。以網篩瀝去水分。
3 鍋中加入水與細砂糖，以網狀攪拌器拌勻。再加入步驟2，開大火，沸騰後轉小火加熱2～3分鐘（a）。煮至糖漿達到34%白利糖度（Brix）即離火，直接放冷藏庫糖漬一晚。
4 將步驟3已瀝去水分的栗子放進冷凍，使用時只取需要的份量解凍。

■ 栗子奶油
（1個80g）
糖煮栗子 1000g
栗子泥（Pâte de marrons） 250g
糖粉 60g
水麥芽 150g
奶油 200g

1 將糖煮栗子加入攪拌盆，使用攪拌葉片以低速攪拌打碎。栗子泥分成數團加入拌合。
2 加入糖粉繼續拌合至看不見乾糖粉狀態，加入水麥芽以中速拌勻（b）。
3 加入室溫乳霜狀奶油，以高速攪打。還稍微殘留栗子顆粒的狀態下即可卸下攪拌盆。
4 以篩網過篩（c），再裝上攪拌器續用攪拌葉片，以中速攪拌至全體均勻一致的泥狀（d）。
5 取適量的上述栗子泥以保鮮膜包裹成直徑6cm的棒狀（粉條機的筒狀部分直徑為7.5cm，必須比它細的狀態），滾圓成約30cm長的棒狀，於冷藏庫放涼（e）。保存時可先冷凍，需使用時再移至冷藏庫解凍。

■ 法式蛋白霜
（容易操作的份量）
蛋白 150g
細砂糖 190g
※ 蛋白先恢復室溫。

1 於攪拌盆中加入蛋白，以中速打發。蛋白打發至有氣泡狀態即可加入一把細砂糖，繼續打發。細砂糖添加的時機，以前一次加入的細砂糖已完全溶化並打發拌勻狀態為宜。
2 打發至可拉出扎實尖角的狀態為止，即可卸下攪拌盆（f）。
3 填入裝有10齒直徑11mm星形花嘴的擠花袋內，於已鋪好烤盤紙的烤盤上擠出直徑5cm、高3cm的螺旋玫瑰花型蛋白霜（g）。
4 打開旋風烤箱的風門，以85℃烘烤1小時，再續以115℃烘烤30分鐘，出爐連著烤盤紙一起放上網架在室溫下放涼。

■ 完成
香緹鮮奶油（8分發→p107 1個25g）

1 將香緹鮮奶油填入裝有10齒11號星形花嘴的擠花袋內，於法式蛋白霜上方以螺旋狀擠上5cm高的錐形鮮奶油（h）。
2 將栗子奶油從冷藏庫取出，再次整形成棒狀，裝填入粉條機內，奶油溫度以12～15℃為佳（容易擠的硬度）。
3 於步驟1上方以畫圈方式將步驟2滿滿地繞鋪上（i）。用手輕輕按壓整形（j）。

皇家栗子派

Rois de Marron

芬芳、滋味豐富且滲透心脾的栗子風味甜點，是不可或缺的秋冬滋味。
這款「皇家栗子派Rois de Marron」創意的原點，源自於在杏仁奶油內包裹入一整顆栗子烘烤的栗子派。
思索著「如何加入更多的栗子，更凸顯出高級感？」，
於是結合了法國料理中包裹派皮烘烤的概念，最後創作出這個形態呈現。
外型承襲經典造型，風味的展現則是獨創。
在酥塔皮（Pâte à foncer）淋上糖霜（glace a l'eau）營造出酥脆口感，
與蒸過後鬆軟化口的自製糖煮栗子結爲一體，美味融合。

皇家栗子派的味道組合

POINT 4
糖霜
Glace à l'Eau
爲蛋糕增添甜美、香氣、嚼感與美麗的烤色。

POINT 2
酥塔皮
Pâte à Foncer
內餡的外殼。酥鬆口感與香氣。

POINT 1
內餡
Garniture
這道甜點的主角。以各種方式呈現栗子的鬆綿、自然風味等。

POINT 3
杏仁奶油餡
Frangipane
扮演連結麵團與內餡的角色。爲甜點增添層次感，也可避免內餡過度受熱。

皇家栗子派的4大重點

Garniture
內餡

於自製糖煮栗子、栗子泥（Pâte de marrons）、糖漬栗子（Marron glacé）等各種不同風味的栗子中拌入糖漿、奶油、香草等。

糖煮栗子

將細緻的栗子風味發揮至極致

- 使用法國阿爾代什省產的栗子→p68
- 以添加牛奶的熱水燙過再使用→p68

煮成蓬鬆的糖煮栗子

- 以低糖度糖漿慢火細燉→p68
- 冷凍糖煮栗子→p68

內餡 Garniture

凸顯口感的變化，帶來恰到好處的層次感

加入栗子泥（Pâte de marrons）與糖漬栗子（Marron glacé）
於自製糖煮栗子中加入市售栗子泥（Pâte de marrons）與糖漬栗子（Marron glacé），為滋味與口感增添變化，也可避免因每年季節變化而造成栗子品質與口味落差，使成品產生太大的差異。

加入糖漿、奶油、香草
在將栗子細緻的風味與口感發揮到淋漓盡致的糖煮栗子中，加入糖漬栗子的糖漿與添加了香草的栗子泥（Pâte de marrons），以提高糖分與香氣。再拌入奶油，賦予油脂與濃郁感。營造出圓潤與豐富的滋味。

POINT 2 *Pâte à Foncer*

酥塔皮

在低筋麵粉與糖粉中加入奶油，再與蛋黃及冰水等拌合成團。

打造好吃嚼感

將細切的奶油與粉類拌合

若將一整塊奶油放入粉類中以刮板切割混合，不只花時間，奶油顆粒也呈現大小參差不齊狀態。若先將奶油恢復室溫至乳霜狀下拌入，則會與粉類過度融合以致麵團變得過於硬且扎實。應先用擀麵棍將奶油敲打至軟，切割成約7mm大小再與粉類拌合。如此一來即可在短時間與粉類拌合完全，且打造出酥脆的口感。

奶油與粉類不完全拌合

酥塔皮的優劣取決於嚼感。不揉和（frassage）奶油與粉類，只需搓成砂狀（sablage）。為避免之後加入的水分與粉類完全結合，要將奶油包覆上粉類，因此不需搓到完全呈現砂狀，應稍殘留細奶油顆粒。如此一來麵團就不至於過硬，呈現法式千層酥皮般酥鬆的輕盈口感。

＊揉（frassage）即是以手掌將麵團從身體側往前按推揉出，直至光滑狀態為止。搓成砂狀（sablage）即是將奶油與粉類用手互搓，使其成為砂狀。

加入冷蛋黃與冰水

拌合時一旦溫度過高，奶油會融化而與麵粉結合，導致容易出筋，因此應準備充分冷卻的材料。加入麵粉與奶油中搓成砂狀（sablage）盡快拌合，即可避免出筋，防止烘烤後變硬或回縮。

比較

搓揉程度影響口感

扎扎實實搓揉過的麵團，奶油會均勻混合，因此不易烤熟，不易烤上色。較少搓揉的麵團，由於奶油的小顆粒分散於麵團中，烘烤過程中會散出水蒸氣而形成空隙，呈現酥脆的口感。

完美均勻呈現

讓麵團確實鬆弛

完成的麵團置於冷藏庫鬆弛一晚，以減緩筋性。擀薄後將麵團放進冷藏庫，再鬆弛半天後才切割，預防烘烤後回縮或過硬。

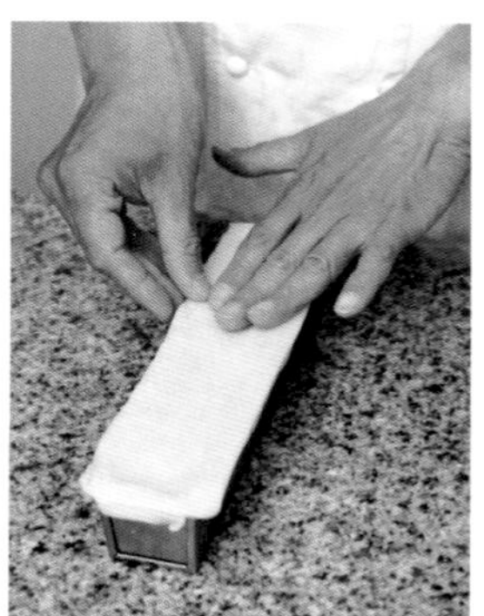

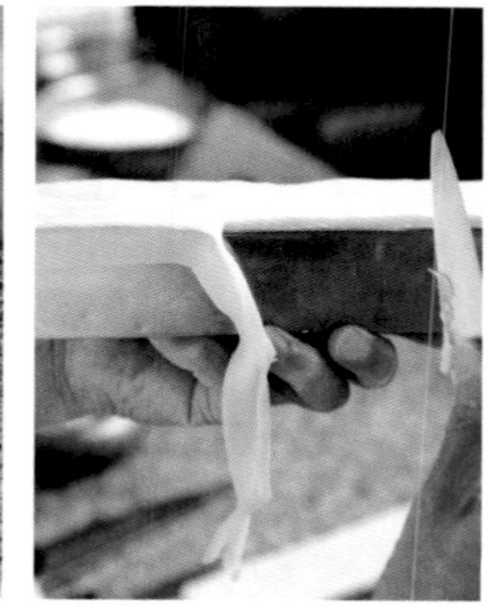

將麵團確實入模，按入邊角內

配合烤模尺寸切割麵團後調整至柔軟狀態，再鋪入烤模當中。裝入內餡等再鋪上一層麵團，不以擀麵棍滾壓，而是以小刀切除多餘麵團。不要硬壓麵團或硬擀開來，每一面，即便邊角也保持一致的厚度。如此在烘烤時即可均勻受熱，內餡被完整無縫隙地包裹，風味與口感都更好。

POINT 3 *Frangipane* 杏仁奶油餡

將添加了少量低筋麵粉的杏仁奶油中
拌入卡士達奶油。

卡士達奶油 Crème Pâtissières

凸顯出濃郁中的輕盈

・加入法式布丁（Flan）粉→p17
・以圓底的鍋子快速拌煮→p17

杏仁奶油餡 Frangipane

追求更濃郁風味

・填餡選擇杏仁奶油餡→p56

達到柔滑的乳化狀態

・蛋與粉類交替拌入並逐一拌至乳化→p57

薄且均勻

盡量不打入空氣

杏仁奶油餡一旦拌入空氣便會在烘烤時膨脹，成為甜點變形的原因。攪拌過程中盡量以擦磨方式，不要拌入空氣，完成後先放入冷藏庫靜置最少數小時，讓多餘的空氣排出，完全鬆弛，達到穩定後才用來擠餡。

在底部擠上薄薄一層，保護栗子不受熱

為了能將栗子烤至鬆軟狀態，在底部擠上一層薄薄的杏仁奶油餡，以確保不過度受熱。接著只要先放入冷凍庫定型，即使再於上方填入內餡，也不會擠壓杏仁奶油餡，可保持一定厚度進入烘烤狀態，確保風味恰到好處。

POINT 4 *Glace à l'Eau* 糖霜

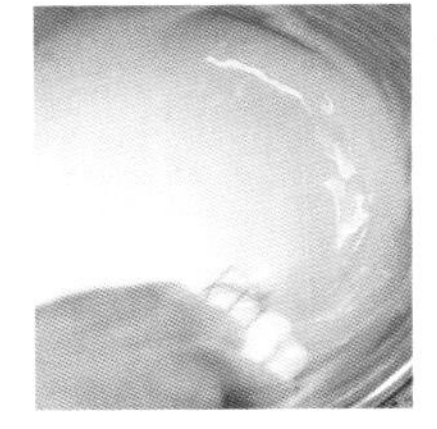

拌合糖粉與波美30°糖漿，是一般正統糖霜。

補充糖分，呈現厚重感

將糖霜焦糖化

一般栗子蛋糕裹上焦糖的做法多使用糖粉，但總感覺甜度不足，因此在此使用糖霜。因為比起糖粉，可刷上厚厚、滿滿的一層，再烘烤成厚厚扎實的焦糖，呈現出如法式焦糖奶油酥（kouign amann）般，嚼感十足的厚重感與均勻完美的烤色。

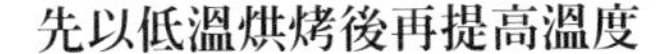

先以低溫烘烤後再提高溫度

如果一開始就以高溫加熱，會導致特地刷上的糖霜全都融解滴落，因此一開始先放入低溫烤箱中使表面固定。再以高溫烘烤使其焦糖化，若有上色不足部分，可以瓦斯噴火槍烘烤上色。

比較

以糖扎實包覆

刷上糖霜後的焦糖顯得更厚且扎實。

皇家栗子派的配方

22×4×4cm長方蛋糕模5條

■ 酥塔皮 Pâte à Foncer
（1條約需300g）

蛋黃 10g	冷水 60g
細砂糖 6g	鹽 7.5g
低筋麵粉 300g	糖粉 25g
奶油 225g	

1 於鋼盆中加入蛋黃與冷水攪拌，再拌入細砂糖與鹽。
2 拌合低筋麵粉與糖粉，放入另一鋼盆。
3 在奶油表面撒上少許步驟2，於大理石工作檯上以擀麵棍敲打，擀薄，以刮板切割成7mm大小的奶油塊。
4 拌合步驟2與步驟3，以刮板舀起麵粉撒在奶油上，再以手搓拌。拌至仍殘留少許奶油顆粒的手感，以手掌一握即成團狀態便可停手。
5 堆成噴泉（fontaine）狀並於正中央留一凹處，將步驟1倒入其中，慢慢把一點點周圍的粉類移進中央，並用刮板以切拌方式拌和。將麵團交替轉動90度持續切拌動作。
6 待看不見乾粉狀態即可成團，撒上手粉以手掌按壓麵團，整合成圓餅狀（a）。包上保鮮膜，放進冷藏庫鬆弛一晚。
7 以壓麵機擀壓成2mm厚度後再鬆弛半天。
8 一條蛋糕需切割出1片22×15.5cm（A）、2片5.5×4cm（B）、1片23.5×6cm（C）的酥塔皮備用。
9 剩下麵團（厚度2mm）用於裝飾，一條蛋糕需要長邊1.5×短邊1cm的菱形2片，以及長邊3×短邊2.5cm以菊花形壓模壓出3片，在中央以直徑9mm圓形花嘴壓成中空備用。

■ 杏仁奶油餡
（1條80g）

奶油 180g	全蛋 180g
細砂糖 170g	杏仁粉 180g
低筋麵粉 30g	
卡士達奶油（→p107） 145g	
蘭姆酒 15g	

1 依照p58的操作要領製作杏仁奶油餡。

◆ 糖煮栗子
（容易操作的份量）

栗子 1200g	水 857g
細砂糖 343g	

1 依照p71的操作要領製作糖煮栗子。

■ 內餡
（1條320g）

栗子泥 190g	糖漬栗子糖漿 63g
奶油 63g	香草籽 0.25根
糖煮栗子 1268g	糖漬栗子 63g

1 於鋼盆中加入栗子泥與糖漬栗子糖漿，以網狀攪拌器拌勻（b）。
2 在裝有室溫乳霜狀奶油的鋼盆中加入步驟1與香草籽，以網狀攪拌器拌至柔滑狀態為止。
3 加入糖煮栗子，並以手指壓碎糖漬栗子也一起加入鋼盆中。小心不進一步壓壞栗子，以刮板不時刮起並以手溫和拌勻（c）。

■ 組合並烘烤
奶油 適量
蛋黃液 Dorure（→p108） 適量

1 於蛋糕模刷上軟化乳霜狀的奶油，放入冷藏庫定型。
2 在蛋糕模底部、側面鋪上準備好的酥塔皮A（d），側面另兩邊鋪上酥塔皮B。用手指輕按使其黏貼於模上，再以小刀的刀背將塔皮按入模具邊角內。
3 將杏仁奶油餡填入裝有扁齒花嘴的擠花袋內，於底部擠上薄薄一層。將整個烤模於工作檯上輕敲，讓杏仁奶油餡攤攤開來（e）。放進冷凍定型。
4 取320g內餡，並以手滾成棒狀，放入步驟3中再以手輕按，使其呈現無縫隙狀態，以L型抹刀邊按邊抹平。放進冷凍庫稍微定型即可。
5 於上方擠上薄薄一層杏仁奶油餡（f）。
6 要鋪進烤模的酥塔皮部分，稍微刷上水（配方份量外），鋪上酥塔皮C，小心不要包入空氣，接縫處以手指確實按壓使其黏合。多餘部分再以小刀切除（g）。
7 將準備好裝飾用的菱形與花形酥塔皮的單面刷上水（配方份量外），於步驟6上黏貼成一直線。
8 置於冷藏庫鬆弛一晚。於花形裝飾正中央再以直徑9mm圓形花嘴按壓，轉動壓除底下的酥塔皮，打通透氣孔（h）。
9 表面整體刷上蛋黃液。在190℃平板烤箱（平窯）烘烤約60分鐘，再降至180℃烘烤90分鐘，烤至側面也均勻上色。
10 脫模後放置網架上室溫放涼。

■ 糖霜 Glace a l'Eau
（容易操作的份量）
波美30°糖漿（→p108） 300g
糖粉 400g

1 將波美30°糖漿放入鋼盆，直接加熱並以網狀攪拌器攪拌加溫至40℃。
2 加入糖粉並以網狀攪拌器攪拌均勻。

■ 完成
1 趁糖霜微溫狀態，刷厚厚一層於皇家栗子派上。
2 放於網架上進160℃旋風烤箱烘烤約10分鐘，提高至220℃續烘烤10分鐘。使其整體上色至焦糖色（i）。
3 出爐後若有部分上色不足，再以噴火槍烘烤上色（j）。置於網架上室溫放涼。

掌握口味的輕與重

在食慾減退的盛夏當中，甜點要輕盈；在寒冷顫抖的冬季，甜點要厚重，這是任誰都會意識到的差異吧！在這裡討論的「輕」與「重」絕對不限於比重。糖分或油脂成分高就會感覺厚重，堅硬嚼感或扎實口感亦然。輕盈則與其背道而馳。泡沫、液態的東西外，酸味也是帶來輕盈感的一大要素。

然而，夏季甜點輕盈到底，冬季甜點就一股腦地厚重嗎？答案是否定的。如果一切都輕盈、都厚重，便會過於單調，失去樂趣。在輕盈當中添加一些厚重元素點綴之類，思考各個組成要件存在的必要性與關聯性，把輕與重，視爲加減法計算，調和到恰到好處的境界。變換食材、口感，調整甜度、酸度，添加香氣等，可使原本感覺厚重的甜點帶來出乎意料之外的輕盈印象。不受食材固有印象框架限制，因應四季變化風味呈現的可能性無限寬廣。

美味的「香氣」

製作甜點時，任誰都會意識到風味與口感，當中的香味無疑是取決其美味與否的一大要素。然而，香味大多無法長時間維持。無論是剛出爐的繞樑芬芳、剛攪打成泥草莓的酸甜迷人香味、剛磨好堅果的獨特香氣，只要經過一段時間，難免會失去其風味的飽滿度，香氣漸漸稀薄。

即便是糖煮栗子、榛果醬，無一例外。這也是爲什麼我堅持要自製，便是爲了將最高峰狀態的香氣呈現給顧客。送貨速度再快的業者，也難以將加工後的副材料在完成的當天送達。以致於只有自製一途。此外，不將水果過度加熱、以麵粉爲主體的麵團必須烘烤至飄香程度爲止、柑橘類除了果肉外更要加入皮…等，這些一點一滴的積少成多相當重要。多多意識到香氣的運用，即使同樣的甜點也可創造出與衆不同的深層風味。

千層派

Mille-Feuille

千層派是法式甜點經典中的經典。
芬芳酥脆的千層酥皮(Feuilletage)與圓潤柔滑卡士達鮮奶油(Crème Diplomate)的搭配,
是吃它千遍也不厭倦的美味組合。重點不遑多說,非千層酥皮莫屬。
食材的處理、折疊、溫度管理,都會大大扭轉成品的口感,因此每個細節都不容鬆懈。
細心的折疊操作自不待言,一開始就避免擠壓麵團,進入烘烤後每一個層次便會膨脹浮起,營造出鬆脆輕盈的口感。
此外,以現點客製方式提供,也是美味的要訣。

千層派的口味組合

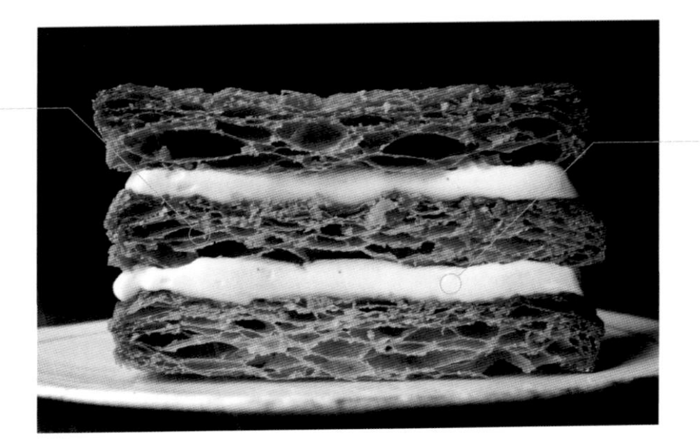

POINT 1
反折疊千層酥皮
Feuilletage Inversé
是這道甜點的主角。酥鬆一咬即碎的口感與香氣。

POINT 2
卡士達鮮奶油
Crème Diplomate
讓麵團更美味入口的奶油餡。圓潤度與層次感，柔滑的口感。

千層派的2大重點

Feuilletage Inversé

POINT 1 反折疊千層酥皮

奶油中拌入部分麵粉揉成的麵團，包入基本揉和麵團（détrempe）再折疊，是反向操作的千層酥皮。

酥鬆一咬即碎，輕盈的口感

與一般的操作法相反

各為摺三折共摺6次的比較。反折疊千層酥皮呈現較酥鬆易碎的口感。

使用反折疊千層酥皮 Feuilletage Inversé

千層酥皮分為兩種，一種是以基本揉和麵團（détrempe）包裹奶油折疊的千層酥皮「Feuilletage normal（一般操作）」，與以奶油麵團包裹基本揉和麵團的反折疊千層酥皮「Feuilletage Inversé（反折操作）」。相對於層次分明的前者，後者以酥鬆易碎為特徵。因為前者的麵粉全量都成為基本揉和麵團的一部分，與水分結合，因此容易形成筋性；相對於此，後者的麵粉，有部分與奶油結合，因此筋性較低。烘烤時反折疊千層酥皮的奶油，不至被筋性強的硬麵團壓迫，因此可避免奶油流失，因而呈現輕盈的嚼感。在AIGRE DOUCE除了將奶油與乳酪一起折疊的棒狀一口小點「起司酥條」外，所有的千層酥皮都使用反折疊法。

減少折疊次數

一般千層酥皮的折疊，如草莓大黃巧酥（Chausson）（→p85）等都採三折2次＋四折2次。但千層派則採三折3次＋四折1次。減少一回折疊的次數可避免千層過擠，而凸顯出酥鬆易碎的口感。

比較

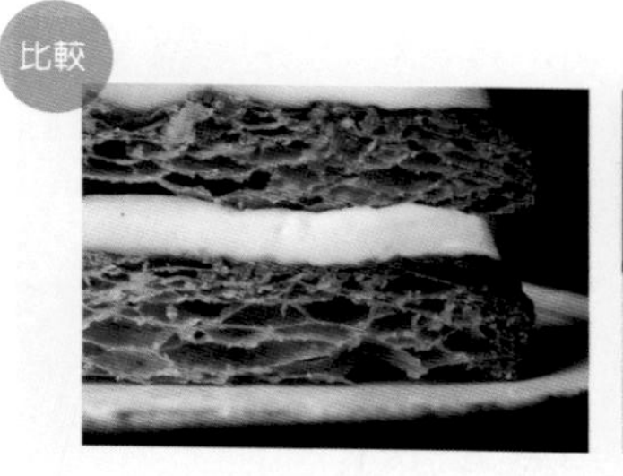

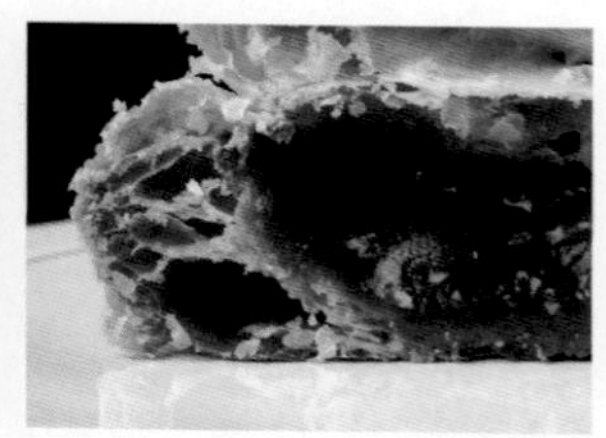

層數影響口感

右邊巧酥的折疊次數為：三折→四折→三折→四折，而千層派的千層酥皮為三折→三折→四折→三折，少了一回。

切成帶狀烘烤

擀開來的麵團若直接一大片烘烤，雖然會一度膨脹，但之後會因麵團自身的重量使得中央凹陷，烘烤完的成品會是塌陷的狀態。切成帶狀烘烤，中央的負擔會減輕，整體可均勻輕盈地膨脹。

讓酥皮先膨脹再壓平

千層派為避免千層酥皮過厚，經常會在上壓烤盤等狀態下烘烤。但一開始便壓上重物會讓層次過密，容易呈現硬且厚實的嚼感。首先應先關風門並不壓重物烘烤，讓奶油沸騰產生蒸氣，隨著這個力道讓層次膨脹起來。接下來降低溫度，並慢慢打開風門，把水分烤乾且維持在膨脹狀態，接下來才以網架輕輕壓上。將烤盤反轉，拿掉烤盤再進烤箱，續烘烤至所有分層皆確實上色為止。

提供給客人前才組合

千層酥皮剛出爐的酥脆狀態最好吃。為預防千層酥皮吸收了奶油餡中的水分而影響口感，特地避免提前製作，於訂購後才夾上奶油餡，以剛製作完成的狀態提供。

比較

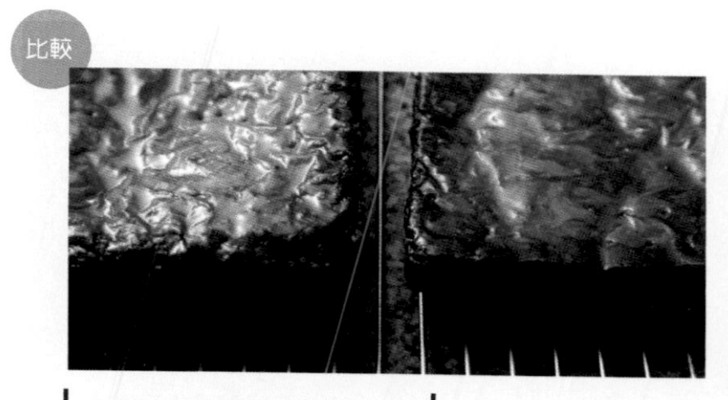

有無壓重物影響烘烤結果

一開始便壓上重物烘烤就會如照片右邊，分層呈現密實狀態，口感偏硬。照片左邊為不壓重物，只在烘烤途中稍微輕按以抑制過度膨脹。兩者都是在烘烤完成後再篩上糖粉烘烤至焦糖化狀態的比較。

呈現美好風味

添加焦香奶油

通常千層酥皮的基本揉和麵團中添加的都是融化的奶油，將其改為焦香奶油，更增添香氣。

烘烤完全以凸顯香氣

因為這是款只有千層酥皮和奶油霜，單純風味的甜點，麵團的滋味顯得特別重要。因此要烘烤至中央也確實受熱，烤出麵粉的甜美芬芳滋味。

製作出美麗的千層，恰到好處的嚼勁

千層酥皮裡的奶油層使用冰奶油

折疊用的奶油一旦溫度過高，容易在敲打過程或拌入麵粉過程中融化，而失去可塑性（即有適當的柔軟度才會容易塑形）。奶油只要一旦融化，即使再降溫可塑性也無法恢復，因此奶油必須保持冰涼，（通常冷藏庫溫度約4℃狀態為佳）先冰進冷藏庫保存。

比較

4℃的奶油　　10℃的奶油

不同溫度奶油的硬度狀態

折疊用的奶油，製作前以4℃為佳，完成折疊用的奶油麵團則以10℃為佳。比較用指頭按下時所呈現的硬度感覺。

折疊用奶油麵團調整爲10℃

為製作出美麗的千層，折疊用奶油麵團與基本揉和麵團必須保持在相同的硬度，可以柔軟富延展性的狀態為佳。一般冷藏庫的溫度約4℃，但奶油可塑性較高會是在13～18℃狀態，因此將冷藏庫設定為比這溫度稍低的10℃，用來冷卻折疊酥皮用的折疊用奶油麵團與基本揉和麵團。如此一來筋性將會降低，基本揉和麵團會較容易擀開。拿出到室溫後，操作途中麵團便會升溫至最洽當的溫度，折疊用奶油麵團與基本揉和麵團都不會硬梆梆一擀開就斷裂，而呈現延展性最佳的狀態。

麵團鬆弛後再折疊

麵團在室溫下持續操作，會慢慢造成筋性變強不易擀捲，此外奶油也會開始變軟並融化。這樣的狀況下擀開，會造成兩者揉和在一起，而錯失美麗的千層與嚼感。因此在折疊的過程中一定要不時讓麵團進冷藏庫鬆弛。

操作途中要讓麵團自然下垂以幫助回縮

擀開麵團的過程，以另一個角度來說是用力對麵團施壓的操作。因此在折疊過程中應該不時用手抬起麵團使其自然下垂，幫助用力擀開過程中延展的部分稍微回縮，讓麵團鬆弛。如此一來可避免折疊後的回縮，千層也可以保持整齊狀態。在裁切之前也要充分重複此動作。並且必須確認麵團底部是否黏著於工作檯或壓麵機上，如果在黏著的狀態下壓麵，折疊用奶油麵團與基本揉和麵團會揉和為一，破壞千層狀態。

麵團要摺出明確的邊角

麵團的邊角若呈現圓形缺角狀態，在折疊時便無法確實重疊，而產生不平均。因此在麵團放進壓麵機壓開前，將麵團朝壓麵機前進方向的兩端，維持在較厚狀態下壓麵，較容易壓出明確的邊角。用手整理，直角的邊角再確實摺上並對齊。一開始的折疊會影響最後成品的分層，因此必須折疊成均勻且無縫隙的完美層次。

比較

左邊的照片為不良實例。將麵團抬起，稍微輕拉調整成右方照片般的直角對齊。

烘烤前須充分鬆弛

整型後直接烘烤，會因筋性還很強，造成烘烤後的成品變形。因此整型完成後還要進冷藏庫鬆弛最少一小時以上，讓筋性穩定後再烘烤，可呈現完美的膨脹且層層分明狀態。

POINT 2 *Crème Diplomate*

卡士達鮮奶油

於卡士達奶油中拌入確實打發的鮮奶油。

卡士達奶油 Crème Pâtissières

凸顯出濃郁中的輕盈

・加入法式布丁（Flan）粉→p17
・以圓底的鍋子快速拌煮→p17

卡士達鮮奶油 Crème Diplomate

濃郁層次感，輕盈口感

添加高脂肪成分的打發鮮奶油

提高卡士達奶油比例，再拌入高脂肪成分的打發鮮奶油，便可拿來搭配芳香的千層酥皮，營造出濃郁層次感。確實打發鮮奶油以凸顯輕盈感，與酥鬆的千層酥皮相當協調。

提高保形性

鮮奶油確實打發

因為必須達到一定程度的保形性，才不致因為被千層酥皮夾住而流出，所以鮮奶油先確實打發後才與卡士達奶油拌和。

不拌過頭

卡士達奶油和打發鮮奶油拌和時，一旦拌過頭則會失去彈性而過軟，失去原有的保形性。因此拌和時應盡量減少攪拌次數，先用網狀攪拌器將卡士達奶油拌軟後，才拌入打發鮮奶油。

千層派的配方

12×25cm 約6個

■ 反折疊千層酥皮 Feuilletage Inversé
（容易操作的份量。約6個千層派）

◆ 基本揉和麵團

奶油　65g	高筋麵粉　1150g
低筋麵粉　145g	水　640g
鹽　35g	糖粉　35g

1　製作焦香奶油，並放涼至室溫。

2　拌和高筋麵粉與低筋麵粉。取當中的240g放進鋼盆備用。

3　於水中加入鹽與糖粉並攪拌至溶解，分兩次加入步驟2的鋼盆中，每次加入都要以網狀攪拌器拌至柔滑為止。

4　加入過篩的步驟1並以網狀攪拌器拌勻。

5　將剩餘步驟2的粉類放進攪拌盆，並將步驟4加入，裝上鉤形攪拌棒以低速攪打（a）。待看不見乾粉且已確實達到出筋狀態即可停止。

6　稍微撒上手粉後取出置於工作檯上，以手搓揉並將麵團滾圓。轉動麵團將表面包裹進麵團底部，直至表面呈現光滑狀態。以保鮮膜包裹放置烤盤上，放進10～11℃的冷藏庫中鬆弛一晚（b）。

◆ 折疊用奶油麵團

高筋麵粉　385g　　奶油　1425g

1　將冰涼的奶油放置於工作檯上。撒上部分高筋麵粉作為手粉，以擀麵棍敲打至整體都均勻呈現柔軟狀態為止。以同一方向敲打開來至一定程度後，將奶油轉90度，繼續敲軟。

2　將步驟1分成數小塊，分次加入攪拌盆中（c），裝上鉤形攪拌棒以低速攪打，加入剩餘高筋麵粉攪打至均勻為止（d）。

3　於工作檯撒上手粉再取出奶油麵團，滾成粗細一致的棒狀（e）。以手掌拍打壓平再以擀麵棍敲打並擀開來。

4　以擀麵棍擀壓後再轉90度續擀壓，並整形為30×22cm的長方形。以保鮮膜包覆後放置在烤盤上，放進10～11℃的冷藏庫中鬆弛一晚。

◆ 折疊包入

1 在基本揉和麵團上方劃一個十字，以手掌向外四邊延展壓開。撒上手粉以擀麵棍擀壓開，再轉個方向整形為長方形（e）。

2 放上壓麵機，將麵團調整成，朝前進方向的左右兩端呈較厚狀態。

3 途中重複以兩手抬起麵團讓麵團自然垂下並翻面，拉出整形成明顯的直角，以壓麵機擀壓成55×30cm（相當於折疊用奶油麵團的3/4大小）的長方形。放入烤盤上進冷藏庫冷卻。

4 將折疊用的奶油麵團放上壓麵機，撒上手粉，將折疊用奶油麵團調整成，朝前進方向的左右兩端呈較厚狀態。

5 重複操作步驟3動作，並以壓麵機擀壓成75×30cm的長方形。

6 將折疊用奶油麵團兩側的短邊對齊，將步驟3疊放於步驟5上，以兩根手指按壓整體，幫助兩張麵團黏著（f），用刷子刷掉多餘的手粉。

7 將上方沒有重疊部分的麵團（奶油麵團）朝中央折疊，另一端也朝中央折疊，即可摺成三折的麵團＜第一次，三折＞（g）。

8 以手掌稍微按壓折疊處，讓麵團可以更確實黏著，整形至整齊。將擀麵棍由上往下擀壓，轉90度再次擀壓開，整形成長方形。調整至奶油麵團與基本揉和麵團的直角邊角也能整齊對齊。

9 麵團保持以此方向放上壓麵機，擀壓成寬28cm左右。將麵團調整成，朝前進方向的左右兩端呈較厚狀態。

10 將麵團方向轉90度，翻面放上壓麵機，重覆操作步驟3，並以壓麵機擀壓成75×30cm（約原本大小3倍長）的長方形（h）。

11 以刷子刷去多餘的手粉，將邊角整成直角，將麵團三折＜第二次，三折＞。

12 放上撒有手粉的烤盤並包上保鮮膜，於冷藏庫鬆弛約1小時。

13 重複步驟9～10。但擀壓成100×30cm（約原本大小4倍長）的長方形。

14 將麵團兩端往中央折疊，兩端間稍保持間隔（i）。以刷子刷去多餘的手粉，再對摺，摺成四折狀態＜第三次，四折＞。

15 重複步驟8動作。

16 重複步驟9～12。但左右兩端不需調整成較厚狀態即可擀開。放上撒有手粉的烤盤並包上保鮮膜，於冷藏庫鬆弛約1小時＜第四次，三折＞（j）。

◆ 烘烤

糖粉　適量

1 切成21×21cm大小（約1/6份量，厚度以1.5cm為宜），以壓麵機擀壓。壓到一定程度後翻面，擀壓至約2mm的厚度。

2 以兩手抬起麵團使其自然垂下，幫助麵團回縮。

3 以派皮滾針刺出洞並切掉多餘部分，成為25×12cm大小。放上鋪有烤盤紙的烤盤，再蓋上一張烤盤紙，放進冷藏庫鬆弛最少1小時。

4 關閉風門，在200℃旋風烤箱烘烤5～6分鐘後降至180℃，並稍打開風門讓蒸汽散出後續烤5分鐘至乾燥（k）。

5 從烤箱出爐後放上網架，以戴上棉布手套的手輕輕按壓，將膨脹處按平，翻面。拿掉烤盤直接和網架一起放回180℃旋風烤箱，再續烤5分鐘。只要中央部分看不見偏白的塔皮即可完成。

6 再次出爐，撒上稍厚的糖粉（l）。在210℃旋風烤箱烘烤3分鐘，若尚有糖粉未融化處，再以噴火槍加熱至融化（m）。

7 放上網架於室溫放涼，以鋸齒刀切割成4cm寬長條。

■ 卡士達鮮奶油

（1個60g）

卡士達奶油（→p107）　500g

鮮奶油（脂肪成分45%）　125g

細砂糖　13g

1 於鮮奶油中加入細砂糖，確實打發。

2 卡士達奶油中加入步驟1，以網狀攪拌器拌勻。大致拌勻後改持橡皮刮刀，拌至均勻為止。

■ 完成

1 在工作檯放上兩片反折疊千層酥皮，將卡士達鮮奶油填入裝有直徑10mm圓形花嘴的擠花袋內，各擠上三條（h）。

2 將步驟1兩片擠有卡士達鮮奶油的酥皮疊起，最後再蓋上一片反折疊千層酥皮。

草莓大黃巧酥

Chausson

Chausson是法文「拖鞋」的意思。亦即塞滿水果烘烤的拖鞋型酥派。
在法國大多使用千層酥皮麵團，相當於酥皮版的水果塔。
是道雖司空見慣但深受歡迎的甜點。通常以糖煮蘋果內餡爲主流，
但這裡改填入糖煮大黃與草莓，強調其獨創性。
酥鬆易碎的反折疊千層酥皮的香氣，與濃縮水果酸甜滋味相互調和，簡單而餘韻悠長，動人心弦。

草莓大黃巧酥的口味組合

POINT 1
糖煮大黃與草莓
Compote de Rhubarbes Fraises
巧酥的內餡。水果加熱濃縮後的甜美滋味與酸味。

POINT 2
反折疊千層酥皮
Feuilletage Inversé
酥鬆易碎恰到好處的嚼感與香氣。扮演負責鎖住水果甜美滋味的角色。

草莓大黃巧酥的2大重點

POINT 1 糖煮大黃與草莓
Compote de Rhubarbes Fraises

在帶有類似蔬菜獨特香氣的大黃與草莓上撒細砂糖，糖漬一個晚上後再加入香草、細砂糖、果膠一起熬煮。

濃縮水果甜美滋味

以糖熬煮，不加水

大黃與草莓撒上細砂糖後放置一個晚上，會因滲透壓而滲出水分，利用這些水分加糖熬煮。水果的純粹風味可以完完全全濃縮，毫不流失。若在水果撒上砂糖後便馬上加熱熬煮則不容易煮透，也要小心燒焦。

確實熬煮收汁

若熬煮收汁程度不足，會在包進千層酥皮烘烤時滲出水分，導致千層酥皮的口感變差，且滲出部分容易烤焦。因此以糖熬煮時必定要把水分收乾，確實熬煮收汁。

POINT 2 *Feuilletage Inversé* 反折疊千層酥皮

以添加了部分麵粉的奶油麵團包裹基本揉和麵團折疊，是反向操作的折疊酥皮。

酥鬆易碎的輕盈嚼感

・反折疊千層酥皮→p79

呈現美好風味

・添加焦香奶油→p81

焦糖化

於烤香的大黃草莓巧酥表面刷上波美30°糖漿，雖然也可烤出光澤，但味道並不到位。撒上滿滿糖粉並烘烤至焦糖化，不僅可以凸顯出美麗光澤，口感與香氣也倍增，更加深千層酥皮的魅力。

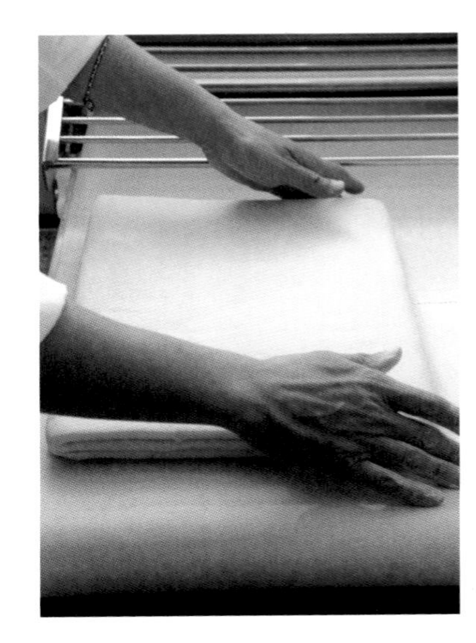

凸顯出恰到好處的強度

增加折疊次數

製作巧酥時，其輕盈的口感固然重要，但要能填入水果鎖住香氣，並擁有能夠保持一定形狀烘烤的麵團強度也是重點。相對於千層派（→p78）反折疊千層酥皮的折疊為：三折3次＋四折1次，巧酥為三折2次＋四折2次。層數越多則層與層間會更密，不容易破裂。另外也可避免因烘烤而過度膨脹，保持平整漂亮。

製作出美麗的千層，恰到好處的嚼勁

・千層酥皮裡的奶油層使用冰奶油→p81
・完成的折疊用奶油麵團，調整為10℃→p81
・麵團鬆弛後再折疊→p82
・操作途中要讓麵團自然下垂，以幫助回縮→p82
・麵團要摺出明確的邊角→p82
・烘烤前須充分鬆弛→p82

以壓模壓切麵團時須注意麵團方向

千層酥皮因為筋性會自然朝擀捲的反方向回縮。以壓模壓切麵團時須考慮這個因素，讓壓模的長邊（縱向）朝擀捲的前進方向壓切。如此一來寬邊（橫向）較不容易回縮，烘烤出的成品較美。

追求美麗視覺效果

稍傾斜刀片，劃入線條

在巧酥表面劃入線條時若直立小刀的刀片，則會過細，烘烤後無法呈現美麗的線條。為勾勒出富躍動感的線條，可將小刀的刀片稍微傾斜往外劃去，越往外刀片越傾斜外躺，如此一來即可劃出越往外越粗的線條。

比較

解凍後再劃線

從冷凍庫取出後，若馬上在巧酥上刷蛋黃液並劃線，容易暈染開來，變成如照片右邊般的歪斜扭曲的圖樣。

大黃草莓巧酥的配方

約15個

■ 反折疊千層酥皮
（容易操作的份量）

◆ 基本揉和麵團
奶油 65g
高筋麵粉 1150g
低筋麵粉 145g
水 640g
鹽 35g
糖粉 35g

◆ 折疊用奶油麵團
高筋麵粉 385g
奶油 1425g

1 依照p83的操作要領製作反折疊酥皮。但折疊順序為三折→四折→三折→四折。
2 切成21×42cm（基本1/3份量。厚度以1.5cm為宜）大小，以壓麵機擀開。擀開至一定大小後翻面，擀成約2.5～3mm厚，約3倍大為止。
3 以兩手抬起麵團使其自然垂下，幫助麵團回縮（a）。
4 讓壓模的長邊（縱向）朝壓麵機擀壓的前進方向壓切，壓成長徑16×短徑12cm的橢圓形。放上鋪有烘焙紙的烤盤，置於冷藏庫鬆弛30分鐘。
5 維持與之前相同方向，將步驟4放上壓麵機，擀壓一次（厚度為2mm）。擀壓成長徑20×短徑12cm大小為宜。放入10℃的冷藏庫中鬆弛。

■ 糖煮大黃與草莓
（1個60g）
大黃 600g
草莓（冷凍，整顆）150g
細砂糖 245g
香草醬 0.4g
細砂糖 40g
果膠 9g
檸檬酸 2g
水 2g

1 將大黃去筋（如同芹菜去筋要領），切成3cm大小，和草莓一起放入鋼盆備用。
2 撒上245g細砂糖，蓋上保鮮膜於冷藏庫糖漬一晚（c）。
3 隔天連著滲出的汁液一起倒入寬底鍋中，以大火熬煮。加入香草醬並不時攪拌，沸騰後轉中火。以木杓稍微擠壓草莓。
4 混合細砂糖40g與果膠，加入步驟3。煮至達42%白利糖度（Brix）為止。離火，加入已與水混合的檸檬酸。
5 倒至烤盤上攤開並於室溫放涼（d），大致放涼後即可移至冷藏庫冷卻。

■ 完成
蛋黃液Dorure（→p108） 適量
糖粉 適量

1 於工作檯放上鬆弛過的千層酥皮，上半部的邊緣與中央線（橫向）處刷上水。在上半部的中央，盛放60g小山狀的糖煮大黃與草莓（e）。
2 將下半部的酥皮往上翻，蓋上。以拇指按壓上方的邊緣。按緊填有糖煮內餡的接合處，使其黏著。
3 併攏食指與中指按壓因蓋上而疊在一起的酥皮邊，確實按緊使其黏合（f）。放上鋪有烤盤紙的烤盤，放置冷藏庫鬆弛2小時（g）。或者也可在此階段冷凍保存，解凍之後再開始步驟4的操作。
4 將步驟3翻面，排上鋪有烤盤紙的烤盤。刷上蛋黃液，在乾掉前以小刀的刀背劃出放射狀的線條花樣（h）。讓線條越來越粗，慢慢越來越傾斜小刀的刀片。
5 放入190℃的平板烤箱（平窯）烘烤60分鐘以上，取出趁熱狀態下在上方與側面撒上厚厚的糖粉（i）。
6 再次放入烤盤上，以210℃旋風烤箱烘烤5～6分鐘，使其焦糖化（j）。殘留少許糖粉可視為其表面的裝飾特色之一。放上網架於室溫放涼。

雪人馬卡龍

YUKIDARUMA

雪人馬卡龍是考慮「能點燃耶誕氣氛的可愛甜點」
而創造出來的。光滑、圓滾滾的造型。
以能夠漂亮顯色的法式蛋白霜製作。
有人特地不將馬卡龍烤太熟以保留偏軟口感，
但我的馬卡龍口感扎實有咬勁。
因爲砂糖比例較高的法式蛋白霜，
所追求的不應是杏仁的風味，而是口感。
因此中間夾的奶油餡與果醬的風味必須更豐富。
考慮從側面看來色彩豐富的樂趣，
並搭配莓果營造出冷藏蛋糕般的感覺。
早上組合好，到了傍晚馬卡龍與奶油餡稍微融合的狀態，
是最佳品嚐時機。

雪人馬卡龍的口味組合

POINT 1
馬卡龍
Macaron
口感的主角。外觀相當可愛。

POINT 2
覆盆子奶油餡
Crème Framboise
風味的主角。覆盆子的溫和風味與柔滑感。

POINT 3
莓果果醬
Confiture Fruits Rouges
凸顯莓果風味，成為整體口味的絕佳點綴。

POINT 4
草莓、覆盆子、藍莓、紅醋栗
Fraises, Framboises, Myrtilles, Groseilles
色調的美感，新鮮水果的清新感。

雪人馬卡龍的4大重點

POINT 1 馬卡龍
Macaron

在打至6分發的蛋白霜中加入杏仁粉、糖粉，混拌蛋白霜與粉類(macaronnage 壓拌混合麵糊至形成平滑發亮)，再送進低溫烤箱乾燥烘烤。

凸顯出嚼感

烤至偏乾
為營造出乾硬帶勁的口感，特地烤到偏乾程度。即使距離食用為止會放置一些時間，或夾入奶油後帶有水氣，仍可確實感覺到馬卡龍本身的嚼感。

蛋白霜打至6分發
打得非常扎實的蛋白霜容易在與粉類壓拌混合麵糊(macaronnage)的過程中消泡或軟塌。而且消泡狀態也容易變得不均勻，易導致烘烤完成後表面粗糙。因此打蛋白霜時應以中速讓砂糖確實溶於蛋白，再打至6分發的程度。
* 所謂macaronnage即在製作馬卡龍時一邊壓拌排出氣泡，一邊混拌蛋白霜與粉類的步驟。

不烘烤上色

不過度壓拌混合麵糊

一旦壓拌混合麵糊（macaronnage）過頭，會造成馬卡龍麵糊消泡而影響烘烤效果。如此一來不僅馬卡龍會變硬，因為烘烤時間過長也會造成上色。因此要訣是要讓雪人馬卡龍的麵糊中富含空氣，即可在短時間內烘烤完成而避免上色。此外，壓拌混合麵糊操作之後，因為仍需經過擠出，放置時間等都會導致變軟，因此應該在即將達到想要的質感前就停手。完成狀態以橡皮刮刀刮起底部馬卡龍麵糊時，可呈現直線流下並擴散開來，放置會慢慢攤平的狀態最佳。

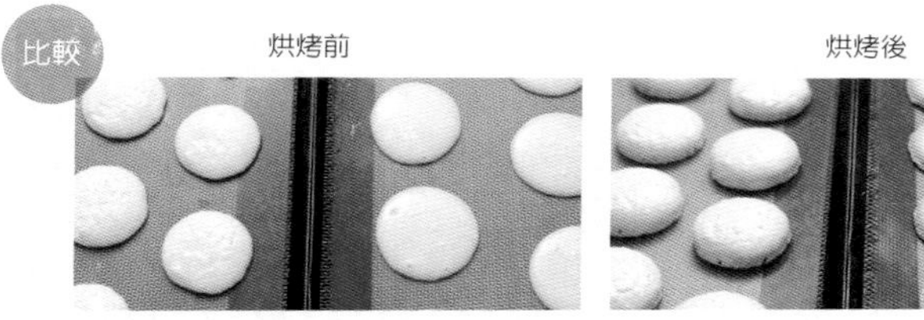

不過度壓拌混合麵糊

我們希望能將雪人馬卡龍烤成左側烤盤般白皙。一旦過度混拌則會造成消泡，不易烤熟，像右側照片般烤上色。

低溫烘烤

為了不烤上色，馬卡龍應放進低溫烤箱乾燥烘烤並烤熟。在烤乾前先放進180°C的烤箱5秒，以幫助形成薄膜，並可烤出漂亮的裙邊（pied），不軟塌而變得渾圓。特別是白色馬卡龍比起彩色馬卡龍更要慎重，避免烤上色。

POINT 2 *Crème Framboise*

覆盆子奶油餡

如檸檬塔的奶油餡一般，在融化奶油內加入覆盆子果泥、砂糖、蛋後加熱，做成濃稠的奶油餡。

使用手持式電動攪拌棒促進乳化

製作奶油餡的最後階段，使用手持式電動攪拌棒小心攪拌，避免拌入空氣，可達到均勻細緻的乳化狀態。

柔滑的質感

以小火慢慢加熱

因使用較高比例的全蛋，因此一旦過度加熱會容易結塊。轉小火，以橡皮刮刀不停地攪拌加熱至80°C為止，使其柔滑濃稠。

POINT 3 莓果果醬

Confiture aux Fruits Rouges

添加較高比例的果膠。使用寬底鍋具一口氣以大火加熱，小心不過度熬煮收汁，保留莓果原有的色澤、風味與香氣。煮好後馬上倒在烤盤上攤開來讓水分蒸發，風味將可更為濃縮。凸顯新鮮莓果的鮮美度。

POINT 4 草莓、覆盆子、藍莓、紅醋栗

Fraises, Framboises, Myrtilles, Groseilles

馬卡龍上下夾起時，可稍微留意從側面看時的視覺效果，將新鮮莓果配置得恰到好處，讓畫面看起來更生動。選擇小粒的草莓，而其他莓果則選擇果肉扎實者為宜。

雪人馬卡龍的配方

約60個

■ 馬卡龍
(1個24g)
蛋白(新鮮) 190g
細砂糖 95g
糖粉 380g
杏仁粉 210g
巧克力鏡面(Pâte à glacer)(→p110) 適量
※ 所有的材料都先恢復常溫。
※ 糖粉使用未添加玉米粉的純糖粉。

1 將蛋白放入攪拌盆，以中速攪打。隨即分多次加入少許細砂糖打發。
2 打至6分發程度(有偏軟不硬挺的尖角)後移至鋼盆。混合糖粉與杏仁粉後加入，以橡皮刮刀拌合(a)。
3 以橡皮刮刀由鋼盆底部刮起再稍微壓拌混合麵糊(macaronnage)(b)。完成狀態以橡皮刮刀刮起馬卡龍麵糊時可流下並慢慢擴散開來，會慢慢攤平但凹凸狀態不會完全消失為宜。
4 填入裝有5mm圓形花嘴的擠花袋中，在鋪有烘焙紙的烤盤上排列擠上雪人所需直徑2cm與3.5cm相連的圓。
5 把巧克力鏡面填入烘焙紙擠花袋中，於步驟4在一半的馬卡龍麵糊上畫出臉(c)。
6 放入180°C的旋風烤箱中5秒，烘乾表面。續以130°C烘烤8分鐘後，再降到100～110°C乾燥烘烤20～30分鐘。途中快烤好但中央仍呈現軟糊狀態時先取出，以手指按壓背面，直至兩處凹陷下去，再回到旋風烤箱中續烤。
7 連著烤盤紙一起放在網架上冷卻。

■ 覆盆子奶油餡
(1個10g)
奶油 250g
全蛋 170g
覆盆子果泥 145g
細砂糖 120g
紅石榴糖漿(grenadine) 75g
吉利丁片 1.8片

1 將奶油切成2cm大小放入鍋中加熱(d)。
2 鋼盆加入全蛋，以網狀攪拌器打散。
3 步驟1的奶油融化後離火，加入覆盆子果泥、細砂糖、紅石榴糖漿後以網狀攪拌器拌勻。
4 步驟3中混拌進步驟2(e)，倒回步驟3的鍋中，開小火，以橡皮刮刀邊混拌邊加熱至80°C。變得厚重、黏稠狀態即可。
5 以錐形濾網(chinois)過篩入鋼盆，加入吉利丁片後以橡皮刮刀拌溶(f)，再以手持式電動攪拌棒攪拌乳化至柔滑狀態為止。
6 在鋪有OPP膠膜的烤盤上攤開，放進冷藏庫冷卻。

■ 莓果果醬
(容易操作的份量)
草莓 500g
覆盆子 125g
細砂糖 470g
果膠 5.5g

1 依照p58莓果果醬製作要領操作。

■ 組合完成
草莓 適量
覆盆子 適量
藍莓 適量
紅醋栗 適量
糖粉 適量

1 將未畫臉孔的那一半馬卡龍翻面。將覆盆子奶油餡填入裝有口徑8mm圓形花嘴的擠花袋中，以畫8方式擠入馬卡龍凹陷處(h)。
2 將畫有臉孔的馬卡龍翻面，在背面擠上少許覆盆子奶油餡。
3 裝飾上已去掉蒂頭縱切成1/4大小的草莓、縱切一半的覆盆子，以及藍莓、紅醋栗，為了從側面可以有色彩繽紛效果，盡量裝飾於外緣部分。
4 將步驟3的莓果表面刷上莓果果醬。
5 步驟2的雪人馬卡龍肚子部分輕篩上糖粉(i)，再蓋至步驟4上(j)。

覆盆子馬卡龍花

Fleur Framboise

母親節前爲兼具裝飾效果而製作，以花爲名的sucette（棒棒糖）。
放上櫥窗後廣受好評，一致公認「好可愛！」，因而成爲招牌商品。
像這樣形狀及色澤討喜，讓我們能享受像孩子般選購時滿心雀躍的時刻，正是馬卡龍甜點吸引人之處。
店裡在耶誕節或情人節等節慶時，會有季節限定的棒棒糖甜點登場。
因爲是常溫狀態販賣，特別夾上較硬的甘納許，以提高保存效果。

由左而右分別為百香果、覆盆子、牛奶口味。本書中介紹覆盆子口味。

覆盆子馬卡龍花的口味組合

POINT 1
馬卡龍
Macaron
外觀討喜。獨特口感。

POINT 2
覆盆子甘納許
Ganache Framboise
口味的主角。提高馬卡龍的黏合性與保存性。

覆盆子馬卡龍花的2大重點

POINT 1 馬卡龍
Macaron

打至6分發的蛋白霜中加入杏仁粉與糖粉，壓拌混合麵糊（macaronnage），再以低溫乾燥烘烤。

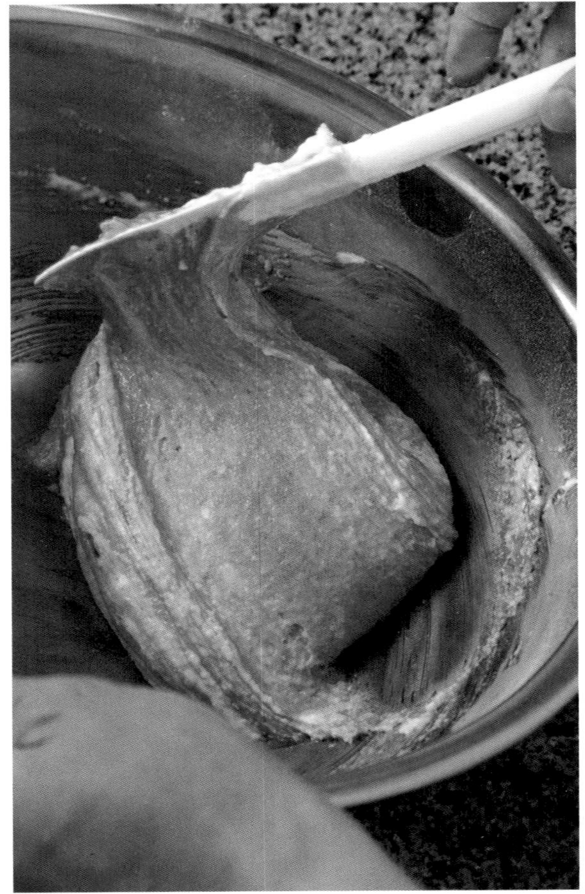

凸顯出嚼感

- 蛋白打至6分發→p90
- 烤至偏乾→p90

不烘烤上色

- 低溫烘烤→p91

不過度壓拌混合麵糊

一旦壓拌混合麵糊（macaronnage）過頭，會造成馬卡龍麵糊消泡而影響烘烤效果。如此一來不僅馬卡龍會變硬，烘烤時間過長也會造成上色。這道甜點想做出花瓣及花蕊片片分明渾圓的效果，因此在蛋白霜打發程度偏軟的狀態下便拌入粉類，以幫助氣泡穩定，而壓拌混合麵糊（macaronnage）的動作也減少，便可進入烘烤階段。

POINT 2 覆盆子甘納許

Ganache Framboise

加熱果泥與奶油再拌入巧克力的甘納許。
顧及需常溫與長時保存，製作成偏硬狀態。

提高保存效果

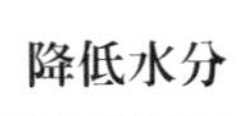

降低水分

覆盆子馬卡龍花內餡夾的是提高巧克力比例的經典配方甘納許。以添加覆盆子果泥取代鮮奶油，降低整體的水分比例，以利長時間保存。

將果泥確實加熱

為了殺菌效果，要將全量的覆盆子果泥確實加熱。相較於鮮豔色澤與風味，更重視保存效果。

以手持式電動攪拌棒幫助乳化

最後以手持式電動攪拌棒攪拌，小心不要打入空氣，直至呈現細緻的乳化狀態，口感柔滑。同時自由水（含於食品當中，會隨著溫度或濕度變化而蒸發或吸收的水分）變少，可提高保存效果。

加強風味給人的印象

加強酸度

因為是巧克力比例偏高的甘納許，因此添加檸檬酸以補足果泥的風味。可抑制甜度提高水果感。

變化：左方照片中的耶誕樹為百香果，帽子為覆盆子，雪人為牛奶甘納許。右方照片粉紅愛心為情人節（覆盆子甘納許），白色愛心為白色情人節（牛奶甘納許）時應景推出。

覆盆子馬卡龍花的配方

約60個

■ 馬卡龍

（1個12g）

蛋白（新鮮） 190g

細砂糖 95g

糖粉 380g

杏仁粉 210g

色粉（黃、紅、橘） 各適量

※ 所有的材料都先恢復常溫。

※ 糖粉使用未添加玉米粉的純糖粉。

1 將蛋白放入攪拌盆，以中速攪打。隨即分多次加入少許細砂糖打發。

2 打至6分發程度（有偏軟不硬挺的尖角）後移至鋼盆。混合糖粉與杏仁粉後加入，以橡皮刮刀拌合（a）。

3 取少量放進其他鋼盆，加入黃色色粉後以橡皮刮刀混拌至均勻為止。填入裝有口徑5mm圓形花嘴的擠花袋中，在鋪有烘焙紙的烤盤上擠出直徑1cm的圓形（b）。

4 剩下的步驟2於盆邊加入少量紅色和極少量橘色色粉（c），先將那小部分以橡皮刮刀拌勻，顏色混合妥當後再整盆混拌開。

5 以橡皮刮刀由鋼盆底部刮起再壓拌混合麵糊（macaronnage）（d）。完成狀態以橡皮刮刀刮起馬卡龍麵糊時可流下並慢慢擴散開來，會慢慢攤平開來為宜。填入裝有口徑5mm圓形花嘴的擠花袋中，於步驟3的周圍以放射狀擠上1cm大小的6片水滴狀，使其成為花朵的花瓣狀（e）。

6 放入180℃的旋風烤箱中5秒，烘乾表面。再續以130℃烘烤6～8分鐘，降至100～110℃乾燥烘烤15分鐘左右。途中快烤好但中央仍呈現軟糊狀態時先取出，以手指按壓背面直至中央處凹陷（f），再回到旋風烤箱中續烤。

7 連著烤盤紙一起放上網架冷卻。

■ 覆盆子甘納許

（1個10g）

覆盆子果泥 100g

奶油 115g

覆蓋巧克力（chocolat de couverture）

（白巧克力）450g

紅石榴糖漿（grenadine） 30g

檸檬酸 3g

水 3g

1 鍋子中加入覆盆子果泥與切成1.5cm的奶油塊，加熱至沸騰狀態（g）。

2 覆蓋巧克力放入鍋中，倒入步驟1（h）。加入紅石榴糖漿、已與水拌好的檸檬酸，以橡皮刮刀拌勻。若不易拌勻可稍微隔水加熱再拌。

3 以手持式電動攪拌棒攪拌乳化至柔滑狀態為止。攤平於鋪有OPP膠膜的烤盤上，先放進冷藏庫冷卻，調整至容易擠的狀態（i）。

■ 組合完成

1 將一半的馬卡龍翻面，將覆盆子甘納許填入裝有口徑8mm圓形花嘴的擠花袋內，並擠在馬卡龍背面的凹陷處。

2 放上熱狗用的木籤（j），再於上方擠上少許覆盆子甘納許。

3 將剩下的半數馬卡龍蓋於步驟2上，使其黏著。放進冷藏庫冷卻固定。

異國椰香布丁

Crème de Coco

以「適合夏天享用」爲題，用我自己非常喜歡的椰子爲主角而創作的一道甜點。
以湯匙一舀會整個散掉，能如此呈現這種滑順軟嫩口感，可謂是杯裝甜點特有的妙趣所在。
完全不使用口感堅硬的材料，順口入喉，襯托出與小蛋糕迥異的樂趣。
從裡頭滿溢出的熱帶水果醬汁，外貌與口味都令人驚喜連連。
百香果的酸味讓椰子的圓潤風味更上一層樓，清爽協調。

異國椰香布丁的口味組合

POINT 5
紅醋栗
Groseilles
酸味與色調的點綴。

POINT 4
異國風味果膠
Nappage Exotique
吸引目光的裝飾。提供內部蘊含醬汁的線索。

POINT 2
異國風味醬汁
Sauce Exotique
扮演讓順口度躍升的角色。整體風味更上一層樓，蘊藏驚喜。

POINT 3
百香果慕斯
Mousse Fruits de la Passion
恰到好處的酸味與輕盈的口感，調和椰子奢華風味的配角。

POINT 1
椰子奶醬
Crème Noix de Coco
是這道甜點的主角。夏季風味香氣搭配上植物性油脂的層次感，柔滑的口感。

異國椰子布丁的4大重點

POINT 1 *Crème noix de Coco*
椰子奶醬

於椰子果泥中加入牛奶與細砂糖，再拌入吉利丁片與打至3分發的鮮奶油，如奶酪般。

柔滑、軟嫩

不油水分離

椰子果泥的油脂成分豐富，倒入玻璃杯時的椰子奶醬若溫度過高，會在冷卻時呈現油水分離，油脂會浮至表面。因此一定要隔冰水冷卻至濃稠狀態，降溫後才倒入玻璃杯中冷凍。此外，為避免解凍後油水分離，鮮奶油也要打發至濃稠狀態才拌合。

減少吉利丁比例

能夠不考慮保形性，展現如細雪般的柔嫩口感，正是杯裝甜點的強項。相較於製作小蛋糕時所需的吉利丁用量減少許多，更有助展現綿柔順口，入口即融的口感。

比較

杯裝與小蛋糕方式在保形性上的差異

椰子奶醬運用於小蛋糕時，需增加吉利丁份量，需要能夠支撐帶著走程度的硬度。

POINT 2 *Sauce Exotique* 異國風味醬汁

於百香果果泥中拌入杏桃果醬，再加入芒果果肉製作的醬汁。

隱藏於奶油中

保持冷凍狀態

將百香果芒果醬汁隱藏於椰子奶醬中的巧思。先確實冷凍後直接放入椰子奶醬夾層中再放進冷凍庫。萬一融化將與奶醬及慕斯融合，恐怕會影響以湯匙舀取時的驚喜感與醬汁效果，需特別注意。組合作業應盡快。

POINT 3 *Mousse Fruits de la Passion* 百香果慕斯

百香果與芒果果泥中拌入義式蛋白霜、鮮奶油與吉利丁，製作成輕盈的慕斯。

順口、綿軟

使用較高比例的減糖蛋白霜

為了兼顧食用時的口感與食用後的後韻都感覺清爽，使用高比例的減糖義式蛋白霜。因為是偏軟的蛋白霜，因此在與鮮奶油和果泥等拌合時須小心不要拌至消泡，盡快拌均勻。此外，由於鮮奶油比例較低，必須小心鮮奶油因義式蛋白霜的溫度而消泡，所以要降溫至30°C再行拌合。一擠進玻璃杯裡即馬上放進急速冷凍庫中冷凍。考慮冷凍過程氣泡會稍微沉陷，因此表面可抹成平緩的小山狀。

POINT 4 *Nappage Exotique* 異國風味果膠

百香果與芒果果泥中拌入透明果膠與水麥芽，是一款顏色鮮豔的果膠。再加入百香果籽，同時以視覺效果傳達隱藏醬汁的風味。

極力減少吉利丁用量

慕斯裡添加的吉利丁僅為補足偏軟義式蛋白霜程度的最低用量。如此便能讓慕斯在保有氣泡的同時，仍擁有柔滑的口感。義式蛋白霜的溫度雖不能過高，但一旦過低，則容易造成吉利丁結塊，也要小心。

異國椰香布丁的配方

口徑5.5cm，高7cm的玻璃杯10個

■ 異國風味醬汁
（1個18g）
芒果（果肉） 90g（1個9g）
杏桃果醬（→p109） 65g
百香果果泥 90g
水 25g
百香果籽 5g
※百香果果泥先將百香果去籽只取果肉使用，再加入市售果泥。

1 於直徑4cm高2cm的圓形軟烤模中，各放入9g切成5mm塊狀的芒果。
2 於鋼盆中放入杏桃果醬與少許百香果果泥，以橡皮刮刀拌勻。再依序放入剩餘的百香果果泥與水，以網狀攪拌器攪拌。
3 加入百香果籽並以橡皮刮刀拌勻。倒入步驟1，每個9g，並將表面抹平（a）。放入急速冷凍庫冷凍。

■ 椰子奶醬
（1個70g）
牛奶 310g
椰子果泥 155g
細砂糖 80g
吉利丁片 2片
椰子利口酒（Malibu Coconut Liqueur） 20g
鮮奶油（脂肪成分35%） 155g

1 於平底淺鍋中加入椰子果泥與細砂糖，以橡皮刮刀攪拌。開中火，以網狀攪拌器攪拌加熱至沸騰。
2 離火，拌入吉利丁片至溶化（b）。移至鋼盆隔冰水降溫至約20℃，再拌入椰子利口酒。
3 鮮奶油打發至濃稠程度，加入步驟2中拌合（c）。再次隔冰水降溫，邊以橡皮刮刀攪拌降溫至約10℃，呈現濃稠狀態（d）。

■ 組合
1 將椰子奶醬裝入麵糊填充器，於每個玻璃杯中各倒入25g。放進急速冷凍庫冷凍。
2 待步驟1定型，將異國風味醬汁從軟烤模脫模，刺入竹籤以幫助移動至玻璃杯中央，再拔掉竹籤（e）。
3 再倒入45g椰子奶醬，放進急速冷凍庫冷凍。

■ 百香果慕斯
（1個30g）
義式蛋白霜
　蛋白 75g
　水 19g
　細砂糖 95g
百香果果泥 60g
芒果果泥 45g
吉利丁片 0.8片
鮮奶油（脂肪成分35%） 170g
香草籽 少許

1 加熱細砂糖與水，以製作出可以冰水捏出小軟糖球（petit boulé）狀的糖漿，邊倒入打發中的蛋白，邊以攪拌器高速攪打至打發。確實打發至可拉出尖角狀態後即降到中速，邊攪打邊降溫至30℃為止，義式蛋白霜即完成（f）。
2 將百香果果泥與芒果果泥加熱至40℃，加入吉利丁並拌至溶化。
3 鮮奶油內加入香草籽並打至7分發。
4 將步驟3分量的一半加入步驟1，以橡皮刮刀拌勻。再倒回步驟3，拌至均勻。
5 將步驟2加入步驟4，以橡皮刮刀拌勻（g）。
6 填入裝有口徑13mm圓形花嘴的擠花袋內，擠滿至冷凍後的玻璃杯中。再以抹刀抹成平緩的小山狀（h），放進冷凍庫稍微降溫並定型。

■ 異國風味果膠
（容易操作的份量）
透明果膠（可加水稀釋） 350g
水麥芽 20g
百香果果泥 60g
芒果果泥 20g
百香果果肉（含籽） 20g

1 將透明果膠放入鍋中以木杓搗碎。加入水麥芽以中火邊搗開邊加熱至沸騰。
2 加入百香果果泥與芒果果泥拌合。移入較深的容器內，以手持式電動攪拌棒攪拌至均勻狀態（i）。
3 加入百香果果肉並拌勻。

■ 完成
防潮糖粉（Sucre Décor） 適量
紅醋栗 適量

1 將冷凍玻璃杯稍微解凍，待其上方的霜化掉後，隔空在上方架上直徑3.5cm的圓形紙模，篩上糖粉。
2 拿掉紙模後，在原先被紙模遮住的部分，以湯匙舀上異國風味果膠（j）。裝飾上紅醋栗。

蜜桃梅爾芭杯

Verrine Pêche Melba

「蜜桃梅爾芭Pêche Melba」是在糖煮水蜜桃上加香草冰淇淋，再淋上覆盆子果泥的甜點。
由奧古斯都．艾斯可菲（Auguste Escoffier）所創作。
在蜜桃梅爾芭中，加入混合蜜桃與香檳的調酒「貝里尼Bellini」這個點子，
以清爽高雅風味呈現，正是這道蜜桃梅爾芭杯。
可以從側面觀賞到水果漂浮於透明果凍當中，可算是杯裝甜點特有的樂趣。
考慮色調與躍動感，完美點綴。

蜜桃梅爾芭杯的口味組合

POINT 5
覆盆子、紅醋栗
Framboises, Groseilles

新鮮果實的口感、酸味、色澤是最佳點綴。

POINT 4
蜜桃慕斯
Mousse Pêche

以細緻風味的氣泡感，爲杯裝甜點增添輕盈度的配角。

POINT 3
果凝
Gelifier

滋味與色澤的點綴。「蜜桃梅爾芭 Pêche Melba」中的覆盆子果泥，所帶給人的印象。

POINT 2
香檳果凍
Gelée de Champagne

讓蜜桃的香味襯托得更高雅，微酸與順口。貝里尼Bellini香檳帶給人的印象。

POINT 1
糖煮水蜜桃
Compote de Pêches

這道甜點的主角。時令熟成水蜜桃的鮮嫩感與香氣。

蜜桃梅爾芭杯的5大重點

POINT 1 *Compote de Pêches*
糖煮水蜜桃

將成熟的新鮮白桃與帶有香草、肉桂香氣的糖漿一起眞空。低溫慢煮（Pocher）後浸漬一晚。

果實風味更加豐富，且更甜美多汁

使用盛產充分成熟的蜜桃

只要使用最佳風味狀態成熟的當季蜜桃來糖煮，這些風味都會直接原汁原味反映在甜點上。糖煮過後雖可耐較長時間保存，但盡早享用也是凸顯風味與鮮美度的一大要訣。此外，使用檸檬、香草、肉桂補強甜點的風味。

眞空調理

通常糖煮蜜桃多使用可淹過整顆蜜桃的大量糖漿熬煮，但如此一來蜜桃的細緻風味都會流失到糖漿中，反而凸顯出留在蜜桃本身的只有甜味。如照片般將2個蜜桃和糖漿個別以真空包裝後低溫慢煮(Pocher)，則可減少糖漿用量，也可避免美味與香氣的流失。

POINT 2 香檳果凍

Gelée de Champagne

香檳中加入少量雪莉酒(Sherry)，再與水、細砂糖、吉利丁拌勻後，成爲偏軟的果凍。

凸顯高雅的香氣

添加雪莉酒

在甜點中運用到香檳時，要能留下氣泡相當困難，因此著眼於香氣與酸味。製作甜點時無法使用昂貴香檳，但只要添加一點點優質雪莉酒，就會呈現出年份香檳(Vintage Champagne)般的層次感，釋放出其他素材無法奪去其光芒的的存在感。

視覺美觀

濃稠狀態後才加入配料

倒入玻璃杯時若果凍狀態太稀，則配料的水果會浮起來，成品不美觀。若能先隔冰水降溫待變濃稠狀態後再加入，配料的水果可以停留在原有的位置，直至降溫並固定。倒入裝飾配料的水果時，盡量考慮躍動感，便可塑造出視覺上的立體感，從側面觀賞時也相當美。

立體排列配料中的水果

果凍不夠濃稠便會如右側照片般，水果都浮到上方。果凍一定要夠濃稠才能像左側照片這樣，立體排列配料中的水果。

POINT 3 果凝
Gelifier

將覆盆子與細砂糖加熱，再加入紅石榴糖漿和吉利丁製作而成的果凝，將隱藏於玻璃杯的底部。盡快煮好是不破壞風味與色澤的一大要訣。

POINT 4 蜜桃慕斯
Mousse Pêche

將自製糖煮蜜桃攪打成果泥後，再與義式蛋白霜、鮮奶油、吉利丁拌合，是一款輕盈的慕斯。

蜜桃慕斯

呈現美好風味

將自製糖煮蜜桃製成果泥

為了讓慕斯的蜜桃風味發揮至極致，捨棄市售的蜜桃果泥，而使用自製糖煮蜜桃以食物調理機攪打成果泥。自然且滿溢鮮美滋味的蜜桃香氣，瀰漫於整個口中。

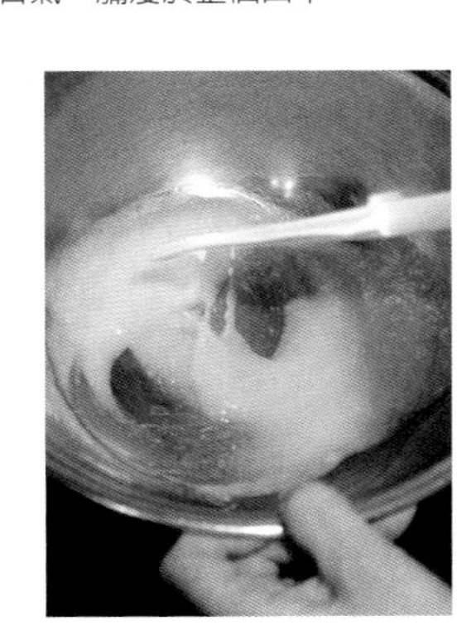

糖煮蜜桃

果實風味更豐富，且甜美多汁

- 使用時令充分熟成的蜜桃→POINT 1
- 真空調理→POINT 1

順口綿軟

⇒ 參照百香果慕斯

- 使用較高比例的減糖蛋白霜→p100
- 極力減少吉利丁用量→p100

POINT 5 覆盆子、紅醋栗
Framboises, Groseilles

將新鮮覆盆子與紅醋栗鮮活地裝飾於果凍中，其鮮紅色調、形狀、令人皺眉的酸味，都是絕佳點綴。需小心若使用過多紅醋栗，可能搶去蜜桃風味。

蜜桃梅爾芭杯的配方

口徑5.5cm，高7cm的玻璃杯10個

■ 糖煮蜜桃

（容易操作的份量）
水蜜桃 2個
波美30°糖漿（→p108） 200g
檸檬汁 20g
水蜜桃利口酒（Crème de Pêche） 80g
香草籽 0.5根
肉桂粉 0.1g

1 先用氽燙熱水法剝除水蜜桃的皮，以小刀縱切對半，去籽（a）。
2 於鋼盆中倒入波美30°糖漿，加入檸檬汁、水蜜桃利口酒、香草籽、肉桂粉拌合。
3 於真空袋中加入步驟1，倒入步驟2直至完全淹過為止。壓出空氣以真空包裝機密封。
4 取鍋燒水煮沸，將步驟3放入小火慢煮（Pocher）約15分鐘（b）。連包裝袋一起放進冷藏庫1個晚上幫助入味。

■ 果凝

（1個15g）
覆盆子（冷凍，碎粒） 325g
細砂糖 54g
紅石榴糖漿（grenadine） 6.5g
吉利丁片 1.2片

1 將冷凍覆盆子直接放入深鍋，開中火。以網狀攪拌器邊壓碎邊加熱，待融化後拌入細砂糖。
2 沸騰後離火，拌入紅石榴糖漿，加入吉利丁片，並以網狀攪拌器拌至溶化。移至鋼盆內，隔冰水降溫並以橡皮刮刀攪拌至不燙為止（c）。
3 每個玻璃杯各倒入15g，放入急速冷凍庫中冷凍。

■ 香檳果凍

（1個50g）
水 210g
細砂糖 70g
吉利丁片 2片
香檳（不甜Brut） 210g
雪莉酒（Sherry） 15g

1 於淺底平鍋中加入水與細砂糖，開中火。沸騰後加入吉利丁片，拌溶。移到鋼盆裡，隔冰水降溫並以橡皮刮刀攪拌至不燙為止。
2 加入香檳與雪莉酒（d），繼續冰鎮攪拌至濃稠狀態為止（e）。

■ 配料

（10個）
糖煮蜜桃 260g　　覆盆子 30個
紅醋栗 30顆

1 糖煮蜜桃片成5mm厚度，覆盆子縱切對半。
2 將香檳果凍裝入麵糊填充器，填入已倒入果凝的玻璃杯中，每杯20g（f）。
3 將糖煮水蜜桃、覆盆子、紅醋栗裝飾配色放入步驟2中。再加入糖煮蜜桃。
4 再續以麵糊填充器倒入香檳果凍，每個30g。
5 從玻璃杯側面確認水果的配色與位置的協調度，以小刀的刀尖等修正調整（g）。放進急速冷凍庫冷凍。

■ 蜜桃慕斯

（1個30g）
義式蛋白霜
　蛋白 75g
　水 19g
　細砂糖 95g
糖煮水蜜桃 70g
吉利丁片 0.8片
香草籽 少許
鮮奶油（脂肪成分35%） 170g
水蜜桃利口酒 8.2g

1 加熱細砂糖與水，以製作可以冰水捏出小軟糖球（petit boulé）狀的糖漿，邊倒入打發中的蛋白內，邊以攪拌器高速攪打打發。確實打發至可拉出尖角狀態後即降到中速，邊攪打邊降溫至30°C為止，義式蛋白霜即完成。
2 糖煮蜜桃放入食物調理機打成果泥狀。
3 將步驟2移至鋼盆，加入吉利丁片，直接以爐火加熱鋼盆底部並以橡皮刮刀拌至溶化。離火，拌入香草籽。
4 將步驟1放進鋼盆，加入打至7分發的鮮奶油，並以橡皮刮刀拌合。
5 步驟3中加入水蜜桃利口酒，再加入步驟4（h）。以橡皮刮刀拌勻。
6 冷凍過的杯裝香檳果凍上，以抹刀填入步驟5，小心不抹入空氣，抹成平緩的小山狀（i）。放進急速冷凍庫冷凍。

■ 組合完成

防潮糖粉（Sucre Décor） 適量
香草風味透明果膠（→p109） 適量
蜜桃 適量
覆盆子 適量
紅醋栗 適量
薄荷 適量

1 將冷凍玻璃杯稍事解凍，待其上方的霜化掉後篩上防潮糖粉（j）。
2 加熱香草風味果膠並刷到切成細半月形的水蜜桃上。放在步驟1表面，再裝飾上覆盆子、紅醋栗、薄荷葉。

基本的組合配方

以下說明本書中常使用的基本組合配方與做法。各甜點配方中未特別記載的，皆使用這裡所介紹的材料與工序。部分甜點的配方與做法有所變化，則寫在各配方中。

Crème Chantilly

香緹鮮奶油

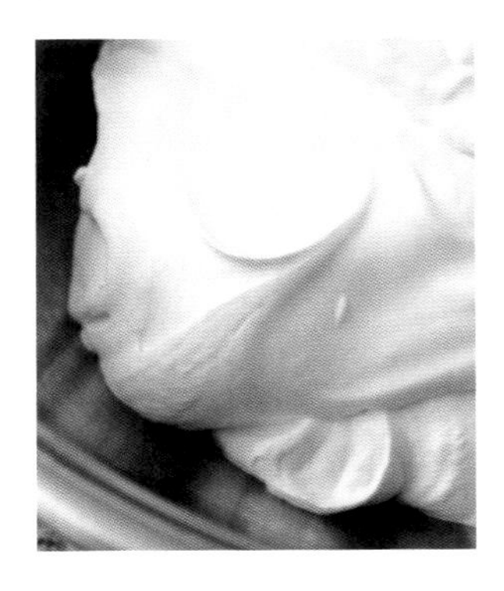

材料
鮮奶油（脂肪成分45%）100g
鮮奶油（脂肪成分40%）100g
細砂糖 20g

1 於鋼盆中加入2種鮮奶油再加入細砂糖，依不同用途打發成所需的硬度。照片為7分發。

Crème Pâtissière

卡士達奶油

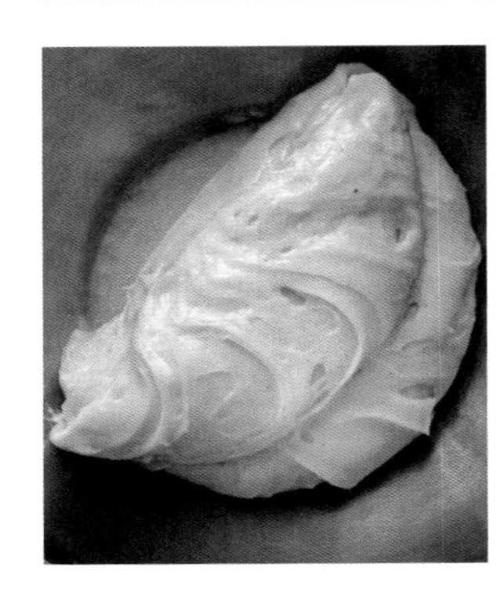

材料
牛奶 500g
香草籽 0.5根
細砂糖 150g
蛋黃 120g
法式布丁（Flan）粉 45g

1 在圓底銅鍋中加入牛奶，加入縱切香草莢取出的香草籽與香草莢，及1/3的細砂糖，加熱煮至沸騰。
2 鋼盆中加入蛋黃與剩下2/3的細砂糖，以網狀攪拌器拌勻。加入布丁粉並稍微攪拌。
3 將步驟1倒入步驟2並攪拌。過篩後再到回步驟1的銅鍋中，開大火加熱。
4 以網狀攪拌器邊攪拌至沸騰後約1分鐘，直到卡士達奶油一度變稠後再次回軟狀態為止。
5 倒在鋪有保鮮膜的烤盤上攤薄開來，於上方緊貼覆蓋一層保鮮膜。放入急速冷凍庫急速降溫，放涼後移至冷藏庫備用。

Dorure

蛋黃液

材料
蛋黃 60g
咖啡濃縮液
(Trablit Coffee Extract) 1g

1 於鋼盆中加入蛋黃並以網狀攪拌器打散，加入咖啡濃縮液拌勻並過篩。

〈筆記〉
Dorure是刷在麵團上的蛋黃液。在濃郁的蛋黃中加入咖啡濃縮液，可幫助烘烤後的成品擁有美麗光澤且上色更有深度。

Sirop à 30°

波美30°糖漿

材料
水 1000g
細砂糖 1350g

1 於鍋中加入水與細砂糖。
2 以網狀攪拌器邊加熱邊攪拌，直至細砂糖完全溶化。放涼後使用。

Base de Caramel

基本焦糖

材料
細砂糖 375g
鮮奶油(脂肪成分45%) 320g
水麥芽 60g

1 於鍋中加入細砂糖，開中火。以木杓邊加熱邊攪拌做成乾焦糖Carame à sec(不加水直至焦糖化)，讓整體上色。
2 達到深咖啡色後熄火，分次倒入鮮奶油並拌勻。
3 加入水麥芽後攪拌，移至鋼盆於室溫放涼。

〈筆記〉
燒至深色的焦糖中加入鮮奶油與水麥芽做成「基本焦糖」，是AIGRE DOUCE店裡製作甜點時不可或缺的副材料。使用於水果蛋糕條或歐培拉的糖漿…等當中，能抑制甜度並賦予微苦與層次感，發揮萬用味噌般的作用。因為一定會與奶油或麵糊等混合使用，因此上色比一般直接入口的焦糖來的深，製作成較強烈的風味。

Nappage à la Vanille

香草果膠

材料
透明果膠（可加水稀釋） 350g
洋梨罐頭的糖漿 75g
水麥芽 20g
香草莢 0.3g

1 於鍋中放入透明果膠、洋梨罐頭的糖漿、水麥芽、縱切取出的香草籽及香草莢，開中火。
2 以木杓邊攪拌邊煮溶水麥芽，加熱至沸騰為止（透明果膠不需完全溶化）。
3 暫時挑出香草莢，以手持式電動攪拌棒攪拌至柔滑程度。再放回香草莢，放進冷藏庫保存。

〈筆記〉
可加水調整的透明果膠中加入香草，再加入洋梨罐頭的糖漿代替水增添風味，變身成獨創果膠。使用水分較少較硬的果膠，則可添加較高比例洋梨罐頭糖漿，可調味成更明顯的風味。用來刷在甜點上，蛋糕整體的層次感將更加分。

Confiture d'Abricot

杏桃果醬

材料
杏桃果醬（市售） 500g
杏桃果泥 100g

1 於鍋中加入杏桃果醬（市售），並以木杓將結塊拌開。
2 加入杏桃果泥後開中火，沸騰即離火。以此狀態於冷藏庫保存。
3 使用前再次加熱，調整濃稠度。熬煮至以木杓舀起時可滴下，但慢慢凝固的狀態為止。

〈筆記〉
與香草果膠一樣，在市售的果醬中加入杏桃果泥熬煮，可更提升杏桃原本的風味。用來刷在甜點上，不僅有增添光澤的效果，更可帶來強烈且有勁的濃縮風味。所以適合使用果膠或果醬。AIGRE DOUCE店裡用於刷在奶油蛋糕上。

Glaçage Cacao

巧克力鏡面

材料
可可粉 150g
水 300g
鮮奶油（脂肪成分45%） 150g
波美30° 糖漿（→p108） 210g
水麥芽 100g
細砂糖 375g
吉利丁片 9片
*吉利丁片先以水泡軟並擠乾水分。

1 於鋼盆中加入可可粉與水，以網狀攪拌器攪拌至有光澤的泥狀為止。
2 鍋中加入鮮奶油、波美30° 糖漿、水麥芽、細砂糖，開火以木杓不停攪拌至沸騰為止。
3 將步驟2的1/3量加入步驟1，以網狀攪拌器攪拌避免結塊。
4 續倒入剩下的步驟2，以網狀攪拌器大致拌開後再加入吉利丁，小心不打入空氣，以橡皮刮刀輕巧攪拌並過篩。
5 不燙之後放入冷藏庫一晚備用。

Pistolet Chocolat Noir

噴砂用巧克力

材料
覆蓋巧克力（chocolat de couverture）（苦甜巧克力） 200g
可可脂 200g

1 將覆蓋巧克力與可可脂放入鋼盆，隔水加熱拌至融化。
2 使用前調整至約50°C。

Pistolet Chocolat au Lait

噴砂用牛奶巧克力

材料
覆蓋巧克力（chocolat de couverture）（白巧克力） 400g
覆蓋巧克力（牛奶巧克力） 72g
可可脂 250g

1 將所有材料放入鋼盆，隔水加熱拌至融化。
2 使用前調整至約50°C。

Pistolet Chocolat Blanc

噴砂用白巧克力

材料
覆蓋巧克力（chocolat de couverture）（白巧克力） 100g
可可脂 200g

1 將覆蓋巧克力與可可脂放入鋼盆，隔水加熱拌至融化。
2 使用前調整至約50°C。

Confiture aux fruits rouges

莓果果醬

材料
細砂糖 470g
果膠 5.5g
草莓（冷凍，整顆） 500g
覆盆子（冷凍，碎果粒） 125g
＊草莓與覆盆子都先在冷藏庫解凍。
＊p168的「莓果夏洛特」將果膠量調整為10g。

1 先取一把細砂糖放入鋼盆與果膠混合。
2 鍋中加入草莓與覆盆子，開大火，以網狀攪拌器一邊壓碎一邊攪拌加熱。
3 沸騰後混拌入細砂糖。再次沸騰後混拌入步驟1至均勻。
4 倒在烤盤上以橡皮刮刀攤薄開來，於室溫放涼。

Zestes d' Orange en Julienne

橙皮細絲

材料
柳橙皮 3個
波美30° 糖漿（→p108） 350g
水 100g
紅石榴糖漿 50g

1 盡量將橙皮上的白色部分切除後，再切成絲狀。
2 鍋中加水（分量外）煮至沸騰，加入步驟1。熬煮至脫去苦味後再過篩濾掉水分。
3 鍋中加入波美30° 糖漿、水、紅石榴糖漿後開火，煮至沸騰。加入步驟2，再熬煮至達63%白利糖度（Brix）。於室溫放涼。
4 確實瀝乾水分後再使用。

Zestes de Citronvert en Julienne

綠檸檬皮細絲

材料
綠檸檬皮 1個
波美30° 糖漿（→p108） 135g
水 40g
色粉（黃、綠） 各少量

1 將綠檸檬皮切細絲。
2 鍋中加水（分量外）煮至沸騰，加入步驟1。煮約1分鐘左右，至皮上的白色部分變透明，倒入濾網裡。
3 鍋中加入波美30° 糖漿、水、黃、綠色粉後加入步驟2，開火熬煮至達63%白利糖度（Brix）。室溫放涼。
4 確實瀝乾水分後再使用。

基本的組合配方

Croquants aux Amandes

杏仁脆粒

材料
杏仁（去皮） 300g　細砂糖 300g
水 75g　奶油 10g

1　將杏仁稍微烘烤過後放到砧板上，雙手各執刀切成5mm大小顆粒（為避免飛濺可用擋板等圍住三面）。以5mm篩網過篩，較粗的杏仁粒再次切碎，重複3～4次。
2　於銅製鋼盆中加入細砂糖與水，不時以木杓邊加熱邊攪拌至114～115℃。
3　轉小火，加入步驟1，再以木杓加熱並攪拌至整體糖化，杏仁粒裹上白粉狀態。
4　繼續以木杓攪拌，持續以小火烘烤直至飄香並變成咖啡色。熄火後拌入奶油，放在烤盤上攤開放涼，之後放入密閉容器中保存備用。

Croquants aux Noisettes

榛果脆粒

材料
榛果（帶皮） 200g
細砂糖 200g
水 50g
奶油 6g

1　依照杏仁碎粒的操作要領製作。

Croquanrs aux Amandes Effilées

杏仁脆片

材料
杏仁薄片（去皮） 100g
波美30°糖漿（→p108） 28g
糖粉 58g

1　將杏仁薄片放入鋼盆中，再加入波美30°糖漿，以刮板均勻拌開。
2　慢慢分多次加入糖粉，以刮板從鋼盆底部刮起拌勻，使其全部裹上糖粉。若部分黏結則一一剝開撒上糖粉。最後達到不黏手狀態即可，若仍黏手則再加一些糖粉。
3　分散鋪在不沾烤盤上，以165℃烤箱烘烤至稍微上色程度，約8～10分鐘。於室溫中放涼，放入密閉容器中保存備用。

Croquants au Noisettes Effilées

榛果脆片

材料
榛果薄片（帶皮） 100g
波美30°糖漿（→p108） 22g
咖啡濃縮液 8g
咖啡粉 4g
糖粉 76g

1　和杏仁脆片操作法相同。但將咖啡濃縮液加入波美30°糖漿中，咖啡粉加入糖粉中，用手輕巧拌開。
2　分散鋪在不沾烤盤上，以170℃烤箱烘烤至像外層裹了糖般的狀態，約10分鐘。於室溫中放涼，放入密閉容器中保存備用。

Croquant à la Noix de Coco

椰子脆絲

材料
糖粉 160g
波美30°糖漿（→p108） 50g
椰子絲（長絲） 100g

1　將椰子絲（長絲）放入鋼盆中，再加入波美30°糖漿，並以刮板均勻拌開。
2　將篩過的糖粉分三次加入，並以刮板均勻拌開。若部分黏結則一一剝開。
3　全部用手弄散使其呈分離狀態（不黏手，全部裹上糖粉狀態）。
4　在鋪了矽膠墊的烤盤上攤開，並以150℃烤箱烘烤至裹在椰子絲上的糖粉膨脹起來為止，約10分鐘。室溫中放涼，放入密閉容器中保存備用。

Plaque de Chocolat

巧克力薄片

材料

覆蓋巧克力（chocolat de couverture）適量

＊巧克力種類要視運用的甜點來挑選。

1 將覆蓋巧克力先行調溫。

2 在木製的平坦板子上噴食用酒精，平貼上OPP膠膜，以抹刀將步驟1抹上薄薄一層。

3 待凝固至不沾手程度，便以小刀切割或以圓形壓模壓切。巧克力暫保留於OPP膠膜上。

4 放進冷藏庫使其完全凝固。撕下OPP膠膜後使用。

＊p118的「閃電提拉米蘇」使用苦甜巧克力薄片（11×2cm）。

＊p130的「榛果蛋糕」在苦甜巧克力薄片上（直徑2.8cm）以噴砂噴上苦甜巧克力，並在未完全凝固前裝飾上榛果脆粒。待凝固後再次噴砂，放室溫至整體凝固。

＊p142的「榛果咖啡蛋糕」使用牛奶巧克力薄片（直徑3.8cm）與苦甜巧克力薄片（直徑4.8cm）。

＊p161的「椰子草莓蛋糕」使用白巧克力薄片（直徑2.5cm），並噴上紅色與咖啡色的色粉。

＊p154的「加勒比」使用牛奶巧克力薄片（7cm正方形）。

＊p176的「柔情」將苦甜巧克力薄片折成所需的大小。

＊p190的「洋茴香咖啡蛋糕」在苦甜巧克力薄片（5.5×2cm）上，不規則地滴上噴砂用牛奶巧克力。

Copeaux de Chocolate

牛奶巧克力刨花

材料

覆蓋巧克力（chocolat de couverture）（牛奶） 適量

1 將塊狀覆蓋巧克力恢復室溫，並稍微調整變軟後，以奶油刮刀刨花成捲曲狀。

Décor de Chocolat Noir

巧克力蕾絲

材料

覆蓋巧克力（chocolat de couverture）（苦甜巧克力） 適量

1 以偏高的溫度調溫苦甜巧克力。

2 在大理石工作檯上噴食用酒精，並平貼上OPP膠膜。

3 將步驟1裝進烘焙紙擠花袋，隨意描繪細細的曲線。再將烘焙紙擠花袋口稍剪大一些，再隨性描繪疊上稍粗的曲線。

4 放進冷藏庫使其完全凝固。撕下OPP膠膜折成適當大小使用。

眞正的滋味與印象中的滋味

要能活用食材本身所擁有的自然風味相當重要。但有時光靠這樣卻稍嫌美中不足。例如，開心果慕斯。我們印象中認爲它具有堅果特有的層次感與香氣，散發苦杏（bitter almond）般芬芳的綠色慕斯。但實際上，烘烤過的開心果製作的開心果醬，吃起來卻相當接近含油脂黃豆粉般的滋味。顏色也偏茶色，若不特別說明恐怕沒有人會知道是開心果。這表示，大家印象中的開心果滋味，其實是在原本的食材中添加了香料的風味，現在反而這樣的風味才被認知爲原味，才是大家認爲的美味。

甜點並非獨立食材，我們品嚐的是一個複合體，去意識這樣印象中的滋味，也是成就邁向美味的一小步。我們也會在咖啡或榛果的甜點中加入適量的香萃或利口酒，以打造出更具深度有層次的風味。

第 2 章
特殊甜點

Les Spécialités

Éclair au Tiramisu
Rouleau à la Noix de Coco
Noisettine
Ivoirine
Café Noisettes
Tarte aux Poire Marron
Caraïbe
Coco Fraise
Charlotte Fraises
Tendre
Forêt-Noir à la Pistache
Café Anis
Picon Amer
Savarin au Vin Rouge
Verrine au Chocolat Orange

閃電提拉米蘇

Éclair au Tiramisu

這道「閃電提拉米蘇」想呈現的是驚喜。
外觀看來是閃電泡芙，但吃起來卻是提拉米蘇。
咖啡糖漿滿溢而出，雖是小蛋糕嚐起來卻相當鮮美！
爲了想讓大家享受這樣的雙重樂趣而創造出的甜點。
也算是我對現代閃電泡芙以新潮視覺效果蔚爲風潮的小小抗拒。
最重要的還是要回歸到滋味。
我思考在追求閃電泡芙與提拉米蘇兩者正統風味的同時，
更結合雙方，以激發出更極致的美味火花。
結果，兩道傳統甜點結合，誕生了這樣一道融入不同巧思的新穎甜點。

閃電提拉米蘇的味道組合

POINT 1
咖啡糖漿
Sirop à Café
提拉米蘇的美味關鍵。提供滿溢而出的驚喜。

POINT 2
咖啡風味海綿蛋糕
Génoise au Café
用來吸收糖漿的海綿蛋糕。滿滿吸附以強調咖啡的滋味與香氣。

POINT 3
馬斯卡邦慕斯
Mousse Mascarpone
提拉米蘇中最不可或缺的要素。馬斯卡邦的風味與輕盈感。

POINT 7
苦甜巧克力薄片
Plaque de Chocolat Noir
裝飾。薄脆口感作爲點綴。

POINT 5
咖啡風味杏仁奶油
Crème d'Amande au Café
扮演讓泡芙皮呈現方式更富變化的角色。濃烈的口感與咖啡的香氣。

POINT 4
泡芙
Pâte à Chou
是這款蛋糕的支架。從外觀、風味、口感各個角度，強調這是一款閃電泡芙。酥脆輕盈的口感與香氣。

POINT 6
卡士達鮮奶油
Crème Diplomat
銜接提拉米蘇與閃電泡芙，呈現圓潤與柔滑。負責隱藏提拉米蘇元素的角色。

閃電提拉米蘇的７大重點

POINT 1 咖啡糖漿
Sirop à Café

在剛沖好的咖啡中加入咖啡粉並浸泡萃取（infuser），加入細砂糖、即溶咖啡、基本焦糖（Base de Caramel）。

強調咖啡風味

運用4種咖啡與焦糖襯托出風味的層次感

在甜點裡加入咖啡時，製作的重點不同於一般飲用咖啡，必須在混合了砂糖、蛋、奶油等之後，仍能凸顯出咖啡味，並感覺「好吃」！為了呈現咖啡原有風味，因此以現沖咖啡為基底，但單靠沖泡咖啡卻嫌特色不足。因此又在現沖咖啡裡加入咖啡粉並浸泡，將所有味道都融入咖啡中，更提高咖啡風味。為了讓咖啡風味更加突出，最後再加入即溶咖啡與咖啡濃縮液，前者帶著一些焦香與酸味，而後者則帶有容易與甜點融合的圓潤度。此外，加入焦糖更添層次與深度，讓整體風味更為飽滿。

充分地刷塗並吸收進2片海綿蛋糕中

凸顯提拉米蘇感的最主要元素，要算是在口中充滿擴散開來，帶著豐富香氣的咖啡糖漿。在閃電泡芙裡隱藏入2片吸滿糖漿的海綿蛋糕，讓多汁美味感倍增。

POINT 2 *Génoise au Café* 咖啡風味海綿蛋糕

加入即溶咖啡、咖啡粉、咖啡濃縮液的杏仁風味海綿蛋糕。

製作氣孔較大的海綿蛋糕

⇒ 參考杏仁海綿蛋糕

- 以高速一口氣打發→p51
- 降低糖分和粉類→p51

強烈的咖啡香氣

並用3種咖啡

並用3種咖啡，先運用以咖啡豆磨碎的咖啡粉（左）帶出咖啡原有的風味，再以即溶咖啡（中間）加入一點點咖啡特有的焦香與酸味，最後添加咖啡濃縮液（右），帶來與甜點同調的圓潤風味。

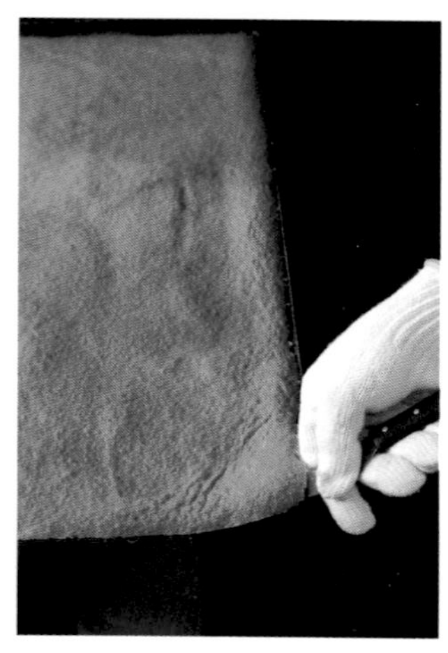

POINT 3 *Mousse Mascarpone* 馬斯卡邦慕斯

以炸彈麵糊（pâte à bombe）爲基底，加入吉利丁片、馬斯卡邦乳酪、打發鮮奶油的輕盈慕斯。

輕盈

基底是炸彈麵糊

比起蛋白霜的軟綿輕柔，以炸彈麵糊為基底的綿密柔滑口感，更能凸顯出馬斯卡邦乳酪的特有風味。以濃稠細緻的氣泡帶出輕盈感的同時，再以蛋黃添加層次感與鮮美度。

馬斯卡邦不過度加熱

馬斯卡邦乳酪一旦加熱過頭便會分離出油脂，要特別小心。放到室溫回軟以方便拌合，若依然過硬再稍微隔水加熱。

POINT 4 *Pâte à Chou* 泡芙

水中加入奶油後煮沸，再快速拌入麵粉，慢慢加入蛋液直至乳化。最後確實烤乾水分。

烘烤酥脆

・「烘乾」至水分完全蒸發爲止→p15
・不加牛奶，而添加奶油→p16

圓鼓鼓，輕盈地膨脹

・確實糊化→p16
・確實達到乳化狀態→p16
・確認麵糊是否一直維持在相同的溫度下完成→p16
・烘烤完成前不開烤箱→p16

做成偏硬的麵糊

在泡芙上擠杏仁奶油將導致麵糊不易膨脹，因此做成偏硬的麵糊，提高強度才經得起重量。

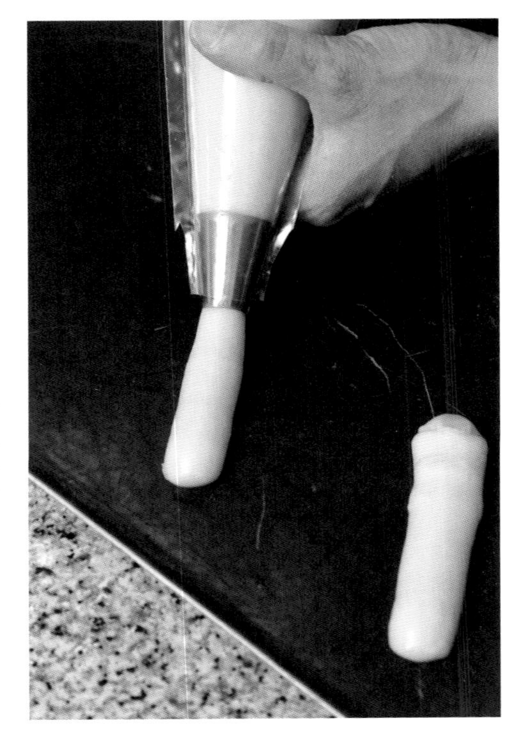

POINT 5 *Crème d'Amande au Café* 咖啡風味杏仁奶油

加入咖啡粉與咖啡濃縮液的杏仁奶油。

強調咖啡風味

加入咖啡粉與咖啡濃縮液

加入以咖啡豆磨碎的咖啡粉以帶出自然的咖啡風味，再加入咖啡濃縮液，以呈現不同於直接飲用，運用於甜點中異曲同工的好味道。

酥脆的口感

擠在泡芙上烘烤

在泡芙麵糊上擠上杏仁奶油後才烘烤，以增添酥脆的口感。更加凸顯出與滑順奶油的對比。提高蛋白比例以增加咬感，讓印象更為強烈。

POINT 6 *Crème Diplomat*

卡士達鮮奶油

卡士達奶油中拌入確實打發的鮮奶油。

卡士達奶油 Crème Pâtissière

凸顯出濃郁中的輕盈

・加入法式布丁（Flan）粉→p17
・以圓底的鍋子快速拌煮→p17

卡士達鮮奶油 Crème Diplomat

賦予輕盈口感與濃郁度

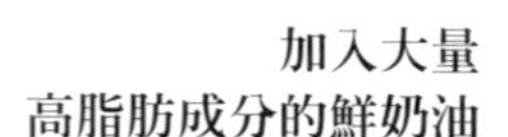

加入大量
高脂肪成分的鮮奶油

將確實打發的高脂肪成分鮮奶油拌入卡士達奶油中，打造出雖輕盈但乳香綿密的濃郁風味。

POINT 7 *Plaque de Chocolat Noir*

苦甜巧克力薄片

調溫完成的苦甜巧克力。薄脆口感與巧克力香氣，打造出口味的變化。

賦予保形性

・確實打發鮮奶油→p57
・不過度攪拌→p57

閃電提拉米蘇的配方

20根（麵糊、糖漿、慕斯為48根）

■ 咖啡風味海綿蛋糕
（60×40cm烤盤1盤／510g）

全蛋 220g	細砂糖 150g
即溶咖啡 2g	奶油 20g
咖啡濃縮液（Trablit Coffee Extract） 6g	
低筋麵粉 65g	杏仁粉 50g
法式布丁（Flan）粉 50g	
咖啡粉 3g	

1 在攪拌盆裡放入全蛋，大致打散後加入細砂糖與即溶咖啡。以網狀攪拌器隔水加熱攪拌，加熱至約40℃。

2 攪拌器以高速攪拌，充分打入空氣，直至麵糊泛白並呈緞帶狀滑落的硬度為止（a）。

3 加熱融化奶油，加入少許步驟2並以網狀攪拌器拌勻。

4 將剩餘的步驟2移至鋼盆，加入咖啡濃縮液並以橡皮刮刀大致拌勻。加入已混合完成的低筋麵粉、杏仁粉、布丁粉、咖啡粉並拌勻（b）。加入步驟3並拌合。

5 倒入鋪有蛋糕卷用白報紙的60×40cm烤盤，以L形抹刀抹平。

6 放入190℃的旋風烤箱烘烤約6分鐘。連著模紙脫模移至網架上放涼。

7 切成37×28cm大小的兩片海綿蛋糕。

■ 咖啡糖漿
（1/2蛋糕框＝37×28cm1片／900g）

咖啡* 700g	咖啡粉 55g
細砂糖 140g	即溶咖啡 16g
咖啡濃縮液（Trablit Coffee Extract） 25g	
基本焦糖（Base de Caramel）（→p108） 20g	

＊以磨好的濃縮咖啡espresso咖啡粉與1085g熱水沖泡，萃取出700g的咖啡。

1 將咖啡放入深平底深鍋中，開火。煮開便離火，加入咖啡粉攪拌，並浸泡約1分鐘至出味，過篩後放入鋼盆備用。若不足則可再補入濃縮咖啡espresso。

2 拌合細砂糖與即溶咖啡，加入步驟1並以網狀攪拌器拌勻（c）。

3 於咖啡濃縮液中加入少量步驟2溶合，再倒回步驟2中。

4 於基本焦糖中拌入少量步驟2溶合，再倒回步驟2中，以網狀攪拌器拌勻（d）。

■ 組合1

1 於1/2蛋糕框（37×28cm）底部拉緊平貼保鮮膜。放到烤盤上，並於底部鋪上一片咖啡風味海綿蛋糕。

2 刷上350g咖啡糖漿（e）。

■ 馬斯卡邦慕斯

（1/2蛋糕框＝37×28cm1個）
馬斯卡邦乳酪 350g
鮮奶油（脂肪成分35%） 380g
炸彈麵糊（pâte à bombe）
- 細砂糖 100g
- 水 25g
- 蛋黃 60g

吉利丁片 10g

1 將已恢復室溫的馬斯卡邦乳酪放入鋼盆，以網狀攪拌器攪拌至柔滑狀態。

2 將鮮奶油打至6分發。

3 製作炸彈麵糊。以細砂糖和水加熱至能以冰水捏出小軟球（petit boulé）程度的糖漿。

4 先在攪拌盆裡打發蛋黃，加入步驟3（f）。再續以高速打發，充分打入空氣，直至麵糊呈緞帶狀滑落的硬度為止，即可停機。

5 於已先隔水加熱融好的吉利丁中加入少許步驟4，以網狀攪拌器攪拌均勻。再倒回步驟4中，以橡皮刮刀攪拌均勻。

6 將步驟2一半的量加入步驟1，並以橡皮刮刀攪拌，續加入步驟5，以橡皮刮刀拌勻。

7 加入剩下的步驟2，以橡皮刮刀拌勻。

■ 組合2

1 在<組合1>的咖啡風味海綿蛋糕上倒入全部的馬斯卡邦慕斯，並以L形抹刀抹平（g）。

2 拿另一片海綿蛋糕將烤上色的面朝下覆蓋，以手掌輕按使其緊貼地黏合。刷上550g咖啡糖漿（h），放進急速冷凍庫冷凍。

3 從蛋糕框中脫模，分切成10×2cm大小（i），放進冷凍庫備用。

■ 咖啡風味杏仁奶油

（容易操作的份量）

低筋麵粉 15g	杏仁粉 100g
咖啡粉 7g	奶油 100g
全蛋 100g	蛋白 30g
細砂糖 95g	咖啡濃縮液 7g

1 先將低筋麵粉、杏仁粉、咖啡粉拌合。

2 於鋼盆中放入常溫狀態奶油，以網狀攪拌器攪打至乳霜狀態為止。

3 再取一鋼盆放入全蛋與蛋白，先以網狀攪拌器打散後加入細砂糖拌勻。拌入咖啡濃縮液。

4 將步驟3與步驟1交替各分三次拌入步驟2（j），每次拌入都要用網狀攪拌器攪拌至柔滑狀態為止。

■ 泡芙

（1根60g）

水 280g	奶油 120g
鹽 6g	細砂糖 11g
低筋麵粉 170g	全蛋 300g

1 依照p18的操作要領製作。

■ 組合3・烘烤

杏仁片 適量	糖粉 適量

1 將泡芙麵糊填入裝有口徑17mm圓形花嘴的擠花袋內，於不沾烤盤中擠出與花嘴口徑同寬，長11cm的直挺長條形。

2 將咖啡風味杏仁奶油填入裝有寬22mm扁齒花嘴的擠花袋中，於步驟1的表面擠上一條。裝飾上杏仁片並篩上糖粉（k）。

3 放進180℃旋風烤箱烘烤約45分鐘。出爐放在網架上，室溫放涼。

4 以鋸齒刀在泡芙上端向下約1/3高度位置，從側面橫切（l）。切開後把泡芙內部的多餘麵團稍微撕去。

■ 卡士達鮮奶油

（1根30g）
鮮奶油（脂肪成分45%） 360g
細砂糖 40g
卡士達奶油（→p 107） 200g

1 鮮奶油中加入細砂糖並攪打至8分發，加入卡士達奶油後以網狀攪拌器攪拌。稍微拌勻後改拿橡皮刮刀拌至均勻。

■ 完成

苦甜巧克力薄片（11×2cm→p113） 適量
可可粉 適量
杏桃果醬（→p109） 少量

1 將卡士達鮮奶油填入裝有口徑12mm圓形花嘴的擠花袋內，擠進泡芙內約達泡芙1/3的高度。

2 將冷凍的咖啡風味海綿蛋糕夾馬斯卡邦慕斯放進步驟1，用手按一下使其陷入卡士達鮮奶油中（m）。

3 在步驟2周圍擠一圈卡士達鮮奶油，再於正上方擠上薄薄一層以蓋住海綿蛋糕（n）。

4 蓋上泡芙並使其黏合。

5 在苦甜巧克力薄片有光澤的那一面撒上可可粉。

6 將熬煮收掉水分的杏桃果醬放入烘焙紙擠花袋中，於步驟4上擠2～3處，再放上步驟5，以小刀輕按使其黏合。

Rouleau à la Noix de Coco

焦點並非蛋糕體，而是捲入其間的鮮奶油、內餡等內容物的一款蛋糕卷。
主角不是日本常見的軟綿綿蛋糕體，這是一款法式甜點手法的蛋糕卷。
如組合小蛋糕般的概念，漩渦是造型，
也可說是想傳達這樣視覺效果的趣味性。
椰子是我愛的素材之一，
透過將它磨成粉、烘烤、熬煮，
以各種不同的型態，強調它充滿個性的風味。
將綠檸檬及鳳梨等作爲襯托，
打造出適合夏季的清爽風味。

椰香蛋糕卷的口味組合

POINT 1
椰子慕斯林
Mousseline à la Noix de Coco
是這道甜點的主角。椰子的圓潤風味與油潤濃郁的口感。

POINT 2
椰子海綿蛋糕
Génoise à la Noix de Coco
是糖漿的吸附體。輕盈卻清晰傳達椰子的存在感，扎實嚼感。

POINT 3
糖漿
Sirop
賦予海綿蛋糕水分，提高順口度。充滿清爽的綠檸檬香氣與酸味。

POINT 4
椰子奶油
Crème au Beurre à la Noix de Coco
椰子脆絲的黏著劑。增添強烈的椰子風味與層次感。

POINT 5
內餡
Garniture
滿溢多汁與鮮美感，恰到好處的酸味。

POINT 6
椰子脆絲
Croquant à la Noix de Coco
裝飾。口感的點綴與香氣。

POINT 7
綠檸檬皮細絲
Zestes de Citronvert en Julienne
裝飾。

椰香蛋糕卷的6大重點

POINT 1 椰子慕斯林

Mousseline à la Noix de Coco

將煮卡士達奶油的牛奶，將近一半份量替換成椰子果泥，添加奶油以增添香氣。

濃郁與輕盈缺一不可

於椰子果泥中加入牛奶

基底卡士達奶油中的牛奶以椰子果泥取代，煮成充滿椰子風味的濃郁卡士達奶油。椰子果泥的油脂成分較牛奶高許多，因此若全都替換成椰子果泥，整體風味與口感都會變得過度厚重，也容易造成油水分離。因此適度添加牛奶，才能恰到好處。

降溫後才添加香氣

奶油餡仍在溫的狀態即添加利口酒或綠檸檬皮，會因熱而導致香氣揮發。椰子卡士達奶油降溫到20～25℃後，才拌入增添香氣用的綠檸檬皮和椰子利口酒，將可呈現更純淨的香氣，後味也更爽口。

POINT 2 *Génoise à la Noix de Coco* 椰子海綿蛋糕

椰子粉取代杏仁粉，以杏仁海綿蛋糕的要訣製作。

以椰子表現個性

將椰肉磨成細粉

市面上賣的椰子絲都很粗，若要以此替換杏仁海綿蛋糕裡的杏仁粉使用，海綿蛋糕麵糊會消泡，無法成功。因此使用堅果研磨機才能磨成非常細的粉末。如此一來，便可製作出與直接使用椰子絲截然不同，充滿豐富椰子風味的蛋糕。此外，我們使用剛磨好的的椰子粉，因此風味絕佳。

比較

自家製椰子粉　　椰子絲

椰子粗細的不同

若使用堅果研磨機，可磨出比市售椰子絲細許多的椰子粉。

烤得稍厚一些

考慮捲入奶油後的口感，特地將海綿蛋糕烤得稍厚一些。

製作氣孔粗大的海綿蛋糕

⇒ 參考杏仁海綿蛋糕

- 以高速一口氣打發→p51
- 降低糖分和粉類→p51

POINT 3 *Sirop* 糖漿

香氣十足

添加果皮與酒精成分

帶清新舒暢酸味與芬芳的綠檸檬糖漿。比起果肉，皮更能強烈感受到柑橘特有的風味。只靠果汁香氣仍嫌不足，因此添加磨下的果皮，以彌補香氣。此外，添加酒精成分（配合綠檸檬選用檸檬酒 Limoncello），讓香氣更為豐富且留下更長的餘韻。

POINT 4 *Crème au Beurre à la Noix de Coco* 椰子奶油

濃縮椰子果泥，添加煉乳與奶油。

飽滿的風味

濃縮椰子果泥

在最終完成階段時少量搭配用的奶油。不僅考慮風味，顧及保久性不使用蛋黃。為彌補濃郁度與風味的不足，將椰子果泥熬煮濃縮到剩一半的量，打造出不輸給之後添加奶油的強烈風味。

添加煉乳

因為不使用蛋黃，因此選用圓潤的煉乳以增添濃郁度。並可促進乳化，成為入口即融的奶油。

Garniture

內餡

在鳳梨中加入百香果果泥熬煮。

加強印象

添加百香果果泥

不規則現身於蛋糕卷中的鳳梨內餡，是成就美味節奏的重要元素。與百香果泥一起熬煮，可使鳳梨富含濃縮的酸味與香氣，並強化整體口味帶給人的印象。

POINT 6 *Croquant à la Noix de Coco*

椰子脆絲

於椰子（長絲）中拌入波美30°糖漿與糖粉，再放進烤箱烘烤。不只可作為裝飾，更成為甜點的特色，還會帶來不同於奶油餡或海綿蛋糕，恰到好處的口感與烘烤過的香氣，增加層次感。

椰香蛋糕卷的配方

長56cm蛋糕卷1條

■ 椰子海綿蛋糕
（60×40cm烤盤大小1片的份量／750g）
全蛋　290g
細砂糖　205g
奶油　25g
低筋麵粉　105g
法式布丁（Flan）粉　70g
椰子粉　105g

1　於攪拌盆中放入全蛋，打散後加入細砂糖，以網狀攪拌器邊攪拌邊隔水加熱至40℃為止。
2　攪拌器以高速攪拌，充分打入空氣，直至麵糊泛白並呈緞帶狀滑落的硬度為止。
3　加熱融化奶油，加入少許步驟2，再以網狀攪拌器拌勻。
4　其他的步驟2移至鋼盆中，拌入已混勻的低筋麵粉、布丁粉、椰子粉，並以橡皮刮刀攪拌（a）。加入步驟3攪拌均勻。
5　倒入鋪有蛋糕卷用白報紙的60×40cm尺寸烤盤內，以L形抹刀抹平。
6　放進190℃旋風烤箱烘烤約8分鐘。連紙一起脫模，移到網架上放涼。
7　切成56×30cm大小（b）。

■ 內餡
（1個200g）
鳳梨（果肉）　250g
百香果泥　85g

1　鳳梨切成1cm大小丁狀。
2　開中火，於煎鍋中加入步驟1與百香果泥（c），不時以木杓邊攪拌邊熬煮收乾水分直至成為200g為止。
3　倒於烤盤上攤開，在室溫中放涼（d）。

■ 椰子慕斯林

(1個880g)

椰子果泥　390g

牛奶　130g

香草莢　0.4根

細砂糖　100g

蛋黃　100g

法式布丁(Flan)粉　40g

磨下的綠檸檬皮　3g

椰子利口酒(Malibu Coconut Liqueur)　50g

奶油　150g

1　在圓底銅鍋中加入椰子果泥、牛奶、香草籽與香草莢、1/3分量的細砂糖，以網狀攪拌器攪拌。開中火煮沸。

3　在鋼盆中加入蛋黃及剩餘的2/3細砂糖。加入布丁粉，並一一拌勻。

4　將步驟1倒入步驟2，過篩拿掉香草莢。倒回步驟1的鍋中，開中火以煮卡士達奶油的要訣，用網狀攪拌器邊加熱邊攪拌，煮至冒泡沸騰即可離火。

5　倒入鋼盆中以網狀攪拌器邊攪拌邊隔冰水降溫，冷卻至20～25°C為止。加入磨下的綠檸檬皮和椰子利口酒並拌勻(e)。

6　在另一鋼盆中加入奶油，並以網狀攪拌器攪拌至乳霜狀態為止，拌入步驟5。

■ 糖漿

(1個300g)

波美30°糖漿(→p108)　100g

水　100g

綠檸檬果汁　50g

檸檬酒(Limoncello)　50g

磨下的綠檸檬皮　1.2g

1　拌合所有材料。

■ 組合

1　將椰子海綿蛋糕烤上色的面向上，將長邊向著自己放置於烤盤上，篩上糖粉(分量外)(f)。蓋上OPP膠膜後再蓋上網架，連著烤盤翻面再拿掉烤盤，連著OPP膠膜移至砧板上。

2　刷上300g糖漿(g)。

3　放上880g椰子慕斯林，並以L形抹刀將整體塗抹均勻(h)。

4　除了最遠端(捲時的尾端)5cm範圍外，均勻鋪上200g內餡，並以抹刀輕按入。

5　靠近自己這端(開始捲的部分)以小刀平行畫上兩條1cm間隔的切痕(i)。

6　以捲海苔捲的要訣，以OPP膠膜代替竹捲簾，將靠自己這端蛋糕掀起，向遠端扎實地捲去(j)。

7　捲完的尾端向下，並以OPP膠膜將全體包覆，放入圓筒模中固定，並送進急速冷凍庫冷卻定型(k)。

■ 椰子脆絲

(容易操作的份量)

椰子(長絲)　200g

波美30°糖漿(→p108)　70g

糖粉　180g

1　將椰子絲(長絲)放入鋼盆中再加入波美30°糖漿，並以刮板均勻拌開。

2　將篩過的糖粉分三次加入，並一一以刮板均勻拌開。若部分黏結則用手弄散使其呈分離狀態(不黏手，全部裹上糖粉狀態)。

3　在鋪了矽膠墊的烤盤上攤平，並以150°C烤箱烘烤至裹在椰子絲上的糖粉膨脹起來為止，約10分鐘。室溫中放涼，放入密閉容器中保存備用。

■ 椰子奶油

椰子果泥　400g

煉乳(含糖)　100g

奶油　135g

1　開中火熬煮椰子果泥，以橡皮刮刀不時攪拌至收乾至原本一半的份量為止。移至鋼盆，於室溫放涼。

2　加入煉乳並以橡皮刮刀拌勻。將乳霜狀態的奶油分三次加入(l)，並攪拌至完全乳化程度為止。

■ 完成

防潮糖粉(Sucre Décor)　適量

綠檸檬皮細絲(→p111)　適量

香草果膠(→p109)　適量

1　將蛋糕自冷凍庫中取出，脫模並撕去OPP膠模。切除兩端後，分切成2.5cm的厚度。

2　將椰子奶油填入裝有20mm扁齒花嘴的擠花袋中，沿著步驟1(冷凍狀態)的外周擠上一圈帶狀奶油。以小刀背抹平。

3　待步驟2稍微固定後，以手心按貼上椰子脆絲(m)。不足處再以手指貼上。

4　再於於椰子脆絲上方篩上防潮糖粉。

5　將剩餘的椰子奶油填入裝有12齒7號星形花嘴的擠花袋內，於蛋糕頂端擠上螺旋狀玫瑰花(星形花嘴的擠花形狀)(n)。

6　於步驟5裝飾上切成銀杏葉狀的鳳梨內餡、綠檸檬皮細絲，再刷上加熱過的香草果膠。

外觀與滋味

有別於在餐廳點甜點是透過菜單憑空想像，甜點店的甜點是實際看著櫥窗內陳列的商品選購。因此如何透過視覺效果吸引顧客的目光成爲一大關鍵。

最重要的是如何勾起購買慾望，引發那股想立即到手、立即享用的衝動。例如，刷在蛋糕上的果膠，嶄露的不僅僅是光澤，更可透過加入水果果泥或香草等，塑造出傳達風味的各種表情。在堅果類慕斯裝飾上裹糖的堅果，在隱藏莓果夾層的甜點上，裝飾莓果果醬等，引發人美味的聯想，讓想像的空間無限擴大，透過這樣的自製小點綴，發揮最大效果。

但是若一味追求設計，把甜點做成不符合自然的顏色或造型，這樣的甜點我實在難以感受其魅力。對我來說，聯想的標準是美味。添加讓人看起來能感受「似乎很好吃」的元素，才是裝飾的終極意義所在。

榛果蛋糕

Noisettine

「榛果蛋糕」是一款以享受蛋糕體美味爲主軸，充滿榛果風味的甜點。
構想來自常溫蛋糕，將奶油蛋糕一樣高糖分、高油脂，口感扎實的榛果風味蛋糕體與奶油餡，
以及甘納許層層疊疊搭配夾餡。
因爲蛋糕體本身已經夠好吃，因此其他組合要件都只作爲襯托的配角，不管甜度或油脂都降低許多。
這款蛋糕擁有各種不同口感，隨處點綴的榛果風味襯托著咖啡與巧克力的微苦，
而柔滑的奶油餡則居間發揮調和作用。

榛果蛋糕的口味組合

POINT 2
咖啡榛果奶油
Crème au Buerre Café Noissettes
柔滑口感的奶油餡。能凸顯出榛果風味的咖啡香氣。

POINT 1
榛果風味蛋糕體
Biscuit Noisettes
這道甜點的主角。烘烤過的榛果香氣與嚼感。

POINT 3
甘納許
Ganache
風味的點綴。爲凸顯榛果風味微苦的苦甜巧克力。

POINT 6
裝飾用巧克力
Petit Disque de Noisette
裝飾。

POINT 5
榛果脆粒
Croquants de Noisettes
烘烤過榛果的風味與香氣、形狀、口感。

POINT 4
糖漿
Sirop
直截了當的咖啡風味與香氣。賦予蛋糕水分，更加順口。

層數的不同影響口味上的印象

各個分層的味道及甜點裡使用的量即使相同，但分層的厚度及層數一旦不同，不僅視覺效果有差別，連口味上給予人的印象也會完全改變。這款榛果蛋糕的每一層都薄且層層疊疊多，帶給人更細緻且有整體的風味。然而，若將每層加厚，但減少層疊的次數，每一層的印象都將變得強烈，給人失去重點且雜亂的印象。因此我們所追求的並非僅限於每一個要件的美味與否，而是相對於整體所追求的風味，調整至最恰當的厚度與層數，延伸所能呈現的無限可能。

薄薄的分層，疊4層

即使使用等量的蛋糕體、奶油、甘納許，依其所製作的厚薄度與層數，品嚐時帶給人的感受大相逕庭。

榛果蛋糕的 6 大重點

Biscuit Noisettes

POINT 1 榛果風味蛋糕體

在奶油中加入榛果醬，再拌入細砂糖已溶解的全蛋和粉類，最後拌合切細的榛果粒後烘烤。

榛果醬

凸顯風味的榛果醬

不去皮

榛果稍帶苦澀味的皮有別於其他堅果，是一大特色。在烘烤後特地不去皮，以強化堅果醬的風味。

使用剛烘烤及研磨完成者

為製作堅果風味顯著的堅果醬，須選用新鮮的堅果，並在剛烤好、剛研磨好的狀態下使用是一大關鍵。在使用前，應烘烤到接近烤焦前的烤透狀態，以凸顯香氣與美味度，再以堅果研磨機（→p8）研磨至滑順的泥狀。與一般市售，自加工後已經過一段時間的堅果醬風味截然不同。由於有別於帕林內（Praline）並未加糖，因此甜度也得以控制。

榛果風味蛋糕體 Biscuit Noisettes

豐富呈現榛果風味

捨棄堅果粉，使用自製堅果醬

若在蛋糕體裡拌入榛果粉，能烤出香氣的也只有蛋糕體的外圍。蛋糕體內的榛果粉因為只是伴隨麵糊的水分一起蒸烤熟，因此無法散發香氣。但若以榛果醬取代，由於堅果已事先烘烤過，因此其香氣可遍及整個蛋糕體，風味倍增。此外，研磨成泥而釋出的油脂，可打造出濕潤質感也是一大優點。

追求蛋糕體本身的美味

選用柔軟的蛋糕體

像指形蛋糕（biscuit à la cuiller）或杏仁海綿蛋糕這種蛋糕中充滿氣孔，而糖分與油脂（堅果所含油脂）不高的蛋糕體，通常是在搭配其他的奶油餡、慕斯、甘納許…等後，才能襯托其風味。反之，蛋糕體強調其本身的美味，如奶油蛋糕般單吃就很好吃，風味醇厚。使用糖油法（sugar batter method），打造出滋味與口感都相當濕潤的蛋糕體。

POINT 2 *Crème au Beurre Café Noissettes* 咖啡榛果奶油

添加榛果醬的咖啡風味奶油中，再拌入咖啡風味英式蛋奶醬（Crème anglaise）、奶油、義式蛋白霜。

榛果醬 Pâte de Noissettes

凸顯風味的榛果醬

- 使用剛烘烤完成及研磨完成者→POINT 1
- 不去皮→POINT 1

咖啡榛果奶油 Crème au Buerre Café Noissettes

控制甜度
凸顯榛果風味

使用自製榛果醬

為達成與榛果風味蛋糕體滋味同調的效果，添加榛果醬。捨棄市售商品，使用現磨榛果自製榛果醬，讓風味升級。

使用咖啡粉

通常要在甜點裡添加咖啡風味，都會使用咖啡濃縮液（Trablit Coffee Extract），但在這款蛋糕中為了襯托榛果，特地添加天然的咖啡香味。然而剛沖泡好的咖啡本身水分太多，無法直接加入奶油餡中使用。此外，太強烈的香味反而會搶去榛果的風味。因此特地將咖啡豆磨成極細的粉末後拌入，才能恰到好處。

加入焦糖風味的義式蛋白霜

為了不過甜、過於厚重，導致有損榛果風味蛋糕體，特地在奶油餡中加入義式蛋白霜。將糖漿煮至焦糖化後再拌入蛋白中，可大幅降低甜度，後味也更清新。此外，伴隨加入的圓潤苦味與香氣，正好與榛果互相呼應，使風味更為深沉。再者，製作糖漿時，先煮成焦糖（Caramel à sec）之後，添加的熱水量，要較一般製作義式蛋白霜時（通常是砂糖的1/4量）來得多。將焦糖煮溶成糖漿後使用。

比較

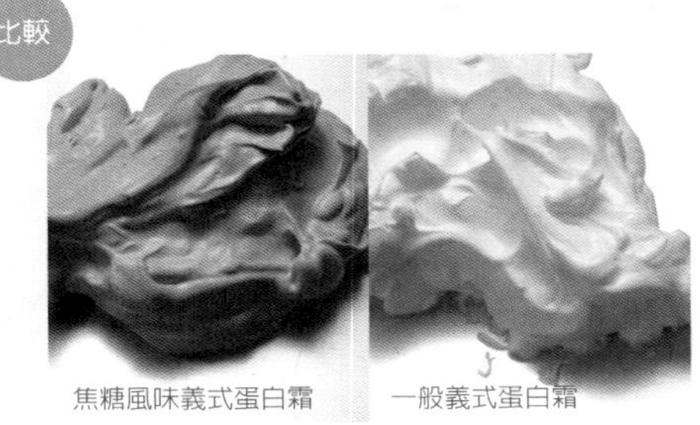

降低義式蛋白霜的甜度

做成焦糖即可降低整體奶油餡的甜度，並增加溫和的微苦感。

POINT 3 *Ganache* 甘納許

在苦甜巧克力中添加可可膏的甘納許。

降低甜度，
增強印象

添加可可膏

棒果風味蛋糕體已含有相當的甜度，特地降低甘納許的甜度並點綴微苦，以取得整體口味的平衡感。因此選擇運用苦甜口味的覆蓋巧克力，再加上無糖的可可膏。

POINT 4 *Sirop* 糖漿

在咖啡中添加咖啡濃縮液的無糖糖漿。

降低甜度

製成無糖糖漿

榛果風味蛋糕體中含有充分的糖份，調味已屆完成，因此將之後要刷塗浸濕的糖漿做成無糖的，只補充咖啡風味與水分。

POINT 5 *Croquants de Noisettes*

榛果脆粒

將榛果拌入糖漿，以銅鍋裹上糖衣，拌炒至上色。

芬芳且嚼感絕佳

榛果不去皮

略帶苦澀的皮是榛果有別於其他堅果的重要特色。烘烤後特地不去皮，直接使用。

全部切成5mm大小

堅果切成大致的尺寸後過篩，只篩選出5mm方塊的部分。扣除過細的部分，太大的部分再次切小並再次過篩。因為顆粒大小一致，其加熱過程及糖衣的厚度才能相同，呈現具一致性的口感與甜度。

裹上糖衣增添嚼感

常見將堅果煮至焦糖化再運用於甜點，但與其裹上焦糖，裹上糖衣的砂糖厚薄較一致，每一口都能吃到恰到好處的美好滋味。

榛果蛋糕的配方

1/2蛋糕框（＝37×28cm）1個

◆ 榛果醬

榛果（帶皮） 283g

1 將榛果放入170℃的旋風烤箱烘烤約20分鐘，直至烤出帶皮的香氣。放涼後以堅果研磨機打碎成泥狀（a）。

■ 榛果風味蛋糕體

（60×40cm的烤盤2張份量／1張900g）

榛果（帶皮） 195g
奶油 380g
榛果醬 215g
全蛋 330g
細砂糖 450g
低筋麵粉 380g
泡打粉 13.2g

1 將榛果放入170℃的旋風烤箱烘烤約20分鐘，直至烤出帶皮的香氣。將皮搓掉，待放涼後以刀切成粗粒。

2 將奶油打成乳霜狀，加入榛果醬並拌勻（b）。

3 將全蛋放入鋼盆並打散，加入細砂糖，邊攪拌邊隔水加熱至約30℃，確定砂糖完全溶解。

4 將1/3的量加入步驟2，以網狀攪拌器確實拌勻。

5 將已拌合完成之低筋麵粉與泡打粉的1/3量拌入步驟4，以網狀攪拌器拌至看不見乾粉狀態為止。

6 重複步驟4～5的操作兩次。

7 加入步驟1，並以網狀攪拌器拌勻（c）。

8 烤盤鋪上矽膠墊，放上蛋糕框後倒入步驟7。以L形抹刀抹平（d），放入200℃旋風烤箱烘烤6～7分鐘。連著矽膠墊移至網架，在室溫放涼。

■ 糖漿

（最下層蛋糕體50g，剩餘3層各160g）

水 685g
濃縮咖啡espresso用咖啡豆 60g
咖啡濃縮液（Trablit Coffee Extract） 11g

1 水煮沸後加入磨好的咖啡粉，以網狀攪拌器攪拌，蓋上蓋子放置3分鐘讓香味釋出。

2 以網狀攪拌器攪拌後，再持手持式電動攪拌棒攪拌，讓香味完全釋放。用篩網過篩進鋼盆，再拌入咖啡濃縮液（e）。

■ 甘納許
(1/2蛋糕框＝37×28cm1個／300g)
覆蓋巧克力(chocolat de couverture)
(苦甜巧克力) 120g
鮮奶油(脂肪成分35%) 120g
可可膏 40g 水麥芽 40g
奶油 10g

1 於鋼盆中加入覆蓋巧克力，加入煮沸的鮮奶油。再加入可可膏與水麥芽，以手持式電動攪拌棒攪拌至完全乳化的柔滑狀態(f)。
2 加入切成1.5cm四方塊狀的常溫奶油，以手持式電動攪拌棒拌勻至完全乳化為止。

■ 組合1
1 用鋸齒刀將榛果風味蛋糕體切成4片37×28cm大小。在烤盤上鋪上OPP膠膜，放上1/2蛋糕框，鋪上1片榛果風味蛋糕體。
2 刷上50g糖漿。
3 倒入甘納許，以L形抹刀抹平(g)。
4 蓋上1片榛果蛋糕，並以手心輕按使其黏貼。再刷上160g糖漿(h)，放進冷藏庫定型。

◆ 焦糖風味義式蛋白霜
(容易操作的份量)
細砂糖 140g 熱水 適量
蛋白 70g

1 於鍋中加入細砂糖，開中火，偶爾搖晃鍋身做成焦糖。
2 整體變成較淡的焦糖色後加入少量熱水。待冒泡的狀態稍微平緩後，再加入少量熱水攪拌。以中火收掉水分，做成可以冰水捏出小軟球(petit boulé)程度的糖漿。
3 邊倒入已放有蛋白的攪拌盆中，邊以高速攪打(i)。待攪打至可拉出扎實的尖角程度即轉中速，攪打至降至30°C為止。製作出有光澤且密實厚重的義式蛋白霜。

■ 咖啡榛果奶油
(1/2蛋糕框＝37×28cm1個／200g)
牛奶 308g 香草莢 0.6根
細砂糖 128g 蛋黃 120g
咖啡濃縮液(Trablit Coffee Extract) 18g
咖啡粉 17g 榛果醬 68g
奶油 353g 焦糖風味義式蛋白霜 68g

1 牛奶、香草籽與香草莢、2/3份量的細砂糖放入鍋中加熱，以網狀攪拌器攪拌至沸騰。
2 將蛋黃放入鋼盆中打散，加入剩餘的細砂糖並攪拌。
3 於步驟2中倒入一半的步驟1，並以網狀攪拌器攪拌。倒回步驟1的鍋中開小火，以橡皮刮刀攪拌煮至濃稠，蛋奶醬會薄薄黏著在刮刀上的狀態(à la nàppe)為止。
4 以篩網過篩至鋼盆中，依序加入咖啡濃縮液、咖啡粉、榛果醬並攪拌(j)。溫度調整為35°C。
5 將4分三次加入乳霜狀態的奶油中，並一一以網狀攪拌器拌勻。並趁焦糖風味義式蛋白霜尚未冷卻前(約30°C)取68g加入，以網狀攪拌器攪拌至均勻為止(k)。

■ 組合2
1 於冷凍蛋糕框(下層已有榛果風味蛋糕與甘納許夾層)中加入200g咖啡榛果奶油，並以L形抹刀抹平。
2 蓋上一片榛果風味蛋糕，以手心輕輕按壓使其黏貼(l)。以一平坦的板子於上方輕按，使其表面呈現平坦狀態。
3 刷上160g糖漿，放上200g咖啡榛果奶油並以L形抹刀抹平(m)。放進急速冷凍庫定型至方便切割的硬度。
4 以牛刀切割成10.5×2.4cm大小。放進冷凍庫備用，至最終組合前才取出。

■ 榛果脆粒
(容易操作的份量)
榛果(帶皮) 200g 細砂糖 200g
水 50g 奶油 6g

1 將榛果稍微烘烤過後放到砧板上，雙手各握刀切成5mm大小顆粒(為避免飛濺可以擋板等圍住三面)。大致切細後以5mm篩網篩過，較粗的榛果粒再次切碎、過篩，重複3～4次。
2 於銅製鋼盆中加入細砂糖與水，不時以木杓邊加熱邊攪拌至114～115°C。
3 轉小火，加入步驟1，再以木杓加熱並攪拌至整體糖化，形成裹上白粉的狀態。
4 轉動銅製鋼盆，繼續以木杓攪拌，持續以小火烘烤直至飄香並變成咖啡色。熄火後拌入奶油，放在烤盤上攤開放涼。

■ 巧克力裝飾
(1個)
苦甜巧克力薄片(直徑2.8cm→p113) 少量
噴砂用苦甜巧克力(→p110) 適量
榛果脆粒 少量

1 將苦甜巧克力薄片排列於烤盤上，將表面噴砂上加熱過的噴砂用苦甜巧克力。
2 放上榛果脆粒，稍事放置至噴砂凝固定型。
3 再次噴砂上苦甜巧克力，並放置室溫下至凝固。

■ 組合完成
1 切割好的蛋糕上以噴槍稍微掃過，再貼上榛果脆粒，於末端篩上糖粉(份量外)。
2 將剩餘的咖啡榛果奶油填入裝有8齒7號星形花嘴的擠花袋中，於步驟1中央擠上螺旋狀玫瑰花。
3 放上裝飾用巧克力(n)。

e f g h i j k l m n

象牙白巧克力蛋糕

Ivoirine

「Ivoirine」是法文「如象牙般」的意思。
將古典甜點中常見的巧克力與蛋白霜的組合改以現代風格呈現。
以細長的蛋白霜裝飾其實是自古以來的手法，在現代卻反而感覺新穎。
其中的白巧克力慕斯由於不含可可膏成分，容易感覺厚重。
因此加入將糖漿煮成焦糖製作的義式蛋白霜，以及吉利丁來呈現輕盈感。
風味關鍵的柳橙不使用新鮮柳橙，改使用加熱後再拌入果凝或慕斯中，
避免形成與白巧克力過度強烈的對比，溫和而協調。

象牙白巧克力蛋糕的口味組合

POINT 1
白巧克力慕斯
Mousse au Chocolat Blanc

主角之一。不過甜、不過於厚重，舒服的乳香感。

POINT 2
柳橙果凝
Gelifier aux Oranges

另一項主角。溫和卻強烈，是柳橙滋味與香味的核心。鮮明風味。

POINT 3
柳橙糖漿
Sirop d'Orange

順口與柑橘清爽的風味。扮演醬汁角色。

POINT 7
橙皮細絲
Zestes d'Orange en Julienne

裝飾。

POINT 4
椰子蛋白霜
Meringue à la Noix de Coco

鬆軟一碰即碎的輕盈口感。視覺上的強烈印象。

POINT 6
香緹鮮奶油
Crème Chantilly

各個組成要件的銜接角色。增添順口的感覺。

POINT 5
杏仁海綿蛋糕
Génoise aux Amandes

吸收糖漿用的海綿蛋糕。滿滿吸入糖漿，增添多汁鮮美風味。

組合味道相近的各個要件，以調和整體

白巧克力慕斯與柳橙搭配時，即使兩者比例相當，依其搭配法及加工法的變化，口味印象的感受大不同。這款象牙白巧克力蛋糕，想呈現的並非柳橙與白巧克力的「對比」，而是提襯出「兩者溫和地調和」滋味。爲此，特地分別於白巧克力、果凝、糖漿中加入柳橙風味，使彼此的口味更爲接近。此外，爲搭配白巧克力的乳香風味，特地於柳橙中添加糖分並加熱，以抑制過度突出的酸味。如右方照片所示，如果將食材以其原有的狀態搭配，則難以取得協調，會給人支離破碎的印象。白巧克力的甜度與厚重感，會和新鮮柳橙的鮮美酸度、無特別風味的糖漿互相衝撞，各自主張，有損美味。

比較

風味調和過的組成要件　以原味食材組合

象牙白巧克力蛋糕的6大重點

POINT 1 白巧克力慕斯
Mousse au Chocolat Blanc

將鮮奶油拌入白巧克力後再加入帶有君度酒香氣的柳橙丁泥，最後與義式蛋白霜拌合。

乳香風味

使用白巧克力

為追求單純乳香風味，慕斯使用不含可可膏的白巧克力。請選用使用了無雜味高級可可脂，不過甜，且呈現精緻乳香風味的製品。

口味與質感都追求輕盈

控制蛋白霜的甜度，糖漿煮至焦糖化

白巧克力慕斯的甜度容易偏高，因此要降低拌合的義式蛋白霜甜度。通常義式蛋白霜使用蛋白1.25～1.5倍的砂糖，但在這裡130g的蛋白僅使用105g的砂糖。攪拌器不採用以中速攪打至不燙程度後，轉低速打至細緻的製法，而是在以中速攪打打發後，即拌入白巧克力與鮮奶油等，以呈現細緻與柔滑的蛋白霜。糖漿先煮成焦糖再加入，可更進一步降低甜度，增添溫和的苦味與香氣。

製作糖漿時，先煮成焦糖（Caramel à sec）之後，需要加的熱水量要較一般製作義式蛋白霜時（通常以砂糖的1/4量）來得多。將焦糖煮溶成糖漿後使用。

增添柳橙的香氣與酸味

以不破壞白巧克力乳香為限度，添加柳橙的香氣與酸味，做成不過於厚重的清爽慕斯，以求能與柳橙果凝風味一致。在此選用較一般果泥來得更自然，且具強烈風味與香氣的柳橙丁泥（Perlée d'orange）。透過君度酒（Cointreau）融合清爽香氣，讓後味更帶爽快感。

添加吉利丁

雖然也能單靠巧克力與鮮奶油的保形特性來製作慕斯，但增加白巧克力比例則勢必變甜變厚重，鮮奶油含量一旦過高，則反而會有腥味。只要加入少量吉利丁即可提高保形性並保持輕盈感，同時可提高黏性，乳化狀態也更佳。

拌合蛋白霜與鮮奶油類的時機，完美搭配

減糖的蛋白霜若以高速打發，則容易變得粗粗乾乾狀態，且無法挽回。因此使用中速打發，較容易分辨，在打發的最佳狀態下與白巧克力和鮮奶油拌合，提升輕盈感。

POINT 2 柳橙果凝
Gelifier aux Oranges

柳橙醬（Marmelade）中加入柳橙汁與吉利丁。

凸顯柳橙風味

柳橙醬 Marmelade

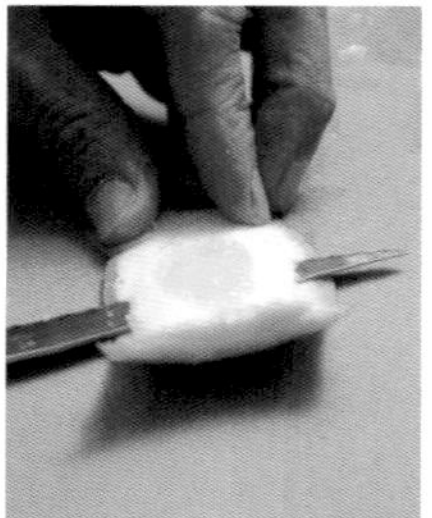

切除橙皮的苦澀部分

除去橙皮帶苦的白膜，剩餘部分切成2mm方塊，稍微汆燙過以去除苦味。汆燙的時間過長則會失去柳橙特有的清爽風味，以致脫去的苦味再度附著回皮上。因此在熱水中放入橙皮，待再度沸騰1分鐘左右後即倒掉水分。

添加橙皮

相較於果肉，橙皮更能讓人感受到較強烈的柳橙風味。因此將橙皮添加到柳橙醬中，有助於獲得更豐富的滋味與香氣。此外，橙皮恰到好處的硬度更可成為絕佳的口感點綴。

短時間熬煮完成攤平開來放涼

柳橙醬要在短時間內熬煮完成，煮好後馬上攤平在烤盤上讓水分蒸發。不過度加熱卻達到濃縮風味效果，盡量不破壞色澤與風味，製成鮮美多汁的柳橙醬。

多汁且鮮美

只用極少量吉利丁

在柳橙醬中加入柳橙汁以增添新鮮水果感。使用最少限度的吉利丁保持湯汁不流動狀態即可，以保有多汁的感覺。

POINT 3 *Sirop d'Orange* 柳橙糖漿

能與慕斯協調的溫和酸味

以柑橘（Mandarin orange）爲基底

使用柑橘果泥，其特色較不帶柑橘類特有的苦味，而帶有溫和的酸味與濃郁的香氣。添加於糖漿中，與溫潤的慕斯相互調和。

添加柳橙汁與柳橙皮

於柑橘（Mandarin orange）果泥中加入柳橙汁與磨下的橙皮，以增添新鮮水果的滋味與香氣。加入鮮美的酸味可帶來不過甜膩的清爽印象。

POINT 4 *Meringue à la Noix de Coco* 椰子蛋白霜

蛋白中加入細砂糖後打發，再拌入杏仁粉、椰子、細砂糖後乾燥烘烤。

輕盈且減糖

選擇使用法式蛋白霜

使用不把糖加熱而打發的法式蛋白霜，營造出入口即化的輕盈口感。

部分細砂糖最後才拌入

一開始就在蛋白內拌溶入大量的砂糖打發，容易形成密實的蛋白霜，口感堅硬。為此，細砂糖的1/5量，選擇在加杏仁粉及椰子絲時一起拌入。這部分的細砂糖，在未完全溶解入蛋白霜中的狀態下即烘烤，是形成入口即化口感的要訣。此外，使用椰子絲更增添酥脆口感。

擠成直徑3mm的極細條狀

較細的蛋白霜比粗條狀態更能呈現出入口即化的輕盈口感。趁蛋白霜軟癱前盡快在狀態良好時擠完。

分兩階段溫度烘烤

蛋白霜一開始便以高溫烘烤的話，會一口氣膨脹而導致垮掉，破壞口感。所以分兩階段溫度烘烤，一開始60分鐘以100°C乾燥烘烤，烤出鬆軟入口即化的口感。最後15分鐘提高到115°C烤至稍微上色，烤出香氣後可降低甜膩感。

販售前才組合

為了盡量不讓蛋白霜受潮，選擇在販售前才組合。避免慕斯及奶油餡的水分滲透，以保有酥脆口感。

POINT 5 *Génoise aux Amandes* 杏仁海綿蛋糕

打發全蛋與細砂糖，拌入低筋麵粉、法式布丁(Flan)粉、杏仁粉，烘烤成氣孔粗大的蛋糕體。

製作氣孔粗大的海綿蛋糕

・降低糖分和粉類→p51
・以高速一口氣打發→p51

製作氣孔較大較輕盈質感的蛋糕體，並烤成厚厚一片，有助於確實吸收糖漿及果凝的水分。將其存在感定位在，以不搶走甜點主角風味與口感為前提。

POINT 6 *Crème Chantilly* 香緹鮮奶油

並非直接把蛋白霜黏貼於慕斯上，而是先塗上一層香緹鮮奶油，使蛋白霜與慕斯透過清爽的香緹鮮奶油銜接在一起，放入口中時的口感更佳。

象牙白巧克力蛋糕的配方

直徑6×高4cm的圓形蛋糕模54個

◆ 柳橙醬Marmelade
(容易操作的份量)
柳橙皮(薄切下部分)　170g
細砂糖　435g　　果膠　3g
柳橙果肉　410g　　檸檬酸　1g
水　1g
＊橙皮與果肉合計約使用了3顆柳橙。

1　將橙皮的白膜部分切除，再切成2mm的方塊狀。
2　放入煮沸的熱水中，以橡皮刮刀攪拌。待再次沸騰約1分鐘後過篩，瀝乾水分。
3　再次放入熱水中以小火煮15分鐘，煮至用手指按壓即可壓碎的軟度(a)。過篩，瀝乾水分。
4　取部分細砂糖與果膠混合。
5　另取一鍋放入柳橙果肉，開大火。以網狀攪拌器邊壓碎邊加熱(b)，沸騰後加入剩下的細砂糖。
6　全部加熱後拌入步驟3。待煮沸後再加入步驟4，以網狀攪拌器不時攪拌熬煮至糖度達63%白利糖度(Brix)為止。
7　以水溶解檸檬酸後拌入，煮至再次沸騰即可熄火攤平於烤盤，室溫下放涼。

■ 柳橙果凝
(1個12g)
柳橙醬(Marmelade)　330g
吉利丁片　2.3片　　柳橙汁　275g

1　將柳橙醬加熱至40～50℃。加入吉利丁片，並以網狀攪拌器拌溶。加入柳橙汁。
2　以湯匙舀入直徑4cm的圓形軟烤模中，每個12g(高度約1cm)(c)。
3　放進急速冷凍庫冷卻定型。

■ 杏仁海綿蛋糕
(60×40cm烤盤一盤的份量／690g)
全蛋　275g　　細砂糖　185g
奶油　25g　　低筋麵粉　82g
法式布丁(Flan)粉　62g
杏仁粉　62g

1　依照p52的操作要領製作杏仁海綿蛋糕，倒690g麵糊入烤盤烘烤。

a　b　c　d

■ 柳橙糖漿

(1個14g)

柑橘(Mandarin orange)果泥　582g

波美30°糖漿(→p108)　175g

磨下的柳橙皮　0.6顆的份量

柳橙汁　0.6顆的份量

1　拌合所有材料。

■ 組合1

1　將杏仁海綿蛋糕切壓成直徑4cm與直徑5cm的圓形，各54個。

2　於直徑4cm蛋糕未上色部分，充分刷上糖漿(1片6g)(d)。將刷糖漿的面朝下，並於上方放上一片已放涼定型的柳橙果凝。放入急速冷凍庫冷卻定型(e)。

3　切割好的直徑5cm蛋糕，一樣於未上色部分充分刷上糖漿(1片8g)，將刷糖漿的面朝上排列於烤盤上(已鋪有OPP膠膜)。放入急速冷凍庫冷卻定型。

■ 白巧克力慕斯

(1個45g)

柳橙丁泥(Perlée d'orange)　280g

君度酒(Cointreau)54°　70g

焦糖風味義式蛋白霜

細砂糖　105g　　熱水　適量

蛋白　130g

鮮奶油(脂肪成分35%)　1045g

白巧克力　785g　　吉利丁片　6.3片

*白巧克力先隔水加熱融化備用。

1　將柳橙丁泥放入鋼盆並加入君度酒，以手持式電動攪拌棒攪打成粗粒。(f)。

2　製作焦糖風味義式蛋白霜。於鍋中加入細砂糖，開中火，偶爾搖晃鍋身做成焦糖Caramel à sec(不加水直至焦糖化)。

3　整體變成較淡的焦糖色後加入少量熱水。待冒泡的狀態稍微平緩後再加入少量熱水攪拌。以中火蒸發水分，做成可以冰水捏出小軟球(petit boulé)程度的糖漿。

4　將蛋白放入攪拌盆中以中速打發，慢慢倒入步驟3並持續攪拌。

5　將鮮奶油打至6分發。

6　步驟4的蛋白霜打發至手感變重後，將1/3的步驟5加入融化好備用的白巧克力中，以橡皮刮刀拌勻。

7　隔水加熱融化吉利丁片後將其拌入步驟6中，並以橡皮刮刀攪拌至融合，如甘納許般的狀態為止(g)。

8　加入剩餘2/3的6分發鮮奶油並以橡皮刮刀拌合。加入步驟1的柳橙，以橡皮刮刀拌勻。

9 蛋白霜攪打至拉出尖角程度便可拌入步驟8，並以橡皮刮刀拌勻(h)。

■ 組合2

1　於烤盤鋪上OPP膠膜，排列上直徑6cm×高4cm的圈模。將白巧克力慕斯填入裝有直徑13mm圓形花嘴的擠花袋內，擠入圈模一半高度為止。

2　將<組合1中的步驟2>已冷卻定型的杏仁海綿蛋糕與果凝，自軟烤模中脫模，果凝面朝下放入步驟1圈模中，以手指按壓使其沉入至位於圈模正中央的高度。

3　再擠入白巧克力慕斯至上方，保留5mm高度程度(i)，以湯匙背部抹平整形至正中央稍呈凹陷的淺缽狀態。

4　取出<組合1中的步驟3>已刷過糖漿定型的杏仁海綿蛋糕，將上色面朝上蓋於步驟3上方，並以手指輕按使其貼合(j)。

5　於上方蓋上膠膜，並再蓋上一片烤盤，用手心按平。整個移入急速冷凍庫冷卻定型。

■ 椰子蛋白霜

(3張烤盤份量)

蛋白　160g　　細砂糖　195g

糖粉　60g　　杏仁粉　60g

椰子絲(細絲)　33g　　細砂糖　50g

1　於攪拌盆中加入蛋白，先加入195g細砂糖中的一小把後，即開始打發。

2　稍微打發後即可分多次加入剩餘的細砂糖，繼續打發。

3　打發至可拉出扎實尖角程度後(k)，便可移至較大的鋼盆中，加入糖粉以橡皮刮刀攪拌。

4　加入已拌合備用之杏仁粉、椰子絲、及50g細砂糖，以橡皮刮刀拌勻。

5　將其填入裝有直徑3mm花嘴(照片為有七個同樣的孔洞，平行排列的特製花嘴)的擠花袋中，擠在鋪有烤盤紙的烤盤上，擠成筆直的細長條狀。

6　於100°C旋風烤箱中烘烤60分鐘，升溫至115°C續烤15分鐘。

7　以刀切割成4cm長度(l)，並用小刀將其自烤盤紙上剝離。為防止受潮保存於密封容器內。

■ 組合完成

(54個)

香緹鮮奶油(7分發→p107)　適量

糖粉　適量

柳橙果肉　適量

香草風味果膠(→p109)　適量

橙皮細絲(→p111)　適量

1　將蛋糕自急速冷凍庫中取出並翻面，將其置於布丁模上以噴槍稍微加熱圈模後脫模。

2　於蛋糕上方及側面以抹刀抹上稍厚的香緹鮮奶油。

3　以手掌將椰子蛋白霜按壓黏貼上蛋糕(m)。有縫隙處再一根根黏貼上，蛋糕上方空出中央部分，再以放射狀黏貼。

4　於椰子蛋白霜上方均勻篩上糖粉(n)。

5　將柳橙果肉單面刷上加熱的香草風味果膠，擺放於正中央，再裝飾上橙皮細絲。

e f g h i j k l m n

榛果咖啡蛋糕

Café Noisettes

法國代代相傳的「普洛格雷 Progrès」。
是一道在添加榛果粉烘烤的蛋白霜－普洛格雷蛋糕體（pâte à progrès）中，
夾入奶油餡（Crème au beurre）的甜點。
簡單但風味多層次，也由於又甜又厚重，因此最近較少見。
但若僅將焦點放在普洛格雷蛋糕體上，會發現它輕盈且充滿香氣，滋味相當棒！
以此爲基底，重新打造成現代化口味的即是這道「榛果咖啡蛋糕」。
在強調蛋糕體魅力的同時，改變並降低奶油餡的油脂成分，
透過咖啡微苦的風味抑制甜度，製作出這樣輕盈的版本。
爲使其香氣盈滿，
使用剛烘烤完成並現磨的榛果粉是一大重點

榛果咖啡蛋糕的味道組合

POINT 2
榛果奶油
Crème Noisettes
堅果濃郁且濕潤的口感。扮演讓整體更順口，如同醬汁般的角色。

POINT 6
榛果脆片
Croquants aux Noisettes Effilées
裝飾。芬芳、微苦且酥脆口感。

POINT 3
榛果慕斯林
Crème Mousseline Noisettes
榛果醬中加入切碎榛果的風味與口感。襯托普洛格雷蛋糕體(pâte à progrès)的香氣。

POINT 1
普洛格雷蛋糕體
Pâte à Progres
這道甜點的主角。香脆，一咬即化的輕盈口感。榛果的香氣。

POINT 5
咖啡糖漿
Sirop à Café
咖啡的苦味賦予口味層次感，並添加濕潤的順口感。

POINT 4
榛果咖啡風味海綿蛋糕
Génoise Noisettes Café
吸入滿滿糖漿，提升濕潤度與咖啡風味。

榛果咖啡蛋糕的 6 大重點

POINT 1 普洛格雷蛋糕體
Pâte à Progres

於蛋白中加入細砂糖打發，拌入玉米粉與烘烤過的榛果粉，烘烤至乾燥。

感好且輕盈

砂糖一大半改成糖粉

普洛格雷蛋糕體中會添加蛋白1.1倍量的砂糖。若全數使用細砂糖加入蛋白中打發，則會打出又重又硬的蛋白霜。為此特別將一大半的砂糖以糖粉取代，僅使用少部分砂糖。首先在蛋白中分數次加入少量細砂糖，打發使其充滿空氣約可拉出尖角的程度，即拌入玉米粉，可避免蛋白霜癱軟保持扎實狀態。最後再一口氣拌入糖粉，便不致於打出過度密實的蛋白霜，可營造出入口即化的輕盈口感。

比較

部分改用糖粉的蛋白霜

一開始便加入所有細砂糖的蛋白霜

砂糖的用法
改變蛋白霜口感

先使用少量細砂糖打發蛋白霜，隨後再拌入糖粉，可打造出細緻綿軟的質感。

巧克力噴砂

為預防烘烤完成的普洛格雷蛋糕體吸收奶油餡水分導致口感變差，在即將組合前噴上巧克力噴砂。為避免影響風味，巧克力噴砂使用白巧克力。

接受點購後才組合

為保有普洛格雷蛋糕體獨有的酥脆口感，須保存於沒有溼氣的密閉容器中。先組合後冷凍保存雖然有利作業，但會在解凍過程中吸收奶油餡等的水分而軟化，因此蛋糕的組合，以接受點購後再進行為宜。

比較

重視口感，所以在點購後才組合

普洛格雷蛋糕體千萬不要像左方照片般組合好冷凍保存。為保有酥脆爽口的嚼感，先放入密封容器冷藏庫保存。

烘烤至呈現咖啡色爲止

蛋白霜麵糊若以低溫乾燥烘烤，則可保有純白美觀的外觀，但甜膩感會較為強烈。最後15分鐘將溫度提升至150˚C，使其稍微烤上色，則可因為糖份的焦糖化帶來苦味而抑制甜度。此外，這股微苦的風味又會與烘烤過的堅果相呼應，更加芬芳。

抑制甜膩感，呈現堅果的豐富風味

烘烤榛果粉

堅果類可透過加熱而襯托出其獨特的香氣與美味，為加深風味與層次感，特地在拌入麵糊前先稍微烘烤榛果粉。

比較

烘烤方式改變風味

右邊為以110˚C烘烤1小時者。左邊為以110˚C烘烤30分鐘，再以130˚C烘烤15分鐘，最後再次升高至150˚C烘烤15分鐘，直至呈現茶色為止。

Crème Noisettes

榛果奶油

英式蛋奶醬（Crème anglaise）中拌入榛果醬與粉，再添加利口酒提香。

榛果醬 Pâte de noisettes

凸顯風味的榛果醬

・使用剛烘烤及研磨完成者→p132
・不去皮→p132

榛果奶油 Crème Noisettes

同時保有濕潤度與濃郁度

以英式蛋奶醬爲基底

為了讓夾餡用的奶油餡能保有濕潤度與輕盈質感，以英式蛋奶醬（Crème anglaise）為基底製作奶油餡，並添加吉利丁。要訣是為了與濃郁的榛果慕斯林相得益彰，避免過度清淡，因此捨棄牛奶而以鮮奶油製作英式蛋奶醬。

使用極少量的吉利丁

將奶油餡的硬度控制在不至流動程度，只使用極少量吉利丁做成較軟的質地，打造出入口即化的口感。

運用榛果
豐富的風味

添加自製榛果醬與榛果粉

為強調榛果的存在感，添加自製榛果醬以製作成柔滑口感的奶油，再拌入榛果粉加強堅果印象。榛果粉稍微烘烤後再拌入為宜，可更凸顯香氣與美味，呈現濃厚風味。

使用手持式電動攪拌棒使其風味更均勻

將煮好的英式蛋奶醬以手持式電動攪拌棒確實攪打，有助於榛果風味與奶油餡更為融合，凸顯其滋味與風味。

添加榛果利口酒

為使榛果醬與榛果粉的風味更飽滿，再添加甜美香醇的榛果利口酒，以打造出更有層次感的風味與香氣。

POINT 3 *Crème Mousseline Noisettes* 榛果慕斯林

卡士達奶油中加入糖粉、利口酒、奶油與榛果醬，再拌入切碎的榛果。

卡士達奶油 Crème Pâtissière

在濃郁中增添輕盈

- 添加法式布丁（Flan）粉→p17
- 用圓底鍋快速加熱→p17

棒果醬 Pâte de noisettes

凸顯風味的堅果醬

- 參考POINT 2

榛果慕斯林
Crème Mousseline Noisettes

輕盈滑順

使用慕斯林

普洛格雷蛋糕體夾的餡料由風味厚重的奶油餡（Crème au beurre）改為慕斯林（Crème Mousseline），除可大幅度減少奶油用量，更可透過打入適度空氣呈現輕盈口感，營造出現代風格的甜點形象

控制奶油比例，呈現輕盈滑順

減少慕斯林的奶油含量，製作出輕盈口感。但是一旦過度減少油脂成分，容易造成油水分離，因此必須特別注意食材的溫度調整與拌合的順序。卡士達奶油若在冰冷狀態與奶油拌合，會使奶油瞬間凝結，因此需先將奶油拌成乳霜狀，將卡士達奶油與奶油調整到相當的溫度下（約20℃）再進行拌合。此外，油脂多的食材彼此先行拌合，水分多的食材也彼此先行拌合，最後再拌合兩者，也是操作時的一大要訣。先將奶油與榛果醬拌合，另外將卡士達奶油與利口酒拌勻後，才拌合兩者。

強調榛果存在感

以切碎的榛果粒凸顯口感

爽脆的嚼感也算是堅果的美味特徵之一。將榛果烘烤至中心也上色程度後，切成粗粒才拌入慕斯林中，不僅可提升堅果的存在感，還可提高品嚐時的滿足感。

添加榛果利口酒

榛果醬的自然強烈風味，與榛果利口酒的香醇風味相互輝映，打造出更具層次感的風味與香氣。

POINT 4 *Genoise au Noisettes Café* 榛果咖啡風味海綿蛋糕

將杏仁海綿蛋糕改爲榛果口味，再添加咖啡風味烘烤，烤成氣孔較大的蛋糕。

咖啡風味與層次感的呈現

並用3種咖啡

並用3種咖啡，以咖啡豆磨碎的咖啡粉帶出咖啡原有的風味，再以即溶咖啡加入一點點咖啡特有的焦香與酸味，最後添加咖啡濃縮液，帶來與甜點同調的圓潤風味。

烘烤榛果粉

榛果粉先烘烤後再拌入，烘烤成更芬芳有層次感的蛋糕體。與其他榛果風味組合要件更為接近，蛋糕整體更加一氣呵成。

製作氣孔粗大的海綿蛋糕

⇒ 參考杏仁海綿蛋糕

・降低糖分和粉類→p51
・以高速一口氣打發→p51

POINT 5 *Sirop à Café* 咖啡糖漿

呈現咖啡的香濃滋味

並用咖啡豆與咖啡濃縮液

為呈現咖啡的深沉香氣、滋味與微苦味，以磨豆機研磨法式烘焙(French roast)的咖啡豆，再以熱水沖泡，即可沖出苦味較強烈的咖啡，再添加少量咖啡濃縮液，呈現圓潤風味。

POINT 6 *Croquants aux Noisettes Effilées* 榛果脆片

於榛果薄片中拌入咖啡糖漿，再與糖粉以及咖啡粉拌合後烘烤。除了裝飾效果外，更為蛋糕添加堅果與咖啡芬芳的微苦風味，及酥脆的口感。

榛果咖啡蛋糕的配方

40個

■ 榛果咖啡風味海綿蛋糕
(60×40cm的烤盤1張的份量／510g)

榛果粉 50g　細砂糖 150g
即溶咖啡 3g　全蛋 215g
咖啡濃縮液(Trablit Coffee Extract) 6g
奶油 20g　低筋麵粉 70g
法式布丁(Flan)粉 50g
咖啡粉 3g

1 將榛果粉於烤盤上攤開，以170℃旋風烤箱烘烤15分鐘，至香氣飄出為止。置於室溫放涼。
2 將細砂糖與即溶咖啡放入鋼盆拌勻。
3 於攪拌盆中加入全蛋，大致攪散後拌入步驟2。隔水加熱至體溫程度。
4 加入咖啡濃縮液，以攪拌器高速攪打。充分打入空氣，打發至麵糊呈緞帶狀滑落為止。
5 融化奶油，取少許步驟4以網狀攪拌器拌勻。
6 將剩餘的步驟4移至較大的鋼盆，加入已拌合之低筋麵粉、法式布丁(Flan)粉、榛果粉、咖啡粉，並邊以橡皮刮刀攪拌(a)。加入步驟5並拌勻。
7 倒入鋪有蛋糕卷用白報紙的烤盤上，以L形抹刀抹平。
8 放進185℃旋風烤箱烘烤約7分鐘。烘烤完成後連烤紙一起脫模，放網架上放涼(b)。
9 以直徑6cm圈模壓切。

■ 咖啡糖漿
(1個10g)

濃縮咖啡espresso用咖啡豆 30g
水 510g　細砂糖 88g
咖啡濃縮液(Trablit Coffee Extract) 9g

1 以電動研磨器將咖啡豆磨成細粉。
2 鍋中加水煮至沸騰後離火。加入步驟1，以橡皮刮刀攪拌避免結塊。蓋上保鮮膜放置2～3分鐘，以釋放出香氣(c)。
3 以較密的篩網過篩，濾進鋼盆中。汲取435g的咖啡液(不足部分添加熱水)。
4 依序加入細砂糖及咖啡濃縮液，以網狀攪拌器拌至溶解。於室溫放涼。

■榛果奶油
(1個15g)

榛果粉 30g
鮮奶油(脂肪成分35%) 405g

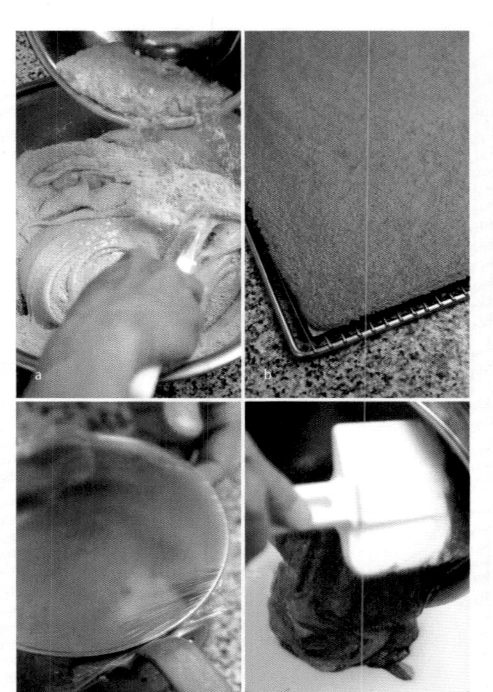

蛋黃 80g　細砂糖 40g
吉利丁片 1片　榛果醬 135g
榛果利口酒 55g
※榛果醬是使用205g榛果（帶皮），依照p134操作要領製作。下述「榛果慕斯林」中的榛果醬亦然。

1　將榛果粉於烤盤上攤開，以170℃旋風烤箱烘烤15分鐘，至香氣飄出為止。置於室溫放涼。
2　鍋中加入鮮奶油，煮至沸騰。
3　鋼盆中加入蛋黃與細砂糖，以網狀攪拌器拌勻。
4　將1/2的步驟2倒入步驟3，以網狀攪拌器攪拌，再倒回步驟2鍋中。
5　開小～中火，以木杓邊攪拌邊以英式蛋奶醬操作要領煮至80℃。離火後加入吉利丁拌至溶化，再以錐形濾網過篩並移至鋼盆。
6　將榛果醬與榛果粉放進其他鋼盆中攪拌，加入少量步驟5後再全部倒回步驟5的鍋中拌均勻（d）。
7　以手持式電動攪拌棒攪打至柔滑達到乳化狀態。將鋼盆底部隔冰水降溫至30～35℃，再加入榛果利口酒。
8　放入麵糊填充器中，填入直徑4cm的軟烤模內，每個15g（e），放進冷凍庫冷卻定型。

■ 榛果慕斯林
（1個28g）
榛果（帶皮） 310g　奶油 350g
榛果醬（參考上述做法） 70g
卡士達奶油（→p107） 520g
糖粉 120g　榛果利口酒 60g

1　將榛果放進170℃旋風烤箱中烘烤20分鐘，直至榛果皮的香氣釋出，剝去表皮，放涼後以刀切成粗粒。
2　將奶油拌成乳霜狀，與榛果醬拌合。
3　將卡士達奶油放入鋼盆，以網狀攪拌器拌軟，調整至約20℃後拌入糖粉，再加入榛果利口酒，以網狀攪拌器拌勻。
4　取少量步驟3加入步驟2中，以網狀攪拌器拌至柔滑狀態為止。
5　將步驟4全部加回步驟3中，以網狀攪拌器拌至柔滑，再將步驟1也加入（f）。

■ 組合1
1　於烤盤鋪上OPP膠膜，再排上直徑6×高1.5cm的圈模。將冷凍定型的榛果奶油自軟烤模脫模，分別置於圈模正中央。
2　將榛果慕斯林填入裝有圓形花嘴的擠花袋內，擠進圈模中，不留空隙（g）。以抹刀抹平，再放進冷凍庫冷卻定型。剩餘的榛果慕斯林於最後完成階段使用。
3　將榛果咖啡風味海綿蛋糕單面刷上咖啡糖漿，並將該面朝下蓋在步驟2上，以手心輕按幫助密合（h）。放進冷凍庫冷卻定型。

■ 普洛格雷蛋糕體
（1個22g）
榛果粉 240g　蛋白 300g
細砂糖 90g　玉米粉 60g
糖粉 240g　糖粉 適量

1　將榛果粉於烤盤上攤開，以170℃旋風烤箱烘烤15分鐘，至香氣飄出為止。置於室溫放涼。
2　於攪拌盆中放入蛋白，加入一把細砂糖，以高速打發。待整體約略打發後，再分多次慢慢加入剩餘細砂糖，以中高速攪打至稍有尖角的程度。
3　加入玉米粉，以網狀攪拌器拌均勻。
4　移至鋼盆中，加入已拌合之榛果粉與糖粉，以橡皮刮刀拌合（i）。
5　取直徑6cm圈模沾上糖粉，在防沾矽膠墊（鋪於烤盤上）蓋上圓形記號。將步驟4填入裝有口徑10mm圓形花嘴的擠花袋中，於圓形記號的中央向外，以螺旋狀擠上麵糊。
6　撒上幾乎看不見麵糊表面程度的糖粉（j），放進110℃旋風烤箱烘烤30分鐘，升溫至130℃烘烤15分鐘，最後再次升溫至150℃，烘烤15分鐘。
7　連著矽膠墊一起移至網架，於室溫中放涼。

■ 組合完成
（48個）
噴砂用白巧克力（→p110） 適量
榛果脆片（→p112） 適量
糖粉 適量
苦甜巧克力薄片（直徑4.8cm→p113） 48片
牛奶巧克力薄片（直徑3.8cm→p113） 48片

1　將放涼的普洛格雷蛋糕體翻面，排列於烤盤上。一邊轉動烤盤一邊噴砂薄薄一層噴砂用白巧克力於蛋糕體上。
2　將牛奶巧克力薄片與苦甜巧克力薄片分別蓋上圓形的紙模，再以白巧克力噴砂，做出花樣（k）。
3　將蛋糕自冷凍庫取出，於海綿蛋糕上噴薄薄一層白巧克力噴砂，拿掉膠膜，於圈模側面，稍用噴槍加熱即可脫模，翻面置於工作檯上。
4　將榛果脆片蘸上備用的榛果慕斯林，黏貼於海綿蛋糕的側面，將其覆蓋（l）。
5　將步驟1的普洛格雷蛋糕體翻面，覆蓋圓形紙模後篩上糖粉（m）。
6　於步驟4上方正中央，以抹刀抹上少許剩餘的慕斯林，蓋上步驟5，使其貼合。
7　榛果脆片篩上糖粉。
8　將剩餘的榛果慕斯林填入裝有圓形花嘴的擠花袋內，在步驟7上方擠少許，裝飾上步驟2的苦甜巧克力薄片。再擠上少許慕斯林，裝飾上步驟2的牛奶巧克力薄片（n）。

洋梨栗子塔

Tarte aux Poires Marrons

水果在經過加熱後，會衍生出不同於新鮮狀態時的美好滋味。

能品嚐到這美好滋味的甜點，非水果塔莫屬。

其中盛裝滿滿洋梨去烘烤的「布魯耶爾洋梨塔Tarte Bourdaloue」，可謂是經典中的經典。

「洋梨栗子塔」即是一道以其爲基底，將自製糖煮洋梨搭配調性相當的栗子，獨創出的甜點。

在基座的甜酥麵團中加入黃蔗糖與肉桂粉，讓整體的風味更具層次感。

當中最堅持要求達到極致的重點，正是內容物與麵團恰到好處的搭配。

爲了讓大家可以好好品嚐"好吃"的部分，特地將塔做高，相對於塔皮，提高奶油內餡與糖煮水果的比例。

雖簡單但有別於其他甜點，饒富層次感的風味爲其魅力所在。

洋梨栗子塔的口味組合

POINT 1
糖煮洋梨
Compote de Poires
這道甜點的主角。透過糖煮製法更加襯托出成熟洋梨的滋味、香氣與鮮美感。

POINT 2
栗子杏仁奶油餡
Frangipane aux Marrons
風味豐富圓潤的奶油餡。能提襯並調和栗子與洋梨的風味。

POINT 3
栗子內餡
Crème de Marrons
風味的點綴。最直接的栗子原味。

POINT 4
肉桂風味甜酥麵團
Pâte Sucrée aux Cannelles
基座。黃蔗糖帶來獨特的層次感與肉桂的香氣。

POINT 5
洋梨果膠
Nappage Poire
凸顯光澤感。更添加洋梨風味。

POINT 6
椰子脆絲
Croquant à la Noix de Coco
細緻且具立體感的裝飾。口感的點綴。

改變烤模高度創造出不同風味

塔類甜點中扮演基底角色的甜酥麵團，嚼感與香氣固然也相當吸引人，但最具風味且讓人感受到美味的，仍屬其內容物。就洋梨栗子塔來說，便是其中的栗子杏仁奶油餡及糖煮洋梨。爲了增加內容物，提高塔本身的美味度並提升滿足感，最後想出將甜酥麵團鋪於特製塔圈中烘烤的點子。由於烤模較一般來的高，因此可以填入更多的奶油餡與糖煮洋梨。此乃在尊重保有塔類應有外觀的同時，追求能裝進更多，且恰到好處分量內餡…等考量下的結果。將烤模從2cm調整至2.7cm，由於整體加高，也透過增厚塔皮來調整與內餡的協調感。

比較

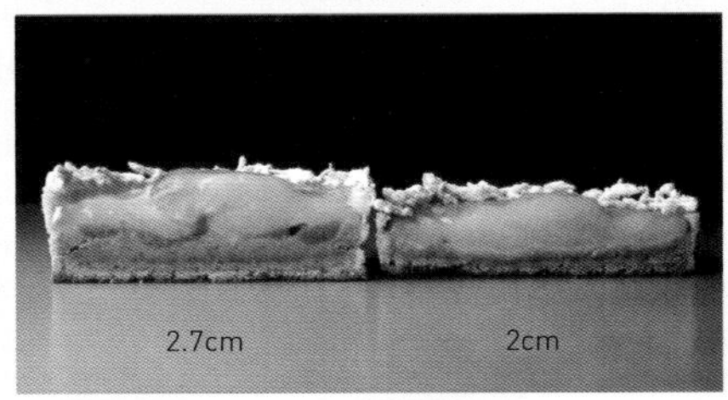

依烤模高度形成不同的風味

由於烤模增高，填餡的份量也增加，享用時給人的印象也隨之改變。

洋梨栗子塔的6大重點

POINT 1 *Compote de Poires* 糖煮洋梨

將熟成的洋梨與帶香草香氣的糖漿，一個個真空包裝。
花費一個小時小火慢煮（Pocher）後再浸泡一晚。

水果風味更加豐富且濃厚

真空調理

糖煮洋梨通常是將洋梨泡在淹過它的糖漿中熬煮，如此一來洋梨本身的細緻風味將會釋放到糖漿中，只凸顯洋梨本身的甜味。但只要將洋梨個別與糖漿包入真空袋中小火慢煮，則可以用最少量的糖漿達到糖煮洋梨的效果，可減少美味與香味的流失。

糖煮當季且完全成熟的洋梨

罐頭等加工用洋梨，為了保持形狀因此會選用較硬者，但若能選用風味達到最佳狀態的當季洋梨，來製作糖煮洋梨，美味必能直接反應到甜點上。洋梨在新鮮狀態時風味相當細緻，若直接食用非常好吃，但用來製作甜點則稍嫌不足。在糖漿中加入香草香氣，並將洋梨確實煮到芯都熟透，風味將會變得更為強烈，並轉變成軟嫩且柔滑的口感。完全不輸蛋與奶油的風味，並凸顯出其存在感的滋味與香氣。

比較

市售與自製糖煮洋梨的差別

罐頭洋梨較硬且滋味香氣都淡，但若連著湯汁一起熬煮，洋梨風味雖然依舊偏淡，但質感會變軟且較為順口。自製糖煮洋梨風味扎實，且兼具口感。

POINT 2 *Frangipane aux Marrons* 栗子杏仁奶油餡

於添加了少量低筋麵粉的杏仁奶油中加入卡士達奶油，
再拌入栗子泥（Pâte de marrons）。

卡士達奶油 Crème Pâtissière

凸顯出濃郁中的輕盈

・加入法式布丁（Flan）粉→p17
・以圓底的鍋子快速拌煮→p17

乳化至柔滑狀態

・蛋與粉類交替拌入並逐一拌至乳化→p57

杏仁奶油餡 Frangipane

打造更濃郁的風味

・選用杏仁奶油餡→p56

栗子杏仁奶油餡

添加栗子泥（Pâte de marrons）

於杏仁奶油餡中拌入栗子泥，以製作出具豐富栗子風味的奶油餡。為了呈現栗子最直接的原味，選用不添加香草或酒精等香氣的栗子泥。

POINT 3 *Crème de Marrons*

栗子內餡

加熱栗子泥(Pâte de marrons)並加水拌稀，調整成適當的硬度。不加入多餘的香味，強烈凸顯栗子原有的滋味與香氣。

POINT 4 *Pâte Sucrée aux Cannelles*

肉桂風味甜酥麵團

將含肉桂粉的粉類與奶油拌至融合程度後再加蛋的「粉油法(flour batter method)」製作。不容易在烘烤過程中變形的塔底麵團。

以滋味傳達其個性

添加黃蔗糖與肉桂粉

於甜酥麵團中加入黃蔗糖(brown sugar)與肉桂粉，以呈現出與洋梨風味協調的原創風味。黃蔗糖比細砂糖更不容易溶解，因此應在加入蛋液後先行隔水加熱，以確保確實溶解。但為了避免奶油融化必須先降溫後才能與其他材料拌合。此外，不同於一般甜酥麵團(→p58)，由於糖分與蛋液是之後才加入，因此要比一般拌到看不見乾粉狀態後，再稍均勻一些才停手，確保黃蔗糖已完全融合入麵團。

烘烤得完美均勻

⇒ 參考甜酥麵團

- 製作不易烘烤變形的麵團→p55
- 將麵團入模按壓進烤模的邊角→p56
- 烘烤前充分鬆弛→p56

凸顯香氣和嚼感

⇒ 參考甜酥麵團

- 利用粉油法呈現較硬的口感→p56
- 使用無底的塔圈烘烤→p56

製作稍厚的塔皮

由於塔模高度達2.7cm，因此會填入較多的杏仁奶油餡與糖煮洋梨，若塔皮過薄則會在食用時感覺與內餡比例不對稱，且保形的強度也相對降低。肉桂風味甜酥麵團的厚度，在一般高度塔模(2cm左右)時約為2mm，但在此約要達到2.2mm的厚度才入模(fonçage)。

比較

依烤模高度調整塔皮厚度

POINT 5 *Nappage Poire* 洋梨果膠

於可加水稀釋的透明果膠中加入洋梨果泥熬煮。

除光澤感外還要凸顯風味與香氣

加入果泥熬煮

如果只要求光澤感，可直接使用市售的透明果膠即可，但在此想再增添一些風味。選用可加水再加熱的果膠，在此以果泥取代加水再加熱。將特別加工過的果膠滿滿刷在塔上，除光澤外更增添了洋梨風味。

比較

依用途選用果膠

於可加水稀釋的果膠中加入果泥取代加水，製成獨創果膠。融化後以手持式電動攪拌棒攪拌至柔滑程度為止。

POINT 6 *Croquant à la Noix de Coco* 椰子脆絲

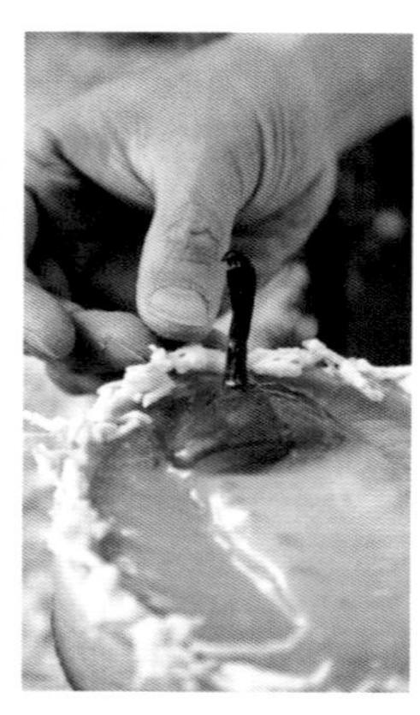

於椰子絲（長絲）中拌入波美30°糖漿與糖粉，再送進烤箱烘烤。不僅可用於塔的裝飾，其清爽的嚼感也成為點綴。

塔的種類

AIGRE DOUCE店裡總是會排列數種小塔販賣。爲了要能享用一、兩口即獲得滿足感，塔裡除了水果外，也會運用填入果醬…等，讓人印象深刻的小技巧。

由左上起的小塔，內容物依序是：①芒果搭椰子杏仁奶油餡、②黑醋栗藍莓果醬搭新鮮藍莓、③草莓果醬搭開心果、④糖煮杏桃、⑤新鮮蘋果、⑥糖煮無花果、⑦覆盆子果醬搭開心果佐杏仁奶油餡與黑櫻桃、⑧糖煮洋梨

洋梨栗子蛋糕的配方

直徑12×高2.7cm的圈模3個

■ 糖煮洋梨

（1個塔使用1顆洋梨／150g）

洋梨（La France品種） 3個

細砂糖 150g

香草籽 少許

水 600g

1 於平底深鍋中放入細砂糖、香草籽與香草莢、水後開火。以網狀攪拌器攪拌至沸騰。

2 離火，降溫至約60°C。

3 於真空袋中放入連皮的洋梨，並注入步驟2至完全浸泡程度為止（a）。以真空機抽出空氣密封。

4 鍋中煮沸熱水，將步驟3小火慢煮（Pocher）約1小時。隔著袋子按壓確認洋梨已變軟即可。

5 連著密封袋一起放進冷藏庫，保存一晚使其入味（b）。

a

b

■ 肉桂風味甜酥麵團
(容易操作的份量)
全蛋 65g
黃蔗糖(brown sugar) 120g
鹽 3g　低筋麵粉 320g
杏仁粉 40g　肉桂粉 2.2g
香草粉 0.8g　奶油 225g

1　於鋼盆中加入全蛋並打散，加入已過篩的黃蔗糖與鹽，隔水加熱。以網狀攪拌器邊攪拌邊加熱至40°C，確保確實溶解(c)。
2　將鋼盆底稍微隔冰水降溫。
3　拌合低筋麵粉、杏仁粉、肉桂粉、香草粉，放入攪拌盆中。
4　取部分步驟3做為手粉，將冰冷狀態的奶油以擀麵棍敲打至軟化的狀態。一塊塊捏下，拌入步驟3中，並大致攪拌。
5　使用槳狀攪拌棒以中速攪拌。偶爾微調速度，將整個麵團攪拌至均勻為止。
6　待看不到乾粉，整體拌成鬆散的沙狀(sable)，且以手掌握住麵團即可成團的狀態，即可加入步驟1(d)。以低速攪打至成團，且拌入少許空氣使麵團顏色變淡即可(e)。中途偶爾停下攪拌器，將附著於攪拌盆內側的麵團以刮板刮下攪拌，避免殘留。
7　取出麵團放置於撒有手粉的工作檯上，將麵團以手掌心向前推壓，使麵團呈現均勻狀態(f)。
8　以刮板刮回成團，將麵團轉90度，再一次重複步驟7的操作。
9　放在撒有手粉的烤盤上，以手心稍微按壓攤平。蓋上保鮮膜，放入冷藏庫鬆弛最少30分鐘～1小時(最好放置一晚)。
10　以壓麵機壓成2.2mm厚度，使用直徑18cm的圈模壓切塔皮。
11　調整至容易入模的硬度，將塔皮按壓入模至直徑12cm的圈模(fonçage→59)(g)。
12　切除多餘的塔皮，移動至襯有防沾矽膠墊的烤盤上。放進冷藏庫鬆弛最少1小時。

◆ 杏仁奶油餡
(容易操作的份量)
杏仁粉 180g　低筋麵粉 30g
全蛋 180g　細砂糖 170g
奶油 180g
卡士達奶油(→p107) 145g
蘭姆酒 15g

1　依照p58的操作要領製作。

■ 栗子杏仁奶油餡
(1個150g)
杏仁奶油餡 250g
栗子泥(Pâte de marrons) 250g

1　將杏仁奶油餡恢復至室溫，以網狀攪拌器攪拌至柔滑狀態為止。
2　使用微波爐加熱栗子泥至40°C，放入鋼盆。
3　將步驟2分三次，每次加入1/3於步驟1中，並一一攪拌至均勻狀態為止。若有結塊，則以網狀攪拌器的前端壓碎，避免拌入過多空氣。

■ 栗子內餡
(1個40g)
栗子泥(Pâte de marrons) 115g
水 28g

1　使用微波爐加熱栗子泥至約40°C。
2　加水。利用網狀攪拌器的前端壓碎，待結塊變少後即以攪拌方式拌至柔滑的乳霜狀。

■ 組合
1　將栗子杏仁奶油餡填入裝有口徑13mm圓形花嘴的擠花袋中，以平的螺旋狀將50g的栗子杏仁奶油餡擠入已入模的甜酥麵團中。
2　將栗子內餡填入裝有口徑8mm圓形花嘴的擠花袋中，於步驟1上方以平的螺旋狀擠上40g(h)。
3　瀝去糖煮洋梨的糖漿水分。縱切對半後以小刀削皮並去芯。留下其中半邊的果蒂與部分果皮。
4　切成5mm厚度，放置於小刀上移動斜排至步驟2上，排列成放射狀(i)。
5　於180°C平板烤箱(平窯)烘烤約1小時。放上網架於室溫中放涼。

■ 洋梨果膠
(容易操作的份量)
透明果膠(可加水稀釋) 200g
洋梨果泥 60g

1　將透明果膠放入鍋中，加入洋梨果泥以橡皮刮刀攪拌。開小火邊拌開邊煮溶。
2　大致溶解後即可離火，以手持式電動攪拌棒攪打至滑順狀態。
3　調整至放涼時會牽絲程度的濃度(j)。若不夠濃則再繼續收乾。太濃時可添加洋梨果泥或糖煮洋梨的糖漿或水…等，再繼續加熱。
4　以刷子在烤好的塔上刷厚厚一層。

■ 完成
杏桃果醬(→p109) 適量
椰子脆絲(→p112) 適量
糖粉 適量

1　於塔緣刷上杏桃果醬(k)，沾黏上椰子脆絲，並篩上糖粉(l)。

加勒比

Caraïbe

巧克力塔算是基本法式甜點之一。
甘納許的濃厚感在炎熱的季節會帶給人厚重的印象。這款加勒比乃是爲了「即使在夏天也好吃的巧克力塔」而創作。
於塔上盛放上慕斯，像是小塔外型的小蛋糕般的現代風格。
運用了椰子果泥的甘納許帶來輕盈的風味與口感，令人印象非常深刻。
百香果與椰子的異國風味香氣，搭配上甜酥麵團的芬芳是如此協調。
經過精密計算的細緻風味，是成就美味的關鍵。

加勒比的美味組合

POINT 7
熱帶水果果醬
Confiture au Tropique
視覺上的點綴。

POINT 2
椰子風味甘納許
Ganache à la Noix de Coco
這道甜點的主角。強烈的巧克力風味與南國香氣。輕盈滑順的口感。

POINT 5
百香果椰子慕斯
Mousse aux Fruits Exiotics
爲塔增添清爽、酸味、清涼感。

POINT 1
甜酥麵團
Pâte Sucrée
這道甜點的基座。酥脆的嚼感與香氣。

POINT 6
牛奶巧克力薄片
Plaque de Chocolat au Lait
薄脆口感與形狀成爲最佳點綴。

POINT 3
牛奶巧克力蛋糕
Biscuit au Chocolat au Lait
鋪於塔中可減少甘納許的用量。添加輕盈的口感。

POINT 4
焦糖醬
Sauce au Caramel
扮演銜接整體的醬汁角色。

加勒比的 7 大重點

POINT 1 甜酥麵團
Pâte Sucrée

以粉類與奶油拌至融合程度，再加蛋的「粉油法flour batter method」製作，直接烘烤。不容易在烘烤過程中變形，最適合用來製作塔底。

烘烤得完美均勻

・製作不易烘烤變形的麵團→p55
・將麵團入模按壓進烤模的邊角→p56
・烘烤前充分鬆弛→p56

凸顯香氣和嚼感

・利用粉油法呈現較硬的口感→p56
・使用無底的塔圈烘烤→p56

直接烘烤至較淡的褐色爲止

將甜酥麵團仔細按壓套進圈模，一致且均勻的厚度直接烘烤，可避免上色不均的問題，拿掉重石後也不需再繼續烘烤。確實烤至上色至淡褐色，即可打造出芬芳與爽脆的滋味與口感。

刷上噴砂用巧克力

為避免吸收甘納許與焦糖的水分，特地於甜酥麵團內側，刷上一層薄薄的噴砂用巧克力，以確保塔皮的酥脆口感，也可增添巧克力風味。

比較

保有酥脆口感的要訣

以噴砂用巧克力（→p110）包覆，可預防塔皮受潮。

POINT 2 *Ganache à la Noix de Coco* 椰子風味甘納許

以椰子果泥取代鮮奶油與苦甜巧克力拌合，
再添加椰子利口酒增香。

強調可可香味以凸顯其主角地位

使用苦甜巧克力

雖然想追求整體的輕盈度，但主角畢竟是巧克力而非椰子。透過使用濃郁的苦甜巧克力（可可成分55%），在降低甜度的同時還能凸顯巧克力的風味，並利用椰子果泥來增強與其他分層的協調性。

比較

**使用椰子果泥
增加清爽度**

一般的甘納許（左）較濃稠，而加入椰子果泥的甘納許，則會是滑順的質感。在此使用可可成分55%的巧克力做比較。

呈現輕盈滑順的口感

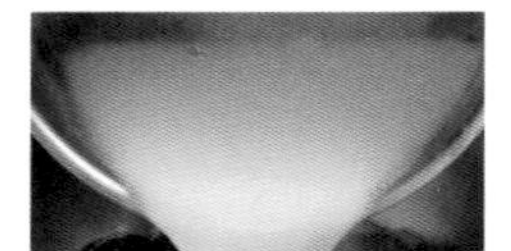

以椰子果泥取代鮮奶油

一般甘納許是在巧克力中拌入鮮奶油來呈現濃郁風味。為打造出比那更輕盈更滑順的口感，在此降低巧克力比例，並捨棄乳脂成分的鮮奶油，改以植物性油脂的椰子果泥取代，並提高其比例。除原有的厚重感得以緩和，更添加了爽口的後韻及南國特有的香氣。

使用手持式電動攪拌棒幫助乳化

為製作柔滑的甘納許，必須讓鮮奶油或果泥中的水分與巧克力的油脂成分充分乳化。使用手持式電動攪拌棒輕輕攪拌，避免拌入空氣，追求細緻的乳化狀態。

POINT 3 *Biscuit au Chocolat au Lait* 牛奶巧克力蛋糕

於蛋白霜中加入玉米粉，再拌入蛋黃、融化好的
牛奶巧克力、奶油，抹平麵糊後烘烤。

輕盈的滋味與口感

使用牛奶巧克力

僅使用苦甜巧克力會因為巧克力風味過強，而顯得太厚重，蛋糕體中特地選用較溫和的牛奶巧克力，做出輕盈的滋味，同時也與焦糖醬相當合拍。

比較

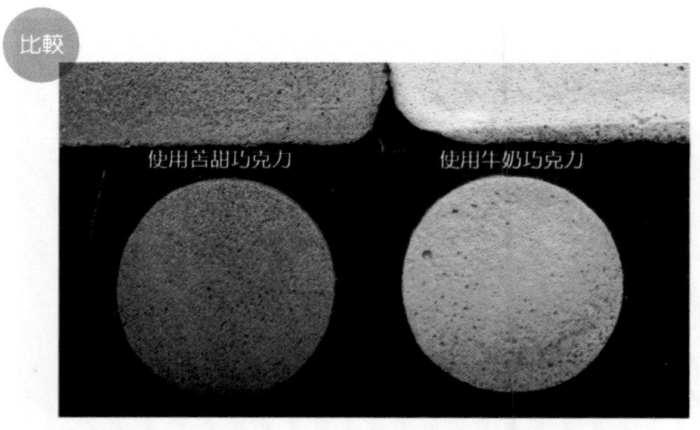

追求輕盈滋味

比起苦甜巧克力製成的蛋糕體，牛奶巧克力的蛋糕體更為輕盈。

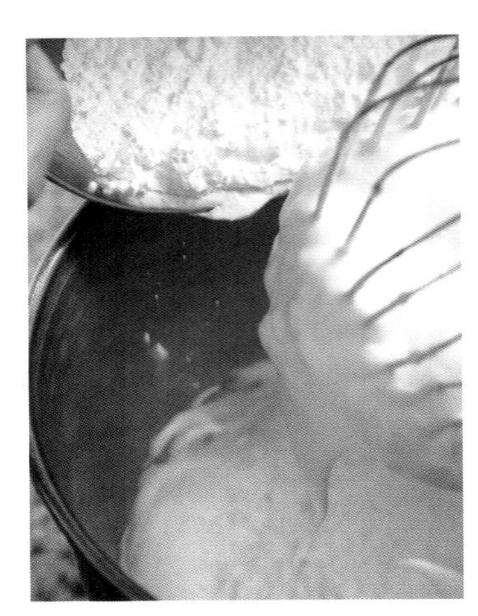

使用玉米粉

若選用不添加澱粉的無粉蛋糕體(Biscuit sans farine)，則蛋糕體會顯得特別脆弱且容易消泡，最後會變成橡皮般的硬梆梆口感。而拌入麵粉則會因其麩質，成為較扎實的口感。因此選擇在確實打發的蛋白霜中拌入少量玉米粉，以適度提高其保形性，打造出蓬鬆輕盈的口感。

控制溫度勿過低

巧克力的溫度一旦下降，會因為缺乏流動性而難以與其他材料拌合，導致麵糊消泡。將巧克力調整至不低於25°C的狀態，並將其他材料恢復到室溫程度。將所有材料快速拌合，於烤盤上抹平開來，即可避免消泡，製作出順口的蛋糕體。

POINT 4 *Sauce au Caramel* 焦糖醬

分數次每次少量將細砂糖煮成焦糖(Caramel à sec)，在加入已添加香草籽的鮮奶油溶解稀釋後，再拌入吉利丁、奶油與煉乳。

柔滑且輕盈

分多次少量添加砂糖直至融化

一次加入所有砂糖容易導致結塊，不容易融化。首先先加入1/3量的砂糖，邊加熱邊以木杓攪拌，待全部融化後才添加少於這些焦糖份量的砂糖，一邊加熱一邊重複上述操作。

添加極少量的吉利丁

為避免風味過濃，這裡的焦糖醬不過度焦化，可能產生稠度不足問題，因此添加吉利丁以製作出濃稠的質感。

既滑軟又富層次感的風味

比較

製作成輕盈的風味

如基本焦糖(Base de Caramel)(→p108)般，用來做為調味搭配使用的焦糖(下)，由於與奶油拌合時會被適當稀釋，因此要煮至較焦化的程度，風味較為強烈。相較之下，不再拌合直接使用的焦糖醬(上)，則直接煮到完成狀態即可。

呈現溫和微苦

以叉子劃開即會濃稠滿溢而出，焦糖醬扮演串連全體的角色。像這種做為甜點主要部分的焦糖，一旦煮得過焦會造成苦味過於強烈，口感也會過硬，所以要特別小心。在煮到較淡的焦糖色狀態時就必須熄火，以呈現帶著恰到好處甜味與微苦味狀態為佳。

利用煉乳添加乳香風味

在焦糖醬的最後階段加入煉乳可緩和苦味，轉變成適合搭配水果，夏季乳香的溫和風味。並有助於呈現出濃稠柔滑的質感。

POINT 5 百香果椰子慕斯

Mousse aux Fruits Exotiques

使用百香果與椰子果泥以英式蛋奶醬（Crème anglaise）的手法熬煮，再與義式蛋白霜、鮮奶油、吉利丁拌合。

輕盈中凸顯出恰到好處的厚重感

添加椰子果泥

如果只運用百香果，則會在巧克力中凸顯出其酸味，因為過度清爽而顯得不協調。因此加入椰子果泥以緩和酸度，而且與加了椰子果泥的甘納許相互呼應更適合。

降低甜度且綿軟

降低油脂成分

將成為慕斯基底的英式蛋奶醬中的蛋黃用量，控制到最低，並以椰子與百香果泥取代牛奶。在降低油脂的同時也達到控制甜度的效果，食用後感覺格外清爽。

減少蛋白霜的糖份

將蛋白與砂糖調整成等量，減少糖份，添加確實打發的細緻義式蛋白霜，製作成清爽口感的慕斯。

順口且柔嫩

添加蛋黃以促進乳化

將酸性較強的水果果泥與蛋白霜及鮮奶油拌合，容易造成油水分離，最後成為口感不佳的慕斯。因此添加最少量的蛋黃，透過其所含之卵磷脂成分促進乳化，預防油水分離。

比較

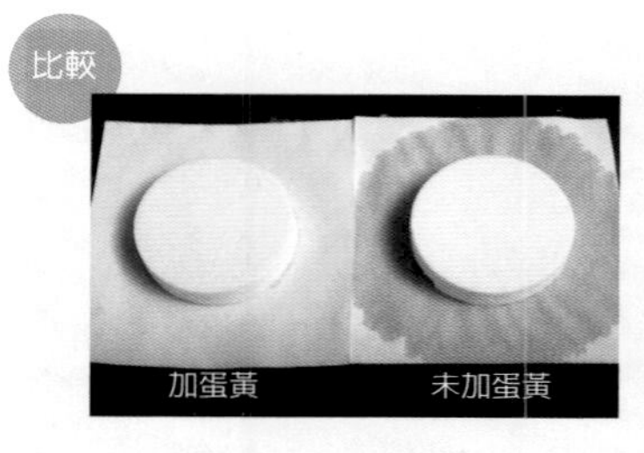

利用蛋黃使其確實達到乳化狀態，以預防油水分離

比較慕斯先冷凍再行解凍後的狀態。可看出右側未加蛋黃者明顯呈現油水分離。

使用最小限度的吉利丁

為了彌補義式蛋白霜的軟度，只添加最小限度的吉利丁，可避免消泡並更順口。

快速操作

由於義式蛋白霜的糖分較低，因此容易變成粗乾狀態，為避免消泡應盡快與打發鮮奶油及果泥拌合，立刻擠進圈模中冷凍備用。

POINT 6 牛奶巧克力薄片

Plaque de Chocolat au lait

於慕斯與甘納許間夾入一片薄脆的巧克力薄片，可營造出各種不同口感的變化。在圓形的塔與慕斯間使用四方形造型的巧克力片，更增添視覺上的樂趣。

POINT 7 熱帶水果果醬

Confiture au Tropique

於糖煮洋梨中加入芒果果泥再打成泥狀，最後加入百香果果泥與細砂糖，製作成可於短時間熬煮完成色彩鮮艷的果醬。完成後拌入百香果籽，做為外觀與口感的點綴。

加勒比的配方

直徑6.5×高1.5cm的圈模45個

■ 甜酥麵團

（容易操作的份量）

全蛋 85g
低筋麵粉 430g
杏仁粉 55g
香草籽 0.25根
鹽 4g
奶油 300g
糖粉 160g

1 依照p58的操作要領製作。
2 以壓麵機壓成1.25mm厚度，再以直徑10cm圈模壓切成所需大小。
3 調整到容易入模的硬度後，將塔皮按壓入6.5cm的塔圈中（fonçage→p59）。
4 切除多餘的塔皮（a），排列於已鋪有防沾矽膠墊的烤盤上。
5 於塔的內側鋪上紙模，並填入重石直至塔模的高度。
6 放進180℃的平板烤箱（平窯）中烘烤約45分鐘，拿掉重石與紙模，移上網架於室溫中放涼。

■ 牛奶巧克力蛋糕

（60×40cm的烤盤1張的份量／560g）

覆蓋巧克力（chocolat de couverture）
（牛奶巧克力） 160g
奶油 75g
細砂糖 60g
蛋黃 80g
蛋白 160g
玉米粉 35g

1 於鋼盆中放入覆蓋巧克力，加入切成2cm方塊的奶油，隔水加熱至融化。將溫度調整為45～50℃（b）。
2 於攪拌盆內放入蛋白，加入細砂糖後先拌開，再轉中速打發至可拉出尖角程度為止，確實打發。
3 加入玉米粉，以攪拌器先大致拌開，再從攪拌機卸下以網狀攪拌器，將整體拌勻。
4 移至鋼盆中，加入打散的蛋黃並以橡皮刮刀拌開（c）。
5 未完全拌勻前即可加入步驟1，並以橡皮刮刀攪拌。
6 倒入鋪有防沾矽膠墊的烤盤上，以L形抹刀抹平（d）。
7 放進185℃的旋風烤箱烘烤約7分鐘，連著矽膠墊一起自烤盤移至網架上，於室溫中放涼。
8 以直徑5.5cm的圈模壓切成所需大小。

■ 焦糖醬

（1個14g）

細砂糖 285g
鮮奶油（脂肪成分35%） 145g
香草莢 0.7根
吉利丁片 0.5片
奶油 60g
煉乳（含糖） 190g

1 於平底深鍋中加入1/3的細砂糖，開中火。以木杓邊加熱邊攪拌，融化後續分次加入剩餘的細砂糖，加熱至融化，重複此操作，做成焦糖（Caramel à sec不加水直至焦糖化），讓整體上色。
2 與步驟1同時，在另一個鍋中加入鮮奶油、刮出的香草籽、香草莢並加熱。
3 步驟1熄火後，分數次加入步驟2，每次拌勻後再加入下一次，不加入香草莢（e）。
4 加入吉利丁片並拌至融化。以錐形濾網（chinois）過篩入鋼盆中，加入切成方塊的奶油，拌至融化，最後再拌入煉乳。

■ 組合1

噴砂用苦甜巧克力（→p110）適量

1 於已放涼的甜酥麵團內側，仔細刷上薄薄一層已加熱的噴砂用苦甜巧克力。
2 將牛奶巧克力蛋糕上色的面朝下，鋪於步驟1底部（f）。
3 將焦糖醬填入麵糊填充器，並於每個塔內注入14g。

■ 椰子風味甘納許

（1個18g）

覆蓋巧克力（chocolat de couverture）
（苦甜巧克力） 380g
椰子果泥 455g
椰子利口酒（Malibu Coconut Liqueur） 32g

1 於鋼盆中加入覆蓋巧克力，倒入煮沸的椰子果泥，以橡皮刮刀拌至融化。
2 以手持式電動攪拌棒攪打，乳化至柔滑狀態，拌入椰子利口酒（g）。
3 填入麵糊填充器，並於＜組合1的步驟3＞焦糖醬上方注入18g的步驟2（h）。剩餘的甘納許保留備用。
4 放入急速冷凍庫，待大致定型後再移至冷藏庫。

■ 百香果椰子慕斯

（1個25g）

椰子果泥 450g
蛋黃 40g
細砂糖 15g
百香果果泥 200g
吉利丁片 7g
椰子利口酒（Malibu Coconut Liqueur ） 82g
細砂糖 145g
水 40g
蛋白 145g
鮮奶油（脂肪成分35%） 450g

a b c d e f g h i j

1　將椰子果泥放入平底深鍋中，開火煮至沸騰。
2　將蛋黃與細砂糖放入鋼盆中，以網狀攪拌器拌勻。拌入百香果果泥（i）。
3　倒入步驟1，再一起全部倒回鍋中。
4　開小～中火，以網狀攪拌器攪拌，並以煮英式蛋奶醬要領，熬煮至約80°C，變為濃稠狀態即可熄火，加入吉利丁片並拌至溶解。
5　以錐形濾網（chinois）過篩入鋼盆，隔冰水降溫至約30°C。拌入椰子利口酒（j）。
6　加熱細砂糖與水，做成可以冰水捏出小軟球（petit boulé）程度的糖漿。將蛋白放入攪拌盆中以高速打發，慢慢倒入糖漿並持續攪拌。
7　以另一個攪拌器與鋼盆，將鮮奶油打至7分發。
8　步驟6打發至可拉出尖角程度，再降至中速並攪打至溫度下降。加入1/3的步驟7，並以橡皮刮刀拌合。
9　將步驟8拌入剩餘的鮮奶油中，以橡皮刮刀拌勻。續加入步驟5，拌合至均勻為止（k）。
10　將圈模排列於鋪有OPP膠膜的烤盤上，將步驟9填入裝有口徑13mm圓形花嘴的擠花袋內，擠滿進圈模中。
11　由於慕斯經冷凍後中央會凹陷，因此以湯匙背抹成中央約略突起的小山丘狀（l）。放進急速冷凍庫冷凍。

■ 熱帶水果果醬
（容易操作的份量）

細砂糖 250g	果膠 6g
糖煮洋梨（罐頭） 150g	芒果果泥 150g
百香果果泥 150g	百香果籽 適量

1　抓入一把細砂糖入鋼盆中，與果膠拌合備用。
2　將糖煮洋梨與1/2芒果果泥放入食物調理機內，攪打成柔滑的泥狀。
3　取一寬底鍋，放入步驟2、剩餘的芒果果泥、百香果果泥，以網狀攪拌器邊攪拌邊開大火加熱，不時使用木杓將附著於鍋邊的果泥刮下。
4　沸騰後拌入細砂糖，煮至再次沸騰再拌入步驟1，並不時用木杓將附著於鍋邊的果醬刮下。
5　熬煮至糖度達65%白利糖度（Brix），即可倒於烤盤攤開，於室溫中放涼。拌入百香果籽。

■ 組合2及完成
（45個）
噴砂用牛奶巧克力（→p110） 適量
牛奶巧克力薄片（7cm方形→p113） 45片
糖粉 適量

1　將百香果椰子慕斯翻面，以雙手加溫圈模周圍後脫模，排列於烤盤，將整體噴砂上已加熱完成的噴砂用牛奶巧克力（m）。
2　於塔上方，以湯匙盛上少許剩餘備用的椰子風味甘納許，蓋上牛奶巧克力薄片並使其貼合。
3　放上步驟1（n）。
4　以湯匙裝飾熱帶水果果醬，並在與果醬平行的方向篩上糖粉。

椰子草莓蛋糕

Coco Fraise

透過製作「加勒比」（p154），讓我對運用了椰子果泥的甘納許驚爲天人，
因此接下來企劃製作春天氣息的滋味時，便創作了「椰子草莓蛋糕」。
將充滿乳香的白巧克力搭配椰子製作成甘納許，更加襯托出椰子充滿個性的風味，圓潤調和。
只靠這些材料會顯得油脂比例偏高且厚重，因此添加了糖煮莓果與糖漿，以增添鮮美的酸味。
爲了強調輕盈感，於蛋糕上方擠上滿滿的香緹鮮奶油，
彷彿「聖多諾黑 Saint-Honoré」般的造型。
此外，繽紛多樣化的口感也是魅力所在。

椰子草莓蛋糕的口味組合

POINT 12
白巧克力薄片
Plaque de Chocolat Blanc
巧克力裝飾。

POINT 3
糖煮莓果
Compotes aux Fruites Rouges
草莓強而有力的風味與酸味成爲整體的點綴。並扮演醬汁般的角色。

POINT 4
草莓糖漿
Sirop de Fraises
凸顯草莓風味的秘密武器。刷於海綿蛋糕上可更增添順口度。

POINT 1
椰子風味甘納許
Ganache à la Noix de Coco
這道甜點的主角。圓潤與乳香。
輕盈滑順的口感。

POINT 2
巧克力脆層
Fond de Rocher
口感的點綴。酥脆的口感與椰子的滋味和香氣。

POINT 11
草莓、紅醋栗
Fraises, Groseilles
裝飾。新鮮果實的口感、酸味與色澤。

POINT 9
楓糖風味香緹鮮奶油
Crème Chantilly au Sirop d' Érable
乳香的濃郁與輕盈感、楓糖富層次感的香氣。添加甜點的順口度。

POINT 7
卡士達鮮奶油
Crème Diplomate
串連甘納許與香緹鮮奶油的角色。濃稠的口感與濃郁的蛋香。

POINT 10
巧克力鏡面(白巧克力)
Pâte à Glacer Blanc
裝飾。椰子的口感。

POINT 6
泡芙
Pâte à Choux
口感與外觀的點綴。聖多諾黑Saint-Honoré給人的印象。

POINT 8
甜酥麵團
Pâte Sucrée
基座。酥脆的口感與香氣。

POINT 5
杏仁海綿蛋糕
Génoise aux Amandes
扮演吸取糖漿及果泥中水分的海綿角色。

椰子草莓蛋糕的10大重點

Ganache à la Noix de Coco
椰子風味甘納許

以椰子果泥取代鮮奶油與白巧克力拌合，
並以椰子利口酒增香。

把椰子當成主角

選擇乳味香濃的白巧克力

雖然是巧克力甘納許，但主角卻是椰子。選用溫和且乳味香醇的白巧克力一起搭配，不僅不會破壞椰子風味且更具提襯效果。

呈現輕盈滑順的口感

- 以椰子果泥取代鮮奶油→p156
- 使用手持式電動攪拌棒幫助乳化→p156

POINT 2 *Fond de Rocher* 巧克力脆層

使用烘烤過的椰子粉所製作之椰子泥與白巧克力、可可脂拌合，最後拌入法式薄脆餅（Feuillantine）與椰子脆絲。酥脆的嚼感。

提升風味並增強存在感

使用現磨的椰子泥

為了凸顯椰子風味因此選用現磨。將烘烤過的椰子粉與細砂糖放進食物調理機中研磨成泥狀。雖然口感仍稍嫌粗糙，但這個嚼感有助於增強存在感。

添加椰子脆絲

僅使用法式薄脆餅（Feuillantine）雖然也能有酥脆口感，但風味仍稍嫌不足，且有容易受潮的缺點。使用已裹上糖衣的脆絲，不僅可增加酥脆口感，更可增強存在感並拉近與其他組合要件的調性。

POINT 3 *Compotes aux Fruites Rouges* 糖煮莓果

將草莓、野草莓（Fraisier des bois）稍微加熱後，再加入檸檬汁、紅石榴糖漿（grenadine），以少量的吉利丁凝固做成"糖煮莓果果凍"。

凸顯草莓風味

吉利丁只添加極少量

吉利丁用量只要達到糖煮莓果的汁液不流動程度的量即可，呈現鮮嫩多汁狀態。

選用濃郁的歐洲產草莓

草莓選用中央也紅透且酸溜溜的歐洲產草莓。由於靠近表皮部分的風味較為強烈，因此選用小顆草莓，以凸顯強烈風味與色澤。並再添加野草莓，更加強調草莓風味。使用紅石榴糖漿以呈現具深度的鮮紅色，並可避免草莓因季節不同造成的顏色變化。

使用寬底鍋，以大火快煮

使用相對於草莓量顯得大一些的鍋具，以達到短時間內一口氣加熱的效果。隨後攤平開來快速降溫，透過不過度加熱來蒸發水分，可留下草莓的鮮豔色澤與新鮮的酸味。草莓僅輕輕壓扁，呈現飽滿的果肉感。

做成較厚的造型以凸顯鮮明風味

完成的糖煮莓果放涼定型成直徑4× 厚度1.25cm的大小，再組合入蛋糕中。由於相對於整個蛋糕的糖煮莓果比例偏高，因此吃進口裡時草莓的香氣與鮮明風味，頓時豐盈於口中，相當順口且食後感也相當清爽。

POINT 4 *Sirop de Fraises* 草莓糖漿

拌合草莓果泥、糖漿、水、紅石榴糖漿。

光靠糖漿風味將顯得不足，因此加入草莓果泥以增強水果感。透過強化草莓風味營造出甜點的一致性。

POINT 5 *Génoise aux Amandes* 杏仁海綿蛋糕

打發全蛋與細砂糖，拌入低筋麵粉、法式布丁(Flan)粉、杏仁粉後，烘烤成氣孔較大的蛋糕。

製作氣孔粗大的海綿蛋糕

・以高速一口氣打發→p51
・降低糖分和粉類→p51

POINT 6 *Sirop de Fraises* 泡芙

於水中加入奶油煮至沸騰，快速拌入麵粉後再慢慢分多次拌入蛋液，使其乳化。確實烤乾。

烘烤酥脆

・「烘乾」至水分完全蒸發爲止→p15
・不加牛奶，而添加奶油→p16

圓鼓鼓，輕盈地膨脹

・完全糊化→p16
・確實乳化→p16
・確認麵糊一直維持在相同溫度→p17
・烘烤完成前不開烤箱→p17

擠出直徑1cm圓球的泡芙麵糊，以175℃烘烤15分鐘。

POINT 7 *Crème Diplomate* 卡士達鮮奶油

在卡士達奶油中拌入未打發的鮮奶油。

卡士達奶油 Crème Pâtissière

凸顯出濃郁中的輕盈

・加入法式布丁(Flan)粉→p17
・以圓底的鍋子快速拌煮→p17

卡士達鮮奶油 Crème Diplomate

拌成柔滑濃稠的質地

・拌入未打發的鮮奶油→p17

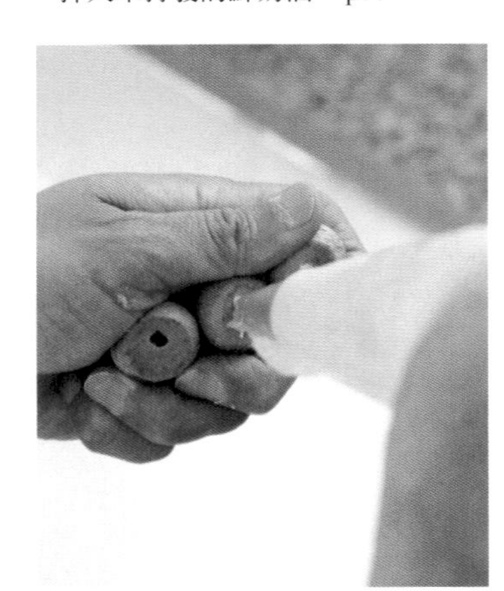

將卡士達鮮奶油擠進泡芙。這個濃稠柔滑的奶油餡扮演銜接甘納許與香緹鮮奶油的角色。

POINT 8

Pâte Sucrée

甜酥麵團

以粉類與奶油拌至融合程度後，再加蛋的「粉油法flour batter method」製作，直接烘烤。不容易在烘烤過程中變形，最適合用來製作塔底。

烘烤得完美均勻

- 製作不易烘烤變形的麵團→p55
- 將麵團入模按壓進烤模的邊角→p56
- 烘烤前充分鬆弛→p56

凸顯香氣和嚼感

- 利用粉油法呈現較硬的口感→p56
- 使用無底的塔圈烘烤→p56
- 直接烘烤至較淡的褐色爲止→p155
- 刷上噴砂用巧克力→p155

將甜酥麵團壓上重石後烘烤至飄出香氣。

於內側刷上加熱的噴砂用巧克力以形成保護膜。

POINT 9

Crème Chantilly au Sirop d'Érable

楓糖風味香緹鮮奶油

以楓糖漿和香草醬增添甜美香氣，調和椰子風味調性的香緹鮮奶油。於完成階段滿滿擠上，可提升順口度。

Pâte à Glacer Blanc

巧克力鏡面（白巧克力）

於巧克力鏡面（白巧克力）中拌入烘烤過的椰子絲（長絲），可成為外觀與口感的點綴。

椰子草莓蛋糕的配方

直徑6.5×高1.5圈模24個

■ 甜酥麵團
（容易操作的份量）
奶油　225g
香草莢　0.25根
杏仁粉　40g
鹽　3g
全蛋　65g
低筋麵粉　320g
糖粉　120g

1　依照p58的操作要領製作。
2　以壓麵機壓成1.25mm厚度，再以直徑10cm圈模壓切成所需大小。
3　調整到容易入模的硬度後，將塔皮按壓入6.5cm的塔圈中入模（fonçage→p59）。
4　切除多餘的塔皮（a），排列於已鋪上防沾矽膠墊的烤盤上。放進冷藏庫鬆弛最少1小時。
5　於塔的內側鋪上紙模，並填入重石直至塔模的高度。
6　放進180℃的平板烤箱（平窯）中烘烤約45分鐘，拿掉重石與紙模，移上網架於室溫中放涼。

■ 泡芙
（容易操作的份量）
水　280g
奶油　120g
鹽　6g
細砂糖　11g
低筋麵粉　170g
全蛋　300g

1　依照p18的操作要領製作。
2　趁麵團尚溫熱狀態填入裝有口徑8mm圓形花嘴的擠花袋內，在不沾加工的烤盤上，擠出直徑1cm的圓球麵糊（a）。
3　於175℃旋風烤箱中烘烤15分鐘。移至網架上於室溫中放涼。
4　以尖銳棒子在泡芙底部打1個5～6mm的洞。

■ 椰子風味甘納許
（1個35g）
覆蓋巧克力（chocolat de couverture）
（白巧克力）　310g
可可脂　50g
椰子果泥　430g
椰子利口酒（Malibu Coconut Liqueur）　30g

1　於鋼盆中加入覆蓋巧克力與可可脂，倒入煮沸的椰子果泥（b）。以橡皮刮刀拌至融化。
2　以手持式電動攪拌棒攪打至柔滑乳化為止，拌入椰子利口酒（c）。
3　於冷藏庫鬆弛一晚備用。

◆ 椰子脆絲
（容易操作的份量）
椰子絲（長絲）　200g
波美30˚糖漿（→p108）　70g
糖粉　180g

1　以p112操作要領製作。

■ 巧克力脆層
（1個15g）
椰子絲（細絲）　100g
細砂糖　35g
覆蓋巧克力（chocolat de couverture）
（白巧克力）　65g
可可脂　5g
法式薄脆餅（Feuillantine）　85g
椰子脆絲　75g

1　椰子絲攤開於烤盤上，於160℃烤箱烘烤10分鐘，直至稍微上色為止。
2　於食物調理機中加入步驟1及細砂糖（d），攪打成柔滑的泥狀。中途須以抹刀刮下附著於內側的椰子泥。
3　將覆蓋巧克力（白巧克力）與可可脂放入鋼盆，隔水加熱至融化。
4　加入步驟2並攪拌（e），再依序加入法式薄脆餅、椰子脆絲，並以橡皮刮刀拌勻（f）。

■ 組合1
噴砂用牛奶巧克力（→p108）　適量

1　於已放涼的甜酥麵團內側，仔細刷上薄薄一層加熱的噴砂用牛奶巧克力。
2　於每一個塔的底部鋪上15g的巧克力脆層，並以茶匙背面稍微按平（g）。
3　將甘納許自冷藏庫取出，以抹刀舀進步驟2上，每1個填入35g並抹成平緩的小山丘狀（h）。

■ 草莓糖漿
（1個6g）
草莓果泥　55g
波美30˚糖漿（→p108）　55g
水　35g
紅石榴糖漿（grenadine）　8g

1　拌合所有材料。

■ 糖煮莓果
（1個14g）
草莓（冷凍，整顆）　220g
細砂糖　50g
野草莓（Fraisier des bois）
（冷凍，整顆）　110g
檸檬汁　15g
紅石榴糖漿　8g
吉利丁片　1.7片

1 將草莓放入鍋中，開大火邊以網狀攪拌器擠壓草莓邊攪拌。
2 沸騰後加入細砂糖，煮到再次沸騰後加入野草莓並繼續加熱至沸騰，加入檸檬汁、紅石榴糖漿、還原後的吉利丁片拌勻並熄火。
3 倒入直徑4cm的軟烤模（高度約1.25cm）中，每個14g，放進冷凍庫冷卻定型。

■ **杏仁海綿蛋糕**
（60×40cm烤盤的1盤分量／510g）

全蛋 220g	細砂糖 150g
奶油 20g	低筋麵粉 66g
法式布丁（Flan）粉 50g	杏仁粉 50g

1 依照p51的操作要領製作。

■ **組合2**
1 將杏仁海綿蛋糕以圈模壓切成直徑5cm大小。
2 每片用刷子刷上6g的草莓糖漿。再放上已冷凍定型的糖煮莓果並使其貼合，放進冷凍庫冷卻定型（i）。

■ **巧克力鏡面**
（容易操作的份量）
巧克力鏡面（Pâte à glacer）（白巧克力） 300g
椰子絲（長絲） 45g

1 於融化的巧克力鏡面中加入稍微烘烤過的椰子絲，並以橡皮刮刀拌勻（j）。在溫暖具流動性狀態下使用。

■ **卡士達鮮奶油**
（1個6g）
卡士達奶油（→p107） 300g
鮮奶油（脂肪成分45%） 90g

1 在卡士達奶油中分三次拌入鮮奶油，每次都以網狀攪拌器攪拌均勻。

■ **組合3**
1 在裝有口徑5mm細孔泡芙用花嘴的擠花袋中，填入卡士達鮮奶油，在泡芙底部的孔洞中擠滿。
2 於上方蘸上巧克力鏡面（k），排列於鋪有OPP膠膜的烤盤上待其凝固。
3 轉動塔的側邊以沾裹上巧克力鏡面，放置於鋪有OPP膠膜的烤盤上（l）。
4 由於多餘的巧克力鏡面會流下，為避免流下後大量凝固在塔底，需要移動放置位置，直至完全凝固為止。
5 將冷凍定型的糖煮莓果與杏仁海綿蛋糕自軟烤模脫模，海綿蛋糕的面朝下，疊在步驟4上方的正中央。
6 將步驟2的底部蘸上巧克力鏡面，並等間隔的黏貼3顆在糖煮莓果側邊，使其保持站立（m）。

■ **楓糖風味香緹鮮奶油**
（1個40g）
鮮奶油（脂肪成分40%） 185g
細砂糖 18g
香草醬 1.2g
楓糖 0.5g

1 於鮮奶油中加入細砂糖，以網狀攪拌器打至6分發。
2 加入香草醬與楓糖，打至7分發（n）。

■ **完成**
白巧克力薄片（直徑2.5cm，紅色與茶色→p113） 1片
草莓 適量
香草風味果膠（→p109） 適量
紅醋栗 適量

1 在裝有16齒15號星形花嘴的擠花袋中，填入楓糖風味香緹鮮奶油，於塔上的泡芙之間與正上方中央，擠上螺旋狀玫瑰花（o）。
2 裝飾上白巧克力薄片。
3 切掉草莓蒂頭後橫切，於草莓橫切面刷上香草風味果膠，再放上。最後裝飾上紅醋栗（p）。

草莓夏洛特

Charlotte Fraises

草莓夏洛特以草莓爲主軸，再加上芭芭露亞、蛋糕體等組成，是一道柔和風味的傳統甜點。
濃郁的芭芭露亞與滑順的草莓慕斯、帶脆勁卻輕盈的指形蛋糕的組合中，
再搭配上滿溢果實風味的糖煮莓果、草莓糖漿與果醬，滋味與香氣都倍增。
保留原有柔和形象的同時，會因爲每個要件交織組成的風味與口感，
而帶給人強而有力的印象。
可以親身體驗這種感受的一道甜點。

草莓夏洛特的口味組合

POINT 1
糖煮莓果
Compotes aux Fruits Rouges
這道甜點的關鍵。促使甜點產生一致性，如同醬汁般的角色。鮮明風味。

POINT 2
指形蛋糕
Biscuit Cuillere
與芭芭露亞及慕斯形成對比的爽脆、輕盈口感。

POINT 3
草莓慕斯
Mousse aux Fraises
草莓的鮮美滋味。多汁柔滑的質感。

POINT 5
杏仁海綿蛋糕
Génoise aux Amandes
吸滿糖漿，增添鮮明風味與風味。

POINT 9
香草風味果膠
Nappage à la Vanille
顯現光澤感。

POINT 8
草莓、覆盆子、紅醋栗
Fraises, Framboises, Groseilles
裝飾。新鮮果實的口感與酸味。

POINT 7
莓果果醬
Confiture aux Fruits Rouges
新鮮色澤、強烈風味與香氣的點綴。

POINT 4
芭芭露亞
Bavaroise
入口即化的細緻質感與輕盈的入口感。不輸給草莓的香醇風味。

POINT 6
草莓糖漿
Sirop de Fraises
凸顯草莓風味的秘密武器。爲整個甜點帶來一致性。

草莓夏洛特的7大重點

POINT 1 糖煮莓果
Compotes aux Fruits Rouges

將草莓、野草莓（Fraisier des bois）稍微加熱後再加入檸檬汁、紅石榴糖漿（Grenadine），以少量的吉利丁凝固做成”糖煮莓果果凍”。

凸顯草莓風味

- 選用濃郁的歐洲產草莓→p163
- 使用寬底鍋，以大火快煮→p163
- 吉利丁只添加極少量→p163
- 做成較厚的造型以凸顯鮮明風味→p163

POINT 2 *Biscuit Cuillere* 指形蛋糕

拌合蛋白霜與玉米粉，再拌入蛋黃、低筋麵粉。
擠成條狀後噴水，再篩上2次糖粉後烘烤。

蓬鬆的分蛋蛋糕

製作細緻扎實的蛋白霜

提高細砂糖的比例，並於較早階段便加入蛋白中打發。不使用高速，而以中速花時間慢慢打發，讓糖確實溶解，以製成細緻的扎實蛋白霜。

添加玉米粉

添加蛋黃與低筋麵粉前，先在蛋白霜內拌入玉米粉。這個做法可提高保形性做成扎實的蛋白霜，麵糊擠出時也較不容易癱軟。

不是用「分蛋法」

不使用一般傳統作法的「分蛋法」，而選擇在扎實的蛋白霜中拌入打散的蛋黃與粉類，製作成不容易消泡且扎實的蛋糕體。

表面烤得爽脆

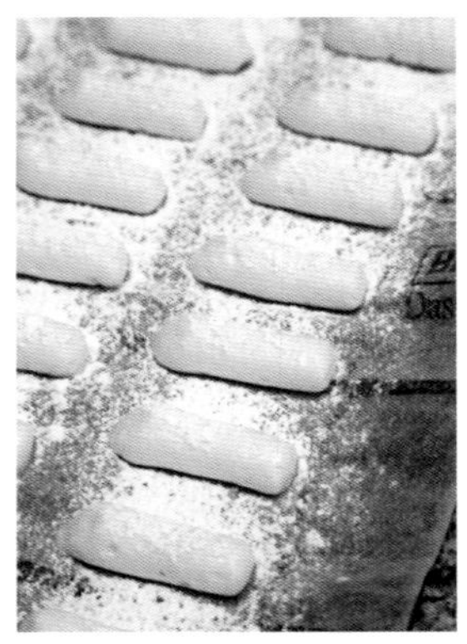

烤出美麗的「Perle散落珍珠」

要在指形蛋糕體表面烤出Perle（散落的珍珠）狀的糖結晶，通常是直接在麵糊上篩上糖粉，但先噴水後再篩粉，是AIGRE DOUCE風格的獨特作法。如此一來糖粉溶解較快，容易在短時間內形成薄膜，並再次撒上適量糖粉烘烤，則會浮現美麗珍珠般的糖結晶。糖粉一旦過少會直接融入麵糊中，無法浮出呈現顆粒狀，而過多則會成為結塊，因此要特別小心。選用不含玉米粉的純糖粉，每次篩的量以能稍微覆蓋麵糊程度為佳。

比較

糖粉量與珍珠般結晶的關係

照片左方為篩撒了2次糖粉後烘烤的指形蛋糕。形成了美麗珍珠般的糖結晶。只篩撒一次的話（右上），則糖粉幾乎都融入麵糊中，無法形成珍珠般結晶。但若篩撒了4次，就會如右下般造成糖粉結塊。

於販賣當天組合

過去的做法通常是在圈模內貼上指形蛋糕，再倒入慕斯於冷藏庫定型。但這樣會破壞特地塑造出的爽脆口感。因此選擇於販售當天組合，避免讓慕斯與芭芭露亞的水分滲透進指形蛋糕內，以保有酥脆的嚼感。

POINT 3 *Mousse aux Fraises* 草莓慕斯

將草莓打成泥狀再添加紅石榴糖漿與利口酒，最後與細砂糖、吉利丁、打至6分發的鮮奶油拌合以製成慕斯。

將草莓風味發揮至極致

打成泥狀但殘留果實感

將風味強烈的歐洲產草莓打成泥，但殘留部分果肉，不過篩即可使用。以草莓利口酒（Crème de Fraise）增強風味，以紅石榴糖漿（Grenadine）增強色澤與風味，藉以平衡不同季節草莓所造成色澤的差異。使用自製果泥可透過果肉的口感與風味，使人感覺更貼近理想的草莓風味。

以最小限度加熱

僅將草莓果泥1/3的份量隔水加熱，加入細砂糖與吉利丁並拌至溶解。剩下的2/3不加熱直接拌入，可凸顯純粹的草莓風味、色澤與香氣。

打造鮮美質感

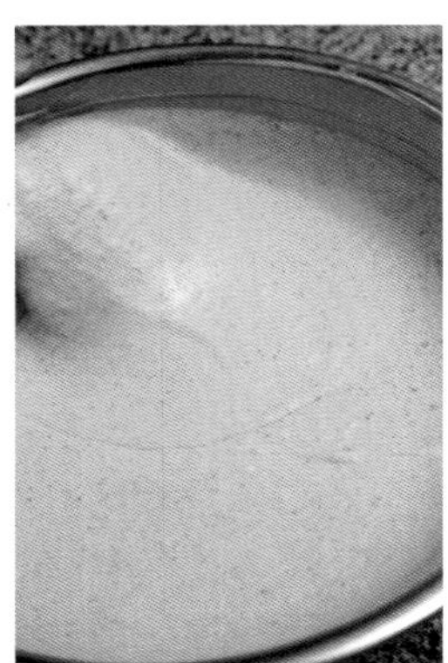

鮮奶油打發成較軟的程度

鮮奶油一旦打發過頭，便會形成乾粗的口感，因此僅打至6分發程度。在與果泥拌合時仍能呈現柔滑的光澤，營造出鮮美多汁的質感。

不添加義式蛋白霜

於慕斯中添加義式蛋白霜，可使整體質感呈現輕盈感且保形性也會提高，但相對的將會降低果實的比例，導致果實風味銳減。為襯托草莓的鮮美風味，特地捨棄添加蛋白霜的做法，簡單呈現整體風味。

比較

市售商品

自製品

自製與市售果泥的不同

果實風味更飽滿更能強調草莓的存在感，是自製品的特長。可保留部分草莓果肉等，製作成各自喜好需求的狀態。

POINT 4 *Bavaroise* 芭芭露亞

熬煮英式蛋奶醬（Crème anglaise）後，再與吉利丁、白蘭地、櫻桃白蘭地（Kirschwasser）、6分發鮮奶油充分拌合。

濃郁的風味

提高蛋黃添加比例

為凸顯芭芭露亞的濃郁風味，提高了蛋黃的添加比例。由於僅在英式蛋奶醬中添加糖分，因此更可呈現出香甜滋味與柔滑質感。

呈現細緻質感

⇒ 參考奶油霜Crème au Beurre

- 均勻加熱→p45
- 攪拌不停手，以餘溫完成→p45

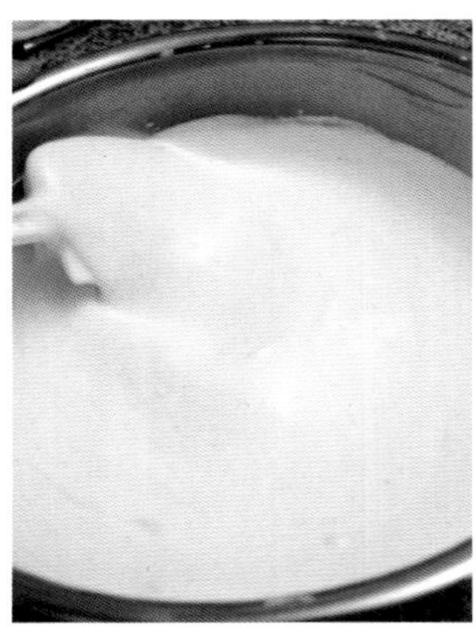

添加大量鮮奶油

為了凸顯英式蛋奶醬的濃郁度，並呈現出接近慕斯的質感，因此提高鮮奶油比例。不添加糖分將鮮奶油打至偏軟的6分發程度，也有助於與草莓慕斯無違和地呈現柔滑，且口感融合的一大訣竅。

POINT 5 *Génoise aux Amandes* 杏仁海綿蛋糕

打發全蛋與細砂糖，拌入低筋麵粉、法式布丁(Flan)粉、杏仁粉後烘烤成氣孔粗大的蛋糕體。

製作氣孔粗大的海綿蛋糕

- 以高速一口氣打發→p51
- 降低糖分和粉類→p51

POINT 6 *Sirop de Fraises* 草莓糖漿

於糖漿中添加草莓果泥以提高新鮮果實感。透過風味的強化而凸顯出甜點的整體一致性。草莓果泥若是在盛產期也可自製。若使用自製品要注意，為了讓糖漿能
確實吸收入海綿蛋糕內，應確實過篩以製成滑順的質感。

POINT 7 *Confiture aux Fruits Rouges* 莓果果醬

使用寬口鍋開大火快速加熱，以保留莓果原本的色澤與風味。不熬煮過頭，煮好後即倒在烤盤上攤開以幫助水分蒸發，不過度加熱有助於濃縮風味。加入較多量的果膠可提高保形性，擠進指形蛋糕與莓果間空隙直至滿溢而出，不論視覺或味覺上，皆是絕佳的點綴。

草莓夏洛特的配方

直徑6×高4cm圈模54個

■ 糖煮莓果
(1個14g)
草莓(冷凍，整顆) 486g
野草莓(Fraisier des bois)(冷凍，整顆) 243g
細砂糖 109g
檸檬汁 31g
紅石榴糖漿(grenadine) 16g
吉利丁片 3.8片

1 依照p166操作要領製作。
2 注入直徑4cm圓形軟烤模中，每個14g(厚度約為1.25cm)，放進冷凍庫冷卻定型(a)。

■ 杏仁海綿蛋糕
(60×40cm烤盤的1盤分量／510g)
全蛋 220g
細砂糖 150g
奶油 20g
低筋麵粉 66g
法式布丁(Flan)粉 50g
杏仁粉 50g

1 以p52的操作要領製作。

■ 草莓糖漿
(1個8g)
草莓果泥 158g
波美30°糖漿(→p108) 158g
水 95g
紅石榴糖漿 22g

1 拌合所有材料備用。

■ 指形蛋糕
(容易操作的份量)
蛋白 140g
細砂糖 140g
玉米粉 25.5g
蛋黃 80g
低筋麵粉 100g
糖粉 適量

1　使用攪拌器以中速攪打蛋白，加入一把細砂糖後打發。待細砂糖打至溶解後再加入一把。重複此流程3～4次。

2　打發至會留下網狀攪拌器痕跡程度後，將攪拌器轉至高速，打發至可拉出扎實尖角程度為止。

3　移至鋼盆中以橡皮刮刀拌入玉米粉。加入打散的蛋黃，未完全拌勻前即可拌入低筋麵粉（b）。

4　填入裝有口徑13mm圓形花嘴的擠花袋內，於鋪有烤盤紙的烤盤上，擠出與花嘴同寬，長4cm棒狀麵糊（c）。

5　於麵糊表面噴上水霧（分量外），篩上糖粉。糖粉溶解後再篩上第二次（d）。

6　待糖粉溶解，僅殘留部分於麵糊上的程度，即可放進170°C旋風烤箱烘烤約10分鐘。連著烤盤紙一起移至網架放涼（e）。

■ 組合1

1　以直徑5cm圈模，在杏仁海綿蛋糕上壓切成所需大小。

2　於烤盤鋪上OPP膠模，並排列上直徑6×4cm的圈模。於未上色的面刷上滿滿的草莓糖漿（f），並將該面朝上套進圈模底部。

■ 草莓慕斯

（1個約26g）
草莓（冷凍，整顆）　706g
紅石榴糖漿（grenadine）　44g
草莓利口酒（Crème de Fraise）　56g
細砂糖　119g
吉利丁片　8.4片
鮮奶油（脂肪成分35%）　477g

1　將草莓放入鋼盆中，以手持式電動攪拌棒攪打成稍微殘留部分果肉程度的果泥。拌入紅石榴糖漿與草莓利口酒（g）。

2　將1/3移至另一鋼盆中隔水加熱。加入細砂糖並以橡皮刮刀攪拌，續隔水加熱至再拌入的吉利丁片融化為止。

3　將剩餘的步驟1拌入步驟2。

4　將步驟3慢慢加入打至6分發的鮮奶油內，並以橡皮刮刀拌勻（h）。

■ 組合2

1　將草莓慕斯填入裝有口徑13mm圓形花嘴的擠花袋內，擠入底部已放有海綿蛋糕的圈模中，每1個約26g。

2　將莓果果醬自軟烤模脫模，放置於步驟1中央，輕輕按壓使果醬沉入，慕斯與果醬同高為止（i）。放入急速冷凍庫冷凍。

■ 芭芭露亞

（1個30g）
蛋黃　230g
細砂糖　239g
牛奶　750g
香草莢　1根
吉利丁片　6.7片
覆盆子白蘭地 12g
櫻桃白蘭地（Kirschwasser）　12g
鮮奶油（脂肪成分35%）　650g

1　於鋼盆中加入蛋黃並打散，加入2/3細砂糖並以網狀攪拌器拌勻。

2　鍋中加入牛奶與剩餘的細砂糖、香草籽、香草莢。開大火以橡皮刮刀邊攪拌至沸騰。

3　將步驟2一半的份量加入步驟1中，並以橡皮刮刀拌勻後再倒回鍋中。開小～中火以網狀攪拌器邊攪拌邊煮。待冒出大氣泡並變濃稠（80°C為宜）即可熄火。以橡皮刮刀繼續攪拌，利用餘溫繼續加熱。

4　加入吉利丁並拌至融化後，以錐形濾網（chinois）過篩入鋼盆中，隔冰水持續攪拌降溫至約38°C，加入覆盆子白蘭地與櫻桃白蘭地（j）。

5　步驟4中加入打至6分發的鮮奶油，並以網狀攪拌器拌勻（k）。改持橡皮刮刀攪拌至整體均勻為止。

■ 莓果果醬

（容易操作的份量）
草莓（冷凍，整顆）　400g
覆盆子（冷凍，碎粒）　100g
細砂糖　375g
果膠　8g

1　以p58的操作要領製作。

■ 組合3及完成

香緹鮮奶油（8分發）　適量
草莓　適量
覆盆子　適量
香草風味果膠（→p109）　適量
紅醋栗　適量

1　將芭芭露亞裝入麵糊填充器，填入已裝有慕斯的圈模中（l）。放進急速冷凍庫冷凍。

2　將步驟1自冷凍庫取出，以噴火槍稍微加溫後脫模。

3　指形蛋糕內側蘸上少量香緹鮮奶油，排列並黏貼於步驟2的側面（m）。

4　於上方不規則排列已切去蒂頭並縱切成四等分的草莓，以及縱切對半的覆盆子。

5　草莓及覆盆子刷上已加熱的香草風味果膠。

6　將莓果果醬裝入烘焙紙擠花袋中，擠入草莓、覆盆子與指形蛋糕上方的空隙間（n）。裝飾上紅醋栗。

基本概念

廣受大家喜愛並擁有高級感形象的巧克力甜點，對西式甜點店來說是不可或缺的存在。隨著巧克力本身的滋味、品種、產地等日益受到重視，僅使用單一莊園巧克力…等，以巧克力特質為主角的商品有如雨後春筍。我本身雖然也相當堅持巧克力品質，但對於巧克力的品種及產地等枝微末節的差異性，並不特別執著。因為巧克力甜點乃是運用了乳製品、蛋、麵粉、水果、香料等，各種素材組合而成的複合成品。要在其中主張巧克力纖細的特質，其實相當的困難。例如，如果想在巧克力蛋糕中添加少許酸味，即使想透過巧克力的酸味來強調，但其實這個酸味根本過於纖細，必定感覺力道不足。與其如此，我想不如添加水果等酸味的效果將更為鮮明。

巧克力本身即是經調整過油脂成分，與糖分等的加工品。直接品嚐也相當美味。因此我的製作重點並非直接呈現某人所製作的巧克力風味，而是將其與各種滋味做搭配，用以呈現屬於我自己的風味。本店僅使用二款苦甜巧克力（冷藏甜點使用可可含量55%，常溫蛋糕使用可可含量52%）、一款牛奶巧克力（可可含量35%）、一款白巧克力。每一款都是苦味、酸味與可可含量的比例恰到好處，盡可能選用可運用自如，使用方便的巧克力。此外，也使用可可膏、可可粉、可可脂等。

巧克力的困難之處

巧克力常給人「難駕馭」、「操作要很小心」等印象。我想這主要是因為巧克力的風味、甜味、口感（凝固力），這三大要素要能同時控制得當並不容易所致。即使為了調整其中一個要素，同時卻也會對其他要素產生影響。例如，為了加強巧克力風味而增加比例，則會使甜度過強或因油脂量（可可脂）變高，使得凝固力太強，而顯得厚重，失去其原本化口性較佳的質感。此外，乳化的最佳比例一旦被破壞，也會失去其原有的柔滑感及光澤等。

就口感來說，可可含量越高則油脂成分便越高，相對地糖分就越少，因此凝固力會增強，因而形成容易油水分離的狀態。此外，也要注意需花更長時間才能凝固。即使已經調溫過的巧克力要達到100%結晶結合，在18～20℃室溫條件下也得要花兩周以上時間。因此，不論是甘納許、巧克力慕斯等，都不可以將製作完成當下的硬度，認定為最適合食用時的硬度。要將到販賣給客人品嚐為止，放置於冷凍庫或冷藏庫所耗費的時間考慮進去，比起剛完成當下，應該更進一步將結晶化狀態後的口感，列入計算當中。

此外，若將巧克力與其他素材搭配使用，馬上放進冷凍庫則會中止結晶化的進行，因此應先放置於冷藏庫一整天，使其慢慢冷卻，才能確保確實結晶。

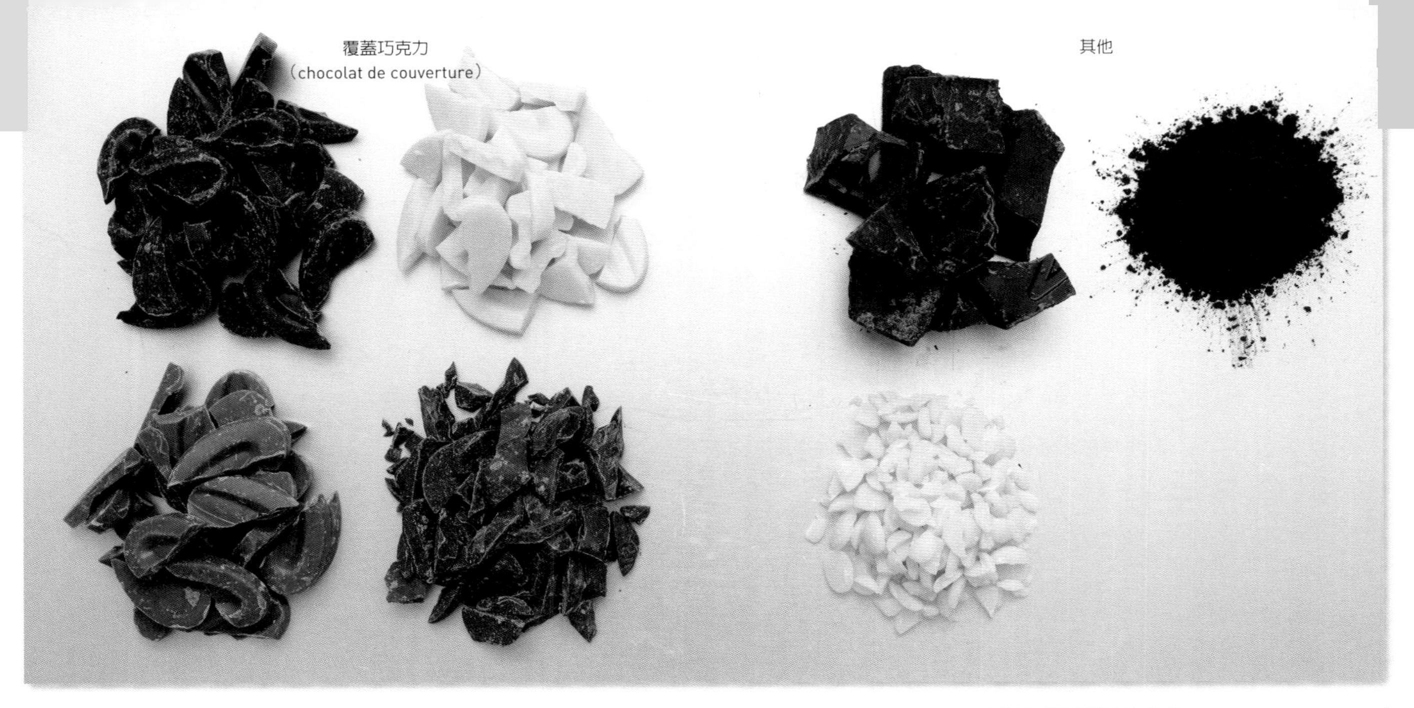

AIGRE DOUCE所使用的覆蓋巧克力（chocolat de couverture）與巧克力相關食材。覆蓋巧克力（照片左側）由左上起順時鐘方向依序為，主要用於冷藏甜點的苦甜巧克力（可可含量55%）、白巧克力、主要用於常溫蛋糕的苦甜巧克力（可可含量52%）、牛奶巧克力（可可含量35%）。照片右側的巧克力相關食材，由左上起順時鐘方向依序為，可可膏、可可粉、可可脂。AIGRE DOUCE並未區隔使用不同風味或產地的覆蓋巧克力，或收集各種單一莊園的數種巧克力。

＊至少含32%可可脂（beurre de cacao）的巧克力稱為覆蓋巧克力（chocolat de couverture）。

比較 POINT 1

可可的結晶化進程緩慢

巧克力的可可脂會透過結晶化而凝固，但相當費時。避免放進冷凍庫硬是達到凝固狀態，放到冷藏庫慢慢凝固有助於製作出穩定的甘納許。

比較 POINT 2

可可成分的不同會影響口感

即使同為苦甜巧克力，可可成分高者可可脂含量較多，凝固力強，因此可可成分高，會形成較硬的質感。

比較 POINT 3

乳脂肪成分與油脂成分影響甘納許狀態

巧克力或鮮奶油中的脂肪成分越高，冷卻後會顯得更堅硬。因此在製作慕斯或甘納許時，即使比例相同，依可可含量或乳脂肪成分不同，會造成脂肪成分低者變得柔滑，而脂肪成分高者，則形成濃郁的口感與風味的差異。照片即為當不同可可含量與脂肪成分的巧克力，以同比例與鮮奶油拌合時的狀況。脂肪成分越高越硬且越濃郁。

柔情

Tendre

將巧克力的奧妙發揮至最極致，

並單純以巧克力風味要件組合堆疊，正是柔情這道甜點。

「Tendre」是法文「柔軟」之意。

這道甜點最大的重點在於，如何讓強烈的巧克力風味與輕盈的質感，及後韻相得益彰。

整個構想以輕盈甘納許爲起點，搭配入口即化、軟嫩的奶酪，

以及綿軟蛋糕體的組合，每個組合的要件都呈現了不同的變化。

在一律強烈的口味調性中，調整使其不流於厚重且單調的滋味，

而瀰漫香醇的特殊風味。

柔情的口味組合

POINT 3
巧克力奶酪
Blanc-Manger au Chocolat
柔滑彈力、軟嫩的口感，及滑溜的化口性，單純的巧克力風味。

POINT 1
輕盈甘納許
Ganache Légère
這道甜點的主角。鮮明強烈的巧克力風味。柔滑的口感。

POINT 7
巧克力馬卡龍
Macaron au Chocolat
視覺與口感的點綴。

POINT 4
巧克力蛋糕
Biscuit Chocolat
浸滿糖漿，增添鮮明風味。

POINT 8
巧克力裝飾
Decoration de Chocolat
裝飾。

POINT 6
巧克力鏡面
Glaçage Cacao
黝黑晶亮的光澤。濃稠柔滑的口感。

POINT 5
糖漿
Sirop
干邑白蘭地(Cognac)深沉芳醇的香氣。為甜點增添勁道與順口度。

POINT 2
巧克力風味英式蛋奶醬
Crème Anglaise au Chocolat
另一個主角。巧克力特有的濃郁及濃稠的口感。

柔情的7大重點

Ganache Légère
輕盈甘納許

於苦甜巧克力中加入兩倍以上份量的鮮奶油，再加入少量奶油拌勻，製作成極軟滑的甘納許。

柔滑的口感

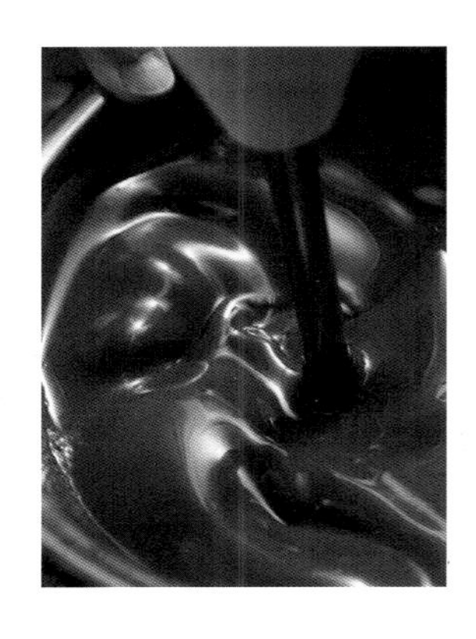

使用手持式電動攪拌棒幫助乳化

製作甘納許時，若添加較高比例砂糖或卵磷脂皆可有效幫助乳化，但輕盈甘納許使用簡單的配方，且砂糖比例偏低，不易達到乳化。因此運用手持式電動攪拌棒輕巧攪拌避免拌入空氣，讓油脂成分與水分充分拌合，以達到更加細緻的乳化狀態。

忠實呈現巧克力風味

使用高比例鮮奶油的單純配方

只使用巧克力、鮮奶油、奶油的單純配方製作甘納許，凸顯出鮮明強烈的巧克力風味。由於油脂比例高，因此呈現奢華濃郁風味，更富存在感。

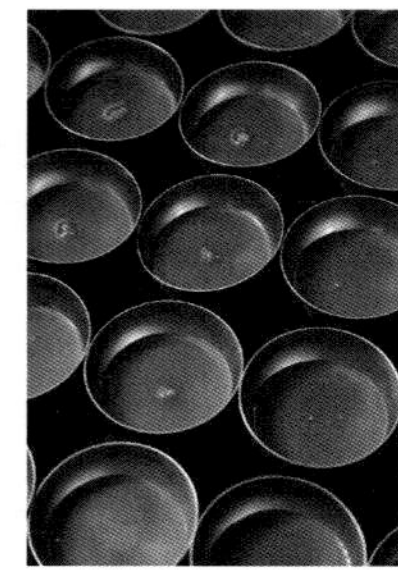

調整至濃稠狀態後才入模

甘納許若於溫暖狀態入模，則油脂會先浮起才凝固，影響原本柔滑的口感。而且可可脂凝固時會收縮造成凹陷。因此應不時攪拌甘納許，使其降溫至濃稠狀態，在整體油脂呈現均勻分布狀態下，再入模冷卻定型。

POINT 2 巧克力風味英式蛋奶醬

Crème Anglaise au Chocolat

將運用等量牛奶與鮮奶油製作的低糖英式蛋奶醬，與苦甜巧克力拌合，成爲濃郁的巧克力奶油餡。

呈現濃郁的巧克力感

以英式蛋奶醬爲基底

以低糖度的英式蛋奶醬為基底，增添層次感。為避免過於厚重，拌入鮮奶油與鮮奶，為不過度強調蛋的風味，而減少了蛋黃的份量。透過確實達到乳化狀態呈現柔軟滑嫩的舌尖觸感。

呈現柔滑質感

攪拌不停手

由於英式蛋奶醬中的糖分少，因此蛋容易受熱，所以要特別小心。從開始加熱直到以錐形網篩過篩為止，手都不可停止攪拌。快煮到完成階段前熄火，利用餘溫加熱也是操作的一大重點。此外，添加少量轉化糖以取代砂糖也有助於乳化。

使用手持式電動攪拌棒幫助乳化

英式蛋奶醬與巧克力拌合後，使用手持式電動攪拌棒攪拌，並避免打入空氣，可幫助英式蛋奶醬的水分與巧克力的油脂達到乳化，呈現柔滑狀態。

POINT 3 巧克力奶酪

Blanc-Manger au Chocolat

待添加了香草的牛奶煮沸後，加入細砂糖與吉利丁，再拌入可可膏中，最後與打至3分發的鮮奶油拌合。

增加巧克力感

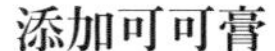

添加可可膏

使用可可成分100%的可可膏，少量即可確實凸顯出巧克力風味且可控制甜度。但容易結塊，因此以手持式電動攪拌棒確實攪打，是一大要訣。

同時呈現鮮明風味與柔滑度

利用少量吉利丁呈現口感的變化

於奶酪中添加少量吉利丁，有助於呈現巧克力的濃稠質地，並展現富彈性、柔滑的口感。

冷藏一天後再冷凍

可可脂是個需要花長時間凝固的食材。若在巧克力糊完成後馬上冷凍，則可可脂會在結晶前便因冷卻而結冰，解凍後會化掉而流出。但若為此增加吉利丁用量，可可脂會在食用前即凝固完成，使得口感變得越來越扎實。因此必須將可可脂的凝固力計算入配方中，在冷凍的一天前，先在冷藏庫中讓可可脂確實結晶化，達到凝固狀態。

拌入打至3分發的鮮奶油

鮮奶油未打發即添加入奶酪，會造成解凍後易出水的狀況，口感也不佳。若能先將鮮奶油打發，則鮮奶油中所含氣泡（即孔隙），將可承接水分，減少出水情形，呈現柔滑的口感。不過一旦打過發，則會變成慕斯狀態，與所追求的印象不同，因此要小心。

Biscuit Chocolat

POINT 4 巧克力蛋糕

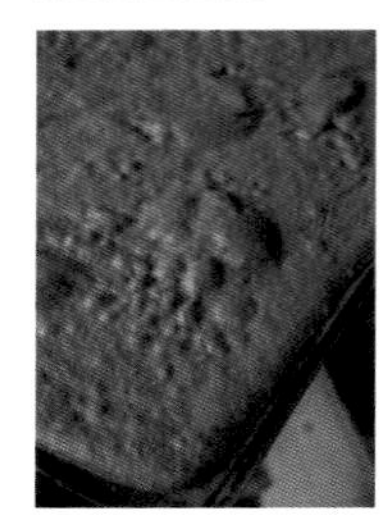

於蛋白霜中拌入蛋黃、可可粉、玉米粉、泡打粉，再與融化好的苦甜巧克力、奶油拌合後烘烤。

並用巧克力與可可粉

巧克力比例高的蛋糕體在冷卻後容易變得偏硬，因此與可可粉並用，以形成柔軟的質感。可可粉一旦過多則會有不夠香濃的問題，因此添加較多奶油以補足脂肪成分。

呈現柔軟綿密的質感

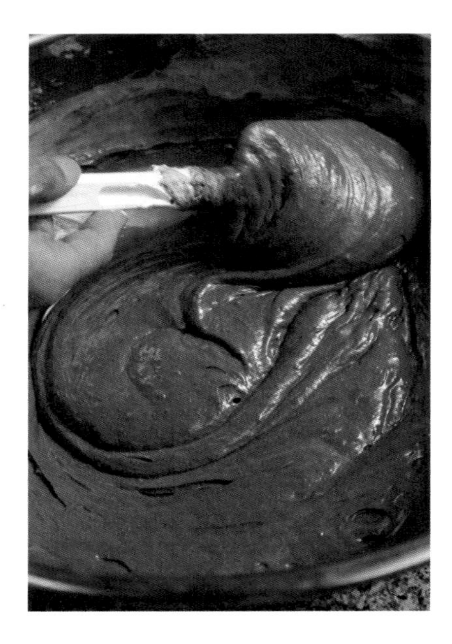

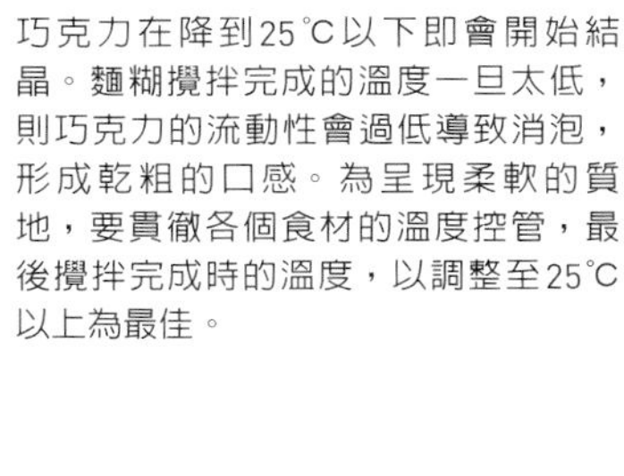

拌完時麵糊溫度在25℃以上

巧克力在降到25℃以下即會開始結晶。麵糊攪拌完成的溫度一旦太低，則巧克力的流動性會過低導致消泡，形成乾粗的口感。為呈現柔軟的質地，要貫徹各個食材的溫度控管，最後攪拌完成時的溫度，以調整至25℃以上為最佳。

製作細緻扎實的蛋白霜

提高細砂糖的比例並在較早的階段即加入蛋白中攪打。不以高速而以中速花時間慢慢打發，以讓砂糖能確實溶解，形成細緻且扎實的蛋白霜。

添加玉米粉與泡打粉

以玉米粉取代低筋麵粉，以兼顧保形性與輕盈感。此外，為了烘烤成為綿軟質地，也添加了少量的泡打粉。

讓巧克力的風味更為強烈

並用苦甜巧克力與可可粉

由於苦甜巧克力的比例越高，則蛋糕體會變得更厚重，因此與可可粉並用。在凸顯出蓬鬆質感的同時，還能強調巧克力的強烈風味。

比較

為讓蛋糕體呈現巧克力風味

海綿蛋糕採用全蛋一起打發，因此氣泡較不堅固一旦添加巧克力即容易消泡。此外，若只使用可可粉，不僅滋味、色澤也嫌不足。柔情中所使用的巧克力蛋糕，是將蛋白與蛋黃分別打發，可扎實地將空氣打入，因此即使添加巧克力也不容易造成消泡，不論口味或色澤都能強烈傳達巧克力感。

POINT 5 *Sirop* 糖漿

拌合干邑白蘭地（Cognac）與波美30°糖漿。

爲整個蛋糕增添力道與深度

添加大量的干邑白蘭地

干邑白蘭地與巧克力是登峰造極的經典組合。透過添加木桶中熟成的豐富香氣，讓風味更添深度與層次感。相較於櫻桃白蘭地（Kirschwasser）般，帶勁道的透明蒸餾酒，干邑白蘭地更能與巧克力的強烈風味搭配得恰到好處。為了讓人留下鮮明印象，糖漿的比例製作得較為濃郁，並且滿滿的吸入蛋糕體中。

比較

干邑白蘭地風味的效果

右為將波美30°糖漿、水、干邑白蘭地以同比例拌合者。左為波美30°糖漿中加入其1.5倍干邑白蘭地者，不論香氣或滋味都更為強烈。

浸漬蛋糕體後先冷凍

為了讓蛋糕能吸入滿滿的糖漿，因此直接浸漬吸滿糖漿後排列於烤盤上，並送進冷凍庫。可避免組合時因水分導致蛋糕體崩壞，保有鮮明風味。

POINT 6 *Glaçage Cacao* 巧克力鏡面

將可可粉以水拌開，再加入鮮奶油、糖漿、水麥芽、細砂糖後煮至沸騰，再拌入吉利丁，製作成爲巧克力鏡面。

製作成柔滑且光亮質感

將糖份、油脂成分、水分調整到恰到好處的比例

能確實拌勻的可可粉與水的比例為1比2，若能將糖份、油脂成分、水分，以恰到好處的比例拌合，則會因溶解的糖與水分，加上乳化作用…等種種要素的結合，而產生光澤感，呈現有深度的透亮質感。

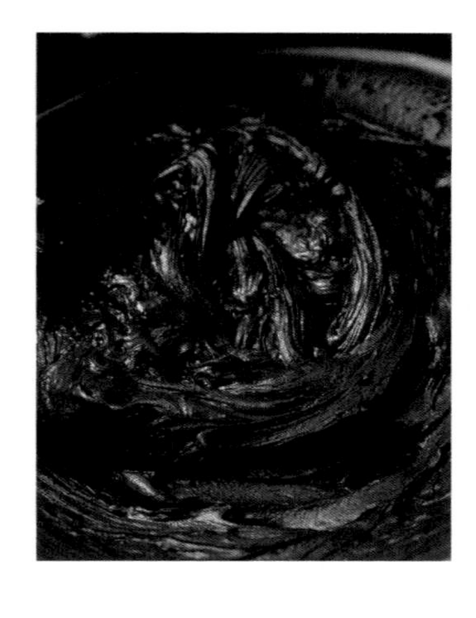

以橡皮刮刀不停攪拌

若拌入空氣則會在淋覆上蛋糕時呈現反白狀態，失去光澤感。因此在製作巧克力鏡面時，一開始的材料先以網狀攪拌器大致拌勻後，便改持橡皮刮刀，小心攪拌避免拌入空氣。

半解凍後再淋上鏡面

若於冷凍狀態的蛋糕淋上鏡面，則容易在表面結霜或結露造成反白。因此必須先於冷藏庫，讓蛋糕解凍至表面不再結霜的半解凍狀態後，才淋上鏡面，以呈現黝黑晶亮的光澤。像這款柔情一樣，鏡面裝飾占整個蛋糕一大部分的甜點，特別需要小心。

淋覆鏡面時的蛋糕溫度

如照片左邊般於冷凍狀態淋覆鏡面，會造成反白，失去光澤。右邊為半解凍後才淋覆的鏡面。

完成階段的裝飾選擇造成的口感差異

即使一樣的巧克力口味，若選用噴砂則油脂成分較高，會形成較為濃郁的風味，並帶有粗乾的舌尖觸感。然而鏡面，則會帶來滑順且濃稠的口感，特別是黝黑的晶亮光澤，更是光采奪目。

POINT 7 巧克力馬卡龍

Macaron au Chocolat

於打至6分發的蛋白霜中加入杏仁粉、糖粉、可可粉，以低溫烤箱乾燥烘烤。

在這款甜點中，以做出光滑漂亮的表面與爽脆的口感為優先條件，以打成偏軟的蛋白霜，再拌入糖粉的作法製作，最後不做壓拌混合麵糊（macaronnage）的動作即烘烤。如此一來氣泡可保持穩定狀態。由於色澤在烘烤過程中會有所變化，因此添加紅色色粉。

柔情的配方

直徑6.5cm的半圓形約48個

■ 巧克力奶酪

（1個14g）

牛奶 245g
香草莢 1根
細砂糖 55g
吉利丁片 2片
可可膏（cocoa mass） 70g
鮮奶油（脂肪成分35%） 245g

1 於鍋中加入牛奶、香草籽與香草莢後加熱。沸騰後即熄火，加入細砂糖拌至溶解，加入吉利丁並以網狀攪拌器拌溶。
2 將可可膏放入鋼盆，並隔水加熱使其融化。
3 將步驟1分3次過篩倒入步驟2（a），每次皆以橡皮刮刀拌至柔滑狀態為止。
4 使用手持式電動攪拌棒使其乳化成為柔滑狀態。並將鋼盆底部隔冰水降溫至21℃為止。
5 加入打至3分發的鮮奶油，以橡皮刮刀拌合。
6 填入麵糊填充器中，倒入直徑4cm的半圓形軟烤模內，每個14g（b）。放進冷藏庫冷卻定型一天，再移至冷凍庫。

■ 巧克力蛋糕

（60×40 cm烤盤2張份量／1張770g）

覆蓋巧克力（chocolat de couverture）（苦甜巧克力） 240g
奶油 280g
蛋白 335g
細砂糖 320g
蛋黃 200g
可可粉 80g
玉米粉 135g
泡打粉 3g

1 於鋼盆中加入覆蓋巧克力與奶油，隔水加熱以橡皮刮刀拌融至約55℃（c）。
2 以攪拌器打發蛋白，稍打發後即加入一把細砂糖，以中速打發，待打發至出現大氣泡且整體冒起泡，再慢慢加入細砂糖，持續以中速攪打，直到可拉出扎實的尖角為止。
3 移至鋼盆中並加入打散的蛋黃，以橡皮刮刀拌合。
4 加入已拌合的可可粉、玉米粉、泡打粉，以橡皮刮刀拌勻（d）。加入步驟1，並快速拌勻。
5 在鋪了矽膠墊的烤盤上倒入770g麵糊，並以L形抹刀抹平（e）。
6 送進190℃旋風烤箱烘烤約6分鐘。烘烤完成後連著矽膠墊一起移至網架上，於室溫放涼。

■ 糖漿

（1個11.5g）
干邑白蘭地（Cognac） 345g
波美30° 糖漿（→p108） 210g

1　拌合干邑白蘭地與波美30° 糖漿。

■ 組合1

1　以圈模切壓巧克力蛋糕，圓形直徑4.5cm（A），與5.3cm（B）各48片。
2　將A浸漬於糖漿中使其吸滿糖漿（約7g），並排列於烤盤上。放進急速冷凍庫冷凍。
3　於每片B刷上4.5g糖漿（f），並排列於烤盤上。放進急速冷凍庫冷凍。

■ 輕盈甘納許

（1個20g）
覆蓋巧克力（chocolat de couverture）
（苦甜巧克力） 315g
鮮奶油（脂肪成分35%） 665g
奶油　50g

1　於鋼盆中放入覆蓋巧克力，加入1/3煮沸鮮奶油，以橡皮刮刀拌至融化，使其達到乳化狀態。拌至柔滑狀態後再加入剩餘的鮮奶油，以橡皮刮刀攪拌。
2　以手持式電動攪拌棒攪拌至柔滑狀態。
3　將切成1.5cm方塊大小的奶油恢復至室溫，加入步驟2中。以手持式電動攪拌棒攪拌均勻，至乳化為止。
4　置於室溫放涼，降至約25℃且變濃稠後，裝入麵糊填充器內，填入直徑6.5cm半圓金屬烤模中，每個20g（g）。
5　放入急速冷凍庫中降溫定型，直到搖晃也不會流動程度為止。

■ 組合2

1　將巧克力奶酪自軟烤模脫模，置於已倒入輕盈甘納許的烤模正中央。並將奶酪按壓沉入甘納許中與其同高。
2　放上冷凍的巧克力蛋糕A，以指尖輕按使其貼合（h）。放進冷凍庫冷卻定型。

■ 巧克力風味英式蛋奶醬

（1個35g）
蛋黃　195g
鮮奶油（脂肪成分35%） 470g
牛奶　470g　　轉化糖　80g
覆蓋巧克力（chocolat de couverture）
（苦甜巧克力） 510g

1　於鋼盆中放入蛋黃並打散。
2　將鮮奶油、牛奶、轉化糖放入鍋中，以網狀攪拌器攪拌至沸騰。
3　將步驟2倒入步驟1中，並以網狀攪拌器攪拌，再倒回鍋中，開中～小火，改持橡皮刮刀攪拌加熱至80℃為止。熄火，並不停以橡皮刮刀攪拌，利用餘溫加熱。
4　以手持式電動攪拌棒攪打至柔滑狀態為止。
5　於鋼盆中加入覆蓋巧克力，並將步驟4過篩加入。
6　以橡皮刮刀輕盈攪拌，再以手持式電動攪拌棒攪打至乳化狀態（i）。不時將附著於鋼盆內側的蛋奶醬刮下，整鍋攪拌均勻。
7　於室溫下降溫，至30℃後使用。

■ 組合3

1　將巧克力風味英式蛋奶醬裝入麵糊填充器內，填滿＜組合2的步驟2＞輕盈甘納許的上方，每個35g（j）。
2　放入急速冷凍庫，冷卻至搖晃也不流動程度的硬度為止。
3　於上方放上一片巧克力蛋糕B，並以手輕按使其貼合（k）。放進急速冷凍庫冷凍。

■ 巧克力鏡面

（容易操作的份量）
可可粉　150g　　水　300g
鮮奶油（脂肪成分45%） 150g
波美30° 糖漿（→p108） 50g
水麥芽　100g　　細砂糖　375g
吉利丁片　9片

1　於鋼盆中加入可可粉與水，以網狀攪拌器攪拌至有光澤的泥狀。
2　於鍋中加入鮮奶油、波美30° 糖漿、水麥芽、細砂糖，並以木杓不停攪拌至沸騰為止。
3　於步驟1中倒入1/3的步驟2，以網狀攪拌器攪拌均勻。確認未結塊並已攪拌均勻後，再倒入剩餘的步驟2，以攪拌器將整體拌開後加入吉利丁。改持橡皮刮刀輕盈攪拌，避免拌入空氣。
4　過篩（l）入鋼盆中，不燙之後放入冷藏庫靜置一晚。

■ 巧克力馬卡龍

（直徑約1cm／約280個）
蛋白　100g　　細砂糖 50g
色粉（紅） 少量　　杏仁粉　105g
糖粉　190g　　可可粉　20g

1　於攪拌盆中放入蛋白與細砂糖，以網狀攪拌器輕輕攪拌。
2　加入少量色粉，攪拌器以中高速攪打至6分發（已打發狀態，但以網狀攪拌器舀起時，會呈濃稠流下的程度）。
3　加入已拌合的杏仁粉、糖粉、可可粉，以刮板拌至稍有光澤狀態（m）。
4　將步驟3填入裝有口徑5mm圓形花嘴的擠花袋內，於鋪有矽膠墊的烤盤上擠出直徑7mm大小的圓形。
5　放進150℃旋風烤箱中烘烤約8分鐘，並直接於室溫放涼。

■ 完成

苦甜巧克力蕾絲（→p113） 適量
苦甜巧克力薄片（→p113） 適量

1　將冷凍過的蛋糕模於溫水隔水加熱後脫模，排列於網架上，放進冷藏庫半解凍至表面不結霜為止。
2　將巧克力鏡面加熱再降溫至25℃，裝入麵糊填充器。從步驟1正上方淋覆上整個蛋糕，並稍微放置後巧克力鏡面便會自然流下，待不流動後再重複一次淋覆動作（n）。
3　將巧克力蕾絲與巧克力薄片隨意切割成適當大小，並黏貼於蛋糕側面，再隨意黏貼上巧克力馬卡龍。

黑森林開心果蛋糕

Forêt-Noir à la Pistache

「黑森林蛋糕 Forêt noire」即是以巧克力蛋糕，
及海綿蛋糕搭配上整顆的櫻桃、香緹鮮奶油所構成的傳統點心。
堅守這基本結構再融入一些巧思，便成了這道巧克力、開心果、果實（櫻桃、草莓）能夠三位一體，
一次享用的「黑森林開心果蛋糕」。
這道甜點的重點在於不強調單一食材，而是讓所有主題具備旗鼓相當的存在感，呈現複合且輕盈的風味。
巧克力的厚重、開心果的濃郁、櫻桃與莓果的酸味，及鮮明風味隨興點綴，
讓每個組成的口感與滋味齊聚一堂，譜成優美的樂章。

黑森林開心果蛋糕的口味組合

POINT 4
開心果慕斯
Mousse Pistaches
蛋黃與乳脂肪的圓潤濃郁感，開心果特有的豐富風味。

POINT 2
巧克力慕斯
Mousse au Chocolat
巧克力的美味與深邃滋味。與其他組成相互協調的草莓水果感與酸味。

POINT 1
巧克力蛋糕
Biscuit Chocolat
這道甜點的基座。古典巧克力般的厚重感。

POINT 3
內餡
Garniture
波特酒漬櫻桃的芳醇與果實感。爲甜點增添層次與點綴效果。

POINT 9
牛奶巧克力刨花、草莓、紅醋栗
Copeaux de Chocolat au Lait, Fraises, Groseilles
黑森林蛋糕典型的裝飾。

POINT 6
開心果風味香緹鮮奶油
Crème Chantilly à la Pistaches
開心果的色澤與風味。輕盈順口並圓潤。也是黑森林蛋糕典型裝飾之一。

POINT 5
糖煮黑森林果實
Compotes de Forêt-Noir
草莓、野草莓（Fraisier des bois）多汁的果實風味。增添酸味與順口度。

POINT 7
巧克力杏仁海綿蛋糕
Génoise Chocolat aux Amandes
吸滿糖漿，增添鮮明風味。

POINT 8
糖漿
Sirop
黑櫻桃的水果滋味，爲甜點增添鮮美多汁的口感。

視覺效果的變化帶給人不同的遐想

蛋糕體的風味及比例造成的不同
即使相同口味組合，調整組成要件的比例，不僅會造成口味上的變化，視覺效果帶給人對口味的印象，也會有所不同。比如，只是將巧克力口味蛋糕體如照片般抽換成開心果口味，除了增添了開心果特有的風味外，視覺上也帶給人「開心果蛋糕」的印象。

裝飾所造成的不同
傳統黑森林蛋糕的經典裝飾，是香緹鮮奶油與巧克力刨花（Copeaux）。若如照片般將刨花改成噴砂，則會沖淡「黑森林蛋糕固有印象」，感覺像是別款甜點，難以想像其滋味。

黑森林開心果蛋糕的8大重點

POINT 1 *Biscuit Chocolat* 巧克力蛋糕

蛋白霜中拌入蛋黃、可可粉、玉米粉、泡打粉，
再與苦甜巧克力及奶油拌合後烘烤。

呈現雖厚重但綿軟輕盈的質感

巧克力與奶油調整爲約50℃

巧克力與奶油等油脂成分高的食材，溫度一旦過低流動性便會變差，在和蛋白霜拌合時，氣泡會被擠壓消泡導致成為乾粗的口感。為保有蛋糕綿軟質感，特地將巧克力與奶油調整至約50℃，讓拌合完成時的溫度不低於25℃。

呈現可可的強烈風味

添加高比例巧克力

若添加高比例巧克力，則會因油脂量增加造成難以保有綿軟口感。因此尋找出能兼顧理想口感的最大量巧克力比例，不足部分再以可可粉彌補。此外，蓬鬆感也透過添加少量泡打粉補足。

① 巧克力杏仁海綿蛋糕
② 巧克力蛋糕
③ 巧克力馬卡龍
④ 巧克力達克瓦茲
⑤ 巧克力海綿蛋糕
⑥ 達克瓦茲
⑦ 輕盈巧克力蛋糕
⑧ 布朗尼
⑨ 巧克力磅蛋糕

單憑蛋糕體
改變整體的協調性

巧克力的蛋糕體種類五花八門，選用什麼樣的蛋糕體，會對整個口味的協調產生相當大的影響。比如蛋白霜非常輕盈，因此不適合水分含量多的甜點，而馬卡龍則會黏牙。達克瓦茲巧克力感太弱，布朗尼、巧克力磅蛋糕、輕盈巧克力蛋糕(Biscuit Léger Chocolat)、海綿蛋糕等則太厚重。歷經多方面考量後，選用巧克力蛋糕(Biscuit Chocolat)。在強調巧克力強烈風味的同時兼顧蓬鬆感，且為了吸收更多糖漿，因此製作成氣孔稍粗大但輕盈的組織，以求搭配上櫻桃等水果的滋味時能更協調。

POINT 2 *Mousse au Chocolat* 巧克力慕斯

於草莓果泥中加入紅石榴糖漿(Grenadine)、轉化糖與吉利丁，
再與打至7分發的鮮奶油、融化好的苦甜巧克力拌合。

添加酸味更增芬芳

添加剛打好的草莓果泥

為了與黑森林蛋糕中的波特酒漬櫻桃、糖煮莓果搭配，特地讓慕斯帶有果實感，在這裡與其使用帶酸味的巧克力，不如添加草莓果泥效果更佳，與其他的組合要件也可以更自然協調。這道甜點選用歐洲產草莓，為了不流失其香氣，在使用手持式電動攪拌棒攪打成果泥後，要馬上與鮮奶油及巧克力等拌合。添加少量紅石榴糖漿是為了避免因季節的不同，而造成的草莓色差。

強烈與輕盈共存

簡單卻充滿果香

以打發鮮奶油與巧克力為基底的簡單配方，以最直接的方式凸顯出不輸給巧克力蛋糕的巧克力風味。同時再加上草莓的酸味與水分，打造出不過於厚重的輕盈印象。

以吉利丁提高強度

為支撐慕斯上層層疊疊的組合要件及內餡等，特地添加少量吉利丁以提高強度。如此不僅可支援巧克力的凝固力，更能幫助乳化，形成柔滑的口感。

POINT 3 *Garniture* 內餡

將糖漬黑櫻桃與波特酒浸泡一晚所製成的內餡。

增添木桶熟成的香氣與果實風味

使用波特酒漬黑櫻桃

一般的黑森林蛋糕，使用較帶勁的櫻桃白蘭地漬酸櫻桃（Griotte）為主流，在此選用更厚實且多汁的黑櫻桃（Dark Cherry），將其浸泡於帶甜味與層次感的香醇波特酒後使用。巧克力與草莓也相當合拍，以奢華的香氣呈現獨創感。

POINT 4 *Mousse Pistaches* 開心果慕斯

使用兩種開心果泥與卡士達奶油、奶油、吉利丁、香草醬和櫻桃白蘭地拌合，再拌入7分發的鮮奶油。

卡士達奶油 Crème Pâtissière

在濃郁中增添輕盈

- 添加法式布丁（Flan）粉→p17
- 使用圓底鍋快速加熱→p17

呈現豐富風味

比較

使用2種堅果醬調和

照片下方為烘烤過的開心果泥，選用能呈現自然風味BABBI公司的產品。上方則是色澤鮮豔，以帶苦澀香氣為特徵Sevarome公司的製品。

開心果慕斯 Mousse Pistaches

化口性佳且濃郁的風味

以卡士達奶油為基底

雖然想充分凸顯開心果特有的濃郁度和存在感，但相對於巧克力慕斯奶油霜（Crème au Beurre），會顯得過於厚重，芭芭露亞（Bavaroise）又過於輕盈。因此選用比英式蛋奶醬（Crème anglaise）、炸彈麵糊（pâte à bombe）來的更濃厚，但能與開心果的濃郁度相互融合的卡士達奶油，作為慕斯的基底，呈現輕盈感。

添加奶油

為了凸顯出與堅果相當的濃郁感，特地添加奶油，同時也增添化口性。

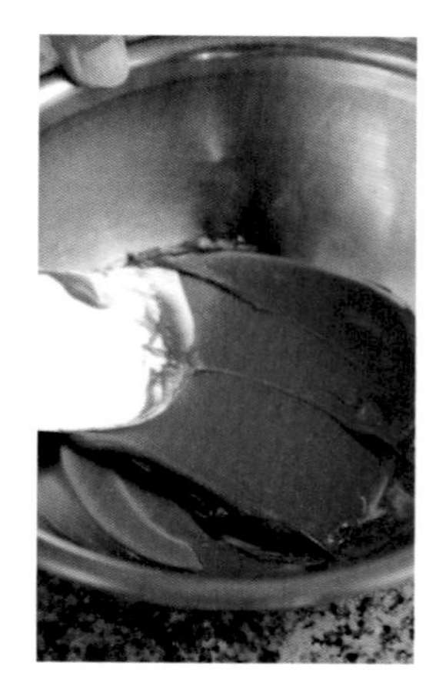

使用二種開心果泥

將運用素材原有風味所製作的開心果泥，搭配上帶苦澀香氣的鮮豔開心果泥。前者帶有堅果原有的自然風味，後者則是帶著大家印象中開心果的香氣與特徵。透過兩者搭配使用，可凸顯出開心果香氣的層次感。

添加櫻桃白蘭地

一般為呈現黑森林蛋糕的風味，皆會使用櫻桃白蘭地，添加勁道及高雅的香氣。

POINT 5 *Compotes de Forêt-Noir* 糖煮黑森林果實

於草莓、野草莓（Fraisier des bois）中加入紅酒、細砂糖、果膠，快速煮好後再拌入吉利丁、利口酒與紅酒。

添加沉穩的酸味

使用酸味溫和的草莓

草莓和櫻桃一樣，都是與開心果及巧克力相當合拍的食材。相較於櫻桃，草莓帶著溫和的酸味，風味不過度突出，因此能沉穩地與其他食材相互調和。使用帶濃厚風味的歐洲產草莓，再添加野草莓（Fraisier des bois）更加強其風味。

添加厚重的紅酒

為了與添加於櫻桃內餡中的波特酒相互調和，在糖煮水果中加入了豐厚色澤與滋味的紅酒，添加有如黑蜜棗般的果實風味。留下恰到好處的酒精，因此在熬煮草莓時預留下1/3程度的紅酒，在離火後才加入。

呈現鮮明風味

使用寬底的鍋子快速熬煮

使用寬底的鍋子開大火一口氣加熱。以短時間熬煮使其水分快速蒸發，更可襯托出草莓的鮮豔色澤與鮮美。僅稍微壓碎，留下一粒粒的果肉感。

將熬煮完成的糖煮黑森林鋪平，使其厚度一致後冷卻定型。

並用吉利丁片與果膠

為了製作成不過硬且多汁的糖煮水果，必須將吉利丁的用量控制到最少，同時與具備凝固力、能讓食材變濃稠的果膠並用，打造出柔軟的質感。

POINT 6 *Crème Chantilly à la Pistache* 開心果風味香緹鮮奶油

將兩種開心果醬與鮮奶油拌合，再加入細砂糖稍微打發成為香緹鮮奶油。為顧及保形性，選用脂肪成分40%的鮮奶油。

POINT 7 *Génoise Chocolat aux Amandes* 巧克力杏仁海綿蛋糕

於粉類中加入可可粉，製作成杏仁海綿蛋糕。

製作氣孔粗大的海綿蛋糕

⇒ 參考杏仁海綿蛋糕

- 以高速一口氣打發→p51
- 降低糖分和粉類→p51

讓口味與色澤調性相同

添加可可粉

加入可可粉製作成巧克力風味，藉由與其他組成要件調性相同，以取得風味上的協調感。

POINT 8 *Sirop* 糖漿

拌合浸漬過內餡的波特酒糖液，與黑櫻桃罐頭的糖漿，讓風味更為豐富。滿滿吸收入巧克力蛋糕與巧克力杏仁海綿蛋糕中。

黑森林開心果蛋糕的配方

57×37cm的蛋糕框1個

■ 內餡
(1個800g)
糖漬黑櫻桃(罐頭，無籽) 800g
波特酒 225g

1 將黑櫻桃切對半，並與波特酒拌合後放進冷藏庫浸漬一晚(a)。

■ 巧克力杏仁海綿蛋糕
(57×37cm的蛋糕框1個／510g)
全蛋 230g
細砂糖 145g
低筋麵粉 60g
法式布丁(Flan)粉 60g
杏仁粉 30g
可可粉 15g

1 於攪拌盆中加入全蛋，將蛋大致打散後加入細砂糖拌合，以網狀攪拌器隔熱水邊攪拌邊加熱至40℃。
2 攪拌器以高速攪拌，充分打入空氣，直至麵糊呈緞帶狀滑落的硬度為止。
3 將已拌合的低筋麵粉、布丁粉、杏仁粉、可可粉一邊加入，一邊以橡皮刮刀拌合。
4 於已鋪有蛋糕卷用白報紙的烤盤，放上57×37cm的蛋糕框，倒入510g步驟3，並以L形抹刀抹平。
5 放進190℃旋風烤箱烘烤6分鐘。以小刀劃過蛋糕體與烤模間即可脫模。連著白報紙移至網架放涼(b)。

■ 巧克力蛋糕
(57×37cm的蛋糕框1個／950g)
覆蓋巧克力(chocolat de couverture)
(苦甜巧克力) 150g
奶油 175g
蛋白 210g
細砂糖 200g
蛋黃 120g
可可粉 50g
玉米粉 85g
泡打粉 2g

1 於鋼盆中加入覆蓋巧克力與切丁的奶油，隔水加熱至融化。將溫度調整至55℃(c)。
2 將蛋白放入攪拌盆，稍微打發後加入一把細砂糖，並以中高速打發。大致拌勻後再將剩餘的細砂糖分多次加入，並稍微提高攪拌速度打發，直至可拉出扎實的尖角為止(d)。
3 加入打散的蛋黃，先以網狀攪拌器拌開，再移至鋼盆。
4 加入已拌合的可可粉、玉米粉、泡打粉，並以橡皮刮刀攪拌(e)。再加入步驟1並快速拌勻。
5 在已鋪有防沾矽膠墊的烤盤上，放入57×37cm的蛋糕框，倒入950g步驟4。以L形抹刀抹平。
6 放入190℃旋風烤箱烘烤12～13分鐘(f)。以小刀劃過蛋糕體與烤模間即可脫模。連著矽膠墊移上網架，於室溫放涼。

■ 糖漿
(杏仁海綿蛋糕1個需150g，巧克力蛋糕1個需300g)
黑櫻桃罐頭糖漿 225g
浸漬內餡用糖漿 225g

1 將所有材料拌合。

■ 組合1
1 巧克力蛋糕烤上色的那一面，以派皮滾針輕滾過，在表面打洞。
2 以刷子刷上300g糖漿(g)，待完全滲透入後，放進急速冷凍庫冷凍。
3 將巧克力杏仁海綿蛋糕翻面，並刷上150g糖漿，放進急速冷凍庫冷凍。

■ 糖煮黑森林果實
(1個1800g)
細砂糖 280g
果膠 18g
草莓(冷凍，整顆) 445g
紅酒 355g
野草莓(Fraisier des bois)(冷凍，整顆) 445g
吉利丁片 8.5片
檸檬汁 20g
野草莓利口酒 70g
紅酒 165g
※草莓與野草莓先放冷藏庫解凍。

1 先抓一把配方分量中的細砂糖與果膠拌合。
2 將草莓放進寬底鍋中，以網狀攪拌器輕壓碎。加入355g紅酒，開大火並一邊攪拌。
3 沸騰後加入剩餘的細砂糖，稍煮一下再加入步驟1攪拌，煮至再次沸騰即加入野草莓，再次煮到沸騰。
4 離火後倒入鋼盆，加入吉利丁拌至融化。加入檸檬汁、野草莓利口酒、165g紅酒攪拌，於鋼盆底部隔冰水使其降溫(h)。
5 將57×37cm蛋糕框底部貼上膠膜後置於烤盤上，倒入步驟4放入急速冷凍庫冷凍。

■ 組合2
1 將冷凍過的杏仁海綿蛋糕刷上糖漿的面朝下，覆蓋在冷凍過的糖煮黑森林果實上。以手掌輕按使其黏著(i)。
2 放進急速冷凍庫冷凍。

■ 開心果慕斯
(1個1500g)
開心果泥(BABBI公司) 20g
開心果泥(Sevarome公司) 10g
卡士達奶油(→p107) 810g
奶油 50g
吉利丁片 4.5片
香草醬 10g
櫻桃白蘭地(Kirschwasser) 25g
鮮奶油(脂肪成分35%) 580g

1 兩種開心果泥都放入鋼盆，以橡皮刮刀拌合。
2 加入一半的卡士達鮮奶油，以橡皮刮刀拌至沒有結塊狀態為止。
3 於另一鋼盆中放入剩餘的卡士達奶油，以網狀攪拌器一邊攪拌並不時放上瓦斯爐火加熱至40℃為止。
4 離火後加入已拌至乳霜狀的奶油，並以網狀攪拌器拌勻。再加入已先用微波爐加熱融化好的吉利丁與香草醬拌勻。
5 加入步驟2，以網狀攪拌器攪拌(j)，拌入櫻桃白蘭地。再加入已打至7分發的鮮奶油，以橡皮刮刀拌勻(k)。
6 於已貼上保鮮膜的烤盤上，放57×37cm蛋糕框，倒入步驟5以L形抹刀抹平。
7 將已組合並冷凍完成的糖煮黑森林果實與海綿蛋糕取出，糖煮黑森林果實面朝下，覆蓋在步驟6上方，並以手掌壓平，再放進急速冷凍庫冷凍。

■ 巧克力慕斯
(1個份量1500g)
覆蓋巧克力(chocolat de couverture)
(苦甜巧克力) 575g
草莓(冷凍，整顆) 255g
紅石榴糖漿(grenadine) 40g
轉化糖 80g
吉利丁片 2片
鮮奶油(脂肪成分35%) 550g
※草莓先置冷藏庫解凍。

1 將覆蓋巧克力放入鋼盆隔水加熱至融化，調整至約40～45℃。
2 將草莓放入鋼盆，以手持式電動攪拌棒攪打成泥狀(l)，依序加入紅石榴糖漿、轉化糖、已先微波融化好的吉利丁攪拌均勻。
3 於已打至7分發的鮮奶油中加入步驟2，並以網狀攪拌器拌勻。
4 將1/3的步驟3加入步驟1，以網狀攪拌器攪拌均勻。加入剩餘的步驟3以橡皮刮刀拌勻(m)。

■ 組合3
1 於<組合2>中冷凍的開心果慕斯、糖煮黑森林果實、海綿蛋糕上倒入巧克力慕斯，並以L形抹刀抹平。
2 瀝乾黑櫻桃的水分並均勻撒上，再以L形抹刀輕按使其沉入慕斯中(n)。
3 將已刷上糖漿且冷凍完成的巧克力蛋糕取出，上色面朝下，覆蓋於步驟2上(o)。使用平板於上方稍微按壓至平整。
4 放入急速冷凍庫冷凍至容易切割程度的硬度，再切割成10.5cm×2.6cm大小。

■ 開心果風味香緹鮮奶油
(1個25g)
開心果泥(BABBI公司) 6g
開心果泥(Sevarome公司) 6g
鮮奶油(脂肪成分40%) 215g
細砂糖 25g

1 將兩種開心果泥放入鋼盆，以橡皮刮刀拌勻。加入少許鮮奶油將其拌勻變稀後，再倒回剩餘的鮮奶油中。
2 加入細砂糖並打至7分發。

■ 完成
(10個)
牛奶巧克力刨花(→p113) 適量
紅醋栗 適量
香草風味果膠(→p109) 適量
草莓切片 適量
糖粉 適量

1 在裝有16齒15號的星形花嘴的擠花袋中，填入開心果風味香緹鮮奶油，於已切割好的小蛋糕上擠出5圈螺旋狀(p)。
2 裝飾上牛奶巧克力刨花、紅醋栗，以及已刷上香草風味果膠的切片草莓。
3 於兩端篩上糖粉。

洋茴香咖啡蛋糕

Café Anis

這款洋茴香咖啡蛋糕的構想，來自於一道餐廳用餐後常吃的甜點。
原本是在香草冰淇淋上，澆淋熱騰騰咖啡的阿法佳朵 affogato 中，
再淋上義大利珊布卡 Sambuca 及法國茴香酒 Pastis 等，帶有茴香香氣的酒類，
但要將其製作成小蛋糕，還需要更強烈的風味加持，
因而萌發加入巧克力搭配的想法。
主角是巧克力，茴香酒是配角，而咖啡成了點綴的呈現方式。
雖然組合了幾個雷同的風味，但慕斯、蛋糕、果凝等各種不同口感的組合形成層次，
雖帶有強烈特色但不過度濃厚，協調且順口。洋茴香的香氣在享用後充滿餘韻。

洋茴香咖啡蛋糕的口味組合

POINT 2
榛果咖啡海綿蛋糕
Génoise Noisettes au Café
吸附滿滿的糖漿，添加咖啡的香氣與榛果的濃郁。

POINT 1
榛果蛋糕
Biscuit Noisettes
用來支撐其他組成要件的底部蛋糕體。充滿烘烤過榛果的香氣與濃郁度、嚼感。

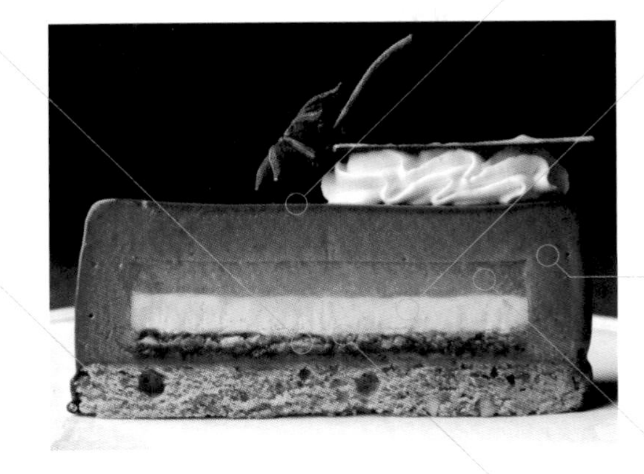

POINT 7
巧克力鏡面
Glaçage Cacao
黝黑晶亮的光澤。濃稠柔滑的口感。

POINT 6
咖啡鮮奶油
Crème au Café
義式奶酪般滑順且柔嫩的質地。溫和的咖啡香氣。

POINT 4
巧克力慕斯
Mousse au Chocolat
這道甜點的主角。深沉的可可與咖啡風味。入口即化且柔滑的舌尖觸感。

POINT 5
果凝
Gelifier
洋茴香與茴香酒Pastis的強烈風味與鮮明口感。扮演醬汁般的角色。

POINT 3
咖啡糖漿
Sirop à Café
相當於阿法佳朵affogato中的咖啡角色，豐富的香氣、鮮明風味及順口度。

受啓發而成就這道洋茴香咖啡蛋糕的甜點原型。阿法佳朵affogato（香草冰淇淋加義式濃縮咖啡）再淋上義大利珊布卡Sambuca，成人的風味。

洋茴香咖啡蛋糕的7大重點

Biscuit Noisettes
POINT 1 榛果蛋糕

於奶油中拌入榛果醬，加入已溶入細砂糖的全蛋及粉類，再與切細碎的榛果拌合後烘烤。

榛果醬

凸顯風味的榛果醬

- 使用剛烘烤及研磨完成者→p132
- 不去皮→p132

榛果蛋糕 Biscuit Noisettes

豐富呈現榛果風味

- 捨棄堅果粉，使用自製堅果醬→p132

追求蛋糕體本身的美味

- 選用柔軟的蛋糕體→p132

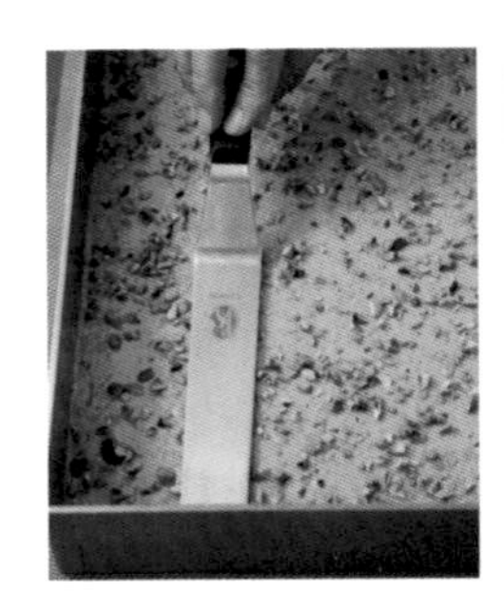

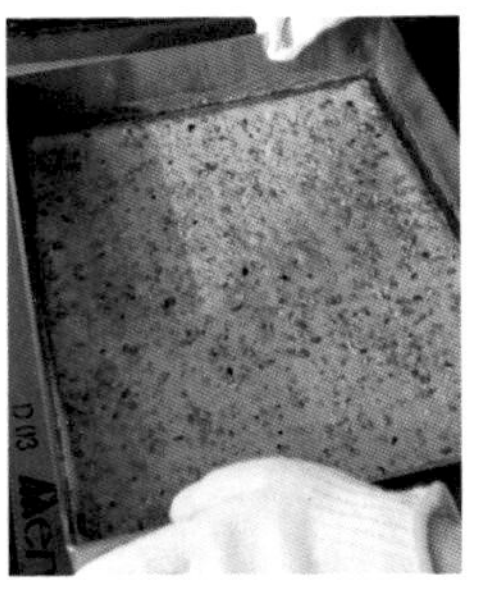

將蛋糕麵糊倒入烤盤，再撒上烘烤過的榛果碎以增添嚼感。

POINT 2 *Génoise Noisettes au Café* 榛果咖啡海綿蛋糕

將杏仁海綿蛋糕變化爲榛果，再加入咖啡風味後烘烤，是氣孔較大的蛋糕體。

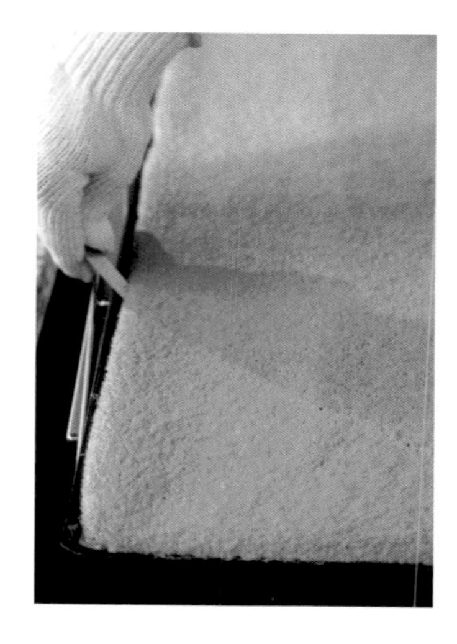

咖啡風味與層次感的呈現

- 並用3種咖啡→p146
- 烘烤榛果粉→p146

製作氣孔粗大的海綿蛋糕
⇒ 參考杏仁海綿蛋糕

- 以高速一口氣打發→p51
- 降低糖分和粉類→p51

POINT 3 *Sirop à Café* 咖啡糖漿

在剛沖好的咖啡中加入咖啡粉並浸泡萃取（infuser），加入細砂糖、即溶咖啡、基本焦糖（Base de Caramel）。

強調咖啡風味

- 運用4種咖啡與焦糖，襯托出風味的層次感→p119

POINT 4 *Mousse au Chocolat* 巧克力慕斯

以牛奶煮咖啡，加入即溶咖啡與吉利丁，再與打至6分發的鮮奶油、融化的牛奶巧克力、可可膏拌合。

風味強烈

於牛奶巧克力中添加可可膏

於牛奶巧克力中加入可可膏，可在圓潤風味中凸顯出巧克力風味，同時抑制甜度讓慕斯更為爽口。

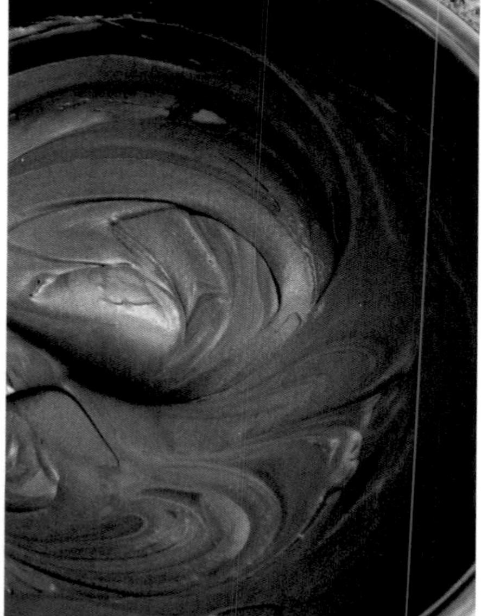

3種咖啡與焦糖，凸顯出口味的層次感

如糖漿般，在組合甜點時為了呈現咖啡道地風味與香氣，除了以牛奶煮咖啡豆萃取出風味外，並以即溶咖啡加入一點點咖啡特有的焦香與酸味，添加咖啡濃縮液，帶來與甜點同調的圓潤風味。最後再加入焦糖味，以增加濃郁度與層次感。

POINT 5 *Gelifier* 果凝

於洋梨果泥中加入已帶有洋茴香香氣的糖漿，再加入吉利丁、茴香酒Pastis製成果凝。

清晰呈現洋茴香風味

洋茴香在使用前才搗碎

香料與其加入蛋糕體或奶油餡中，不如加入糖漿等水分多的部分，將香味濃縮萃取出，才不容易產生雜味，清晰呈現各別香氣。香料的香氣剛磨好時最為強烈，不使用乾粉而選用整顆，在使用前才切碎或磨碎。此外，由於洋茴香相當堅硬，因此無法切碎，應先以擀麵棍壓搗碎後再加入糖漿中。

不透過提高吉利丁用量來增加濃度

添加洋梨果泥

這個果凝想強調的是洋茴香的香氣，以及與慕斯一致性的軟嫩口感。在凝固已浸泡萃取(infuser)洋茴香的糖漿時，添加糖煮洋梨果凝非常關鍵。加了吉利丁難免變硬，但只要添加了洋梨果泥則容易變得濃稠，能以較軟的狀態凝固。此外洋梨不過甜，可在不破壞洋茴香風味的前提下提高果凝濃度，再者可以在食用時嚐到果肉感。

比較

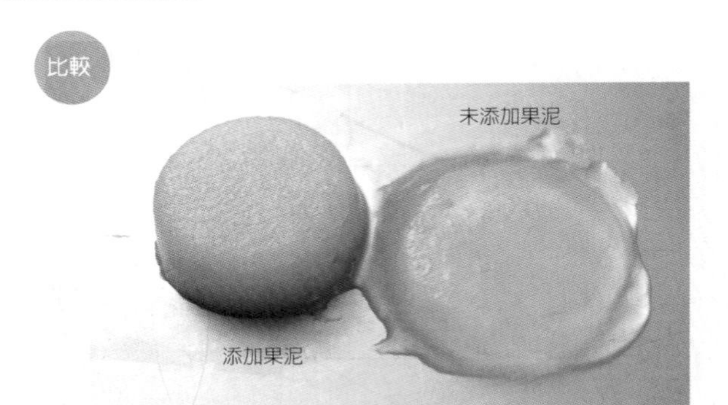

添加果泥以提高濃度

以相同吉利丁量做比較。藉由果肉的稠度提高果凝的保形性，比起增加吉利丁用量的口感來得軟嫩，和慕斯更搭配。

POINT 6 *Crème au Café* 咖啡鮮奶油

用牛奶萃取出咖啡的香氣，再加入細砂糖、吉利丁並與打至3分發的鮮奶油拌合。

凸顯出溫和的風味與香氣

咖啡不熬煮而以浸泡方式

洋茴香咖啡蛋糕的每個組成要件都釋放強烈風味，然而這個咖啡鮮奶油卻帶著沉穩的風味與香味，賦予整道甜點柔和的點綴。咖啡不熬煮而選擇浸泡牛奶一晚，要訣是只萃取出最純粹的香氣。感覺像是香草冰淇淋上飄著些許咖啡香味。

柔滑的質地

與3分發的鮮奶油拌合

鮮奶油不打發直接加入冷凍，會在解凍時脫水影響口感。如果使用打發的鮮奶油則其氣泡（=孔隙）間可承接部分水分而減緩脫水現象，形成柔滑的口感。一旦打過發，則會變成慕斯般的口感，影響整體給人的印象，因此選擇3分發程度。

POINT 7 *Glaçage Cacao* 巧克力鏡面

將可可粉以水拌開，再加入鮮奶油、糖漿、水麥芽、細砂糖後煮至沸騰，再拌入吉利丁製作成鏡面。

製作成柔滑且光亮質感

- 將糖份、油脂成分、水分調整到恰到好處的比例→p180
- 以橡皮刮刀不停攪拌→p180
- 半解凍後再淋上鏡面→p180

洋茴香咖啡蛋糕的配方

37×10.5cm、2個

■ 榛果咖啡海綿蛋糕
（60×40cm烤盤1盤／510g）
榛果粉 50g
細砂糖 150g
即溶咖啡 3g
全蛋 215g
咖啡濃縮液（Trablit Coffee Extract） 6g
奶油 20g
低筋麵粉 70g
法式布丁（Flan）粉 50g
咖啡粉 3g

1 依照p146的操作要領製作海綿蛋糕。
2 倒入鋪有蛋糕卷用白報紙的烤盤上，以L形抹刀抹平（a）。放進190℃旋風烤箱烘烤約15分鐘。連烤紙一起脫模，放在網架上放涼。
3 切成37×21cm大小。

◆ 榛果醬
榛果（帶皮） 65g

1 以p134操作要領製作。

■ 榛果蛋糕
（1/2蛋糕框＝37×28cm1盤／580g）
蛋糕體
榛果（帶皮） 35g
奶油 125g
榛果醬 70g
全蛋 110g
細砂糖 145g
低筋麵粉 125g
泡打粉 4.3g
榛果（帶皮） 40g

1 以p134「榛果蛋糕」步驟1～7的操作要領製作（b）。但35g的榛果切成1mm大小顆粒。
2 於鋪有防沾矽膠墊的烤盤上，放1/2蛋糕框，將580g步驟1倒入並以L形抹刀抹平。
3 將40g榛果切成5mm顆粒大小，均勻撒於麵糊表面（c），以L形抹刀輕按進麵糊內。
4 放進210℃烤箱烘烤約8分鐘。從蛋糕框脫模後連著防沾矽膠墊一起放上網架放涼。
5 切成37×21cm大小。

■ 咖啡糖漿
（1/3蛋糕框＝37×21cm1盤／120g）
咖啡* 90g
咖啡粉 7g
細砂糖 18g
即溶咖啡 2g
咖啡濃縮液（Trablit Coffee Extract） 3g
基本焦糖（Base de Caramel）（→p108） 3g
*咖啡以12g咖啡豆，搭配140g熱水沖泡。

1 依照p123操作要領製作（d）。

■ 果凝
（1/3蛋糕框＝37×21cm1盤／555g）
糖煮洋梨（罐頭）的糖漿 200g
洋茴香 3.8g
糖煮洋梨（罐頭） 205g
細砂糖 10g
吉利丁 1.5片
茴香酒（Pastis） 23g

1 於平底深鍋中加入罐頭洋梨糖漿，並開中火煮至沸騰。
2 將洋茴香放入較深容器，以擀麵棍搗碎。
3 加入步驟1，離火並蓋上保鮮膜，放置3分鐘浸泡萃取香氣（infuser）（e）。過篩秤取175g使用，不足部分可以糖煮洋梨罐頭的糖漿補足。
4 加入細砂糖並以橡皮刮刀攪拌，加入吉利丁並拌至溶解。
5 將糖煮洋梨放入較深的容器中，加入少許步驟3並以手持式電動攪拌棒攪打成泥狀（f）。
6 移入鋼盆中後加入茴香酒並拌勻（g）。
7 於1/3蛋糕框底部拉緊貼上平整的保鮮膜，再放於烤盤上。倒入555g步驟6後放進急速冷凍庫冷凍。

■ 咖啡鮮奶油
（1/3蛋糕框＝37×21cm1盤／585g）
義式濃縮咖啡用咖啡豆 13g
牛奶 200g
細砂糖 45g
吉利丁片 1片
鮮奶油（脂肪成分35%） 190g

1 咖啡豆先以咖啡研磨器磨成粗粒。
2 於鋼盆中加入牛奶再加入步驟1，以橡皮刮刀攪拌。蓋上保鮮膜後放入冷藏庫一晚以浸泡萃取香味。過篩秤取190g使用，可以牛奶補足不足部分（h）。
3 將1/4步驟2放入鍋中再加細砂糖，開中火加熱。以橡皮刮刀加熱攪拌至50℃為止。
4 加入吉利丁以橡皮刮刀拌至溶解，再隔冰水降溫。
5 降溫至濃稠程度，再將打至3分發的鮮奶油與步驟4拌合。

6　倒585g至已冷凍的果凝上（i），以抹刀抹平再放進急速冷凍庫冷凍。

■ 組合1

1　將榛果咖啡海綿蛋糕烤上色的面朝下，放進烤盤並刷上120g糖漿，蓋上網架後翻面，將已冷凍完成的咖啡鮮奶油覆蓋於上方，並以手掌輕按貼合。

2　放進急速冷凍庫冷凍，再切成37×8.2cm大小。

■ 巧克力慕斯

（1/3蛋糕框＝37×21cm1盤）
牛奶　155g
義式濃縮咖啡用咖啡豆　8g
即溶咖啡　4g
吉利丁片　2片
基本焦糖（Base de Caramel）（→p108）　60g
咖啡濃縮液（Trablit Coffee Extract）　12g
鮮奶油（脂肪成分35%）　390g
覆蓋巧克力（chocolat de couverture）
（牛奶巧克力）　320g
可可膏　50g

1　於平底深鍋中加入牛奶煮至沸騰。離火後加入粗研磨的咖啡豆浸泡萃取1分鐘。

2　過篩入鋼盆中，加入即溶咖啡以網狀攪拌器攪拌均勻。

3　加入吉利丁以網狀攪拌器拌至溶解，再依序加入基本焦糖、咖啡濃縮液，依序以網狀攪拌器拌勻（j）。攪拌完成時溫度以約35℃為宜。

4　將鮮奶油打至6分發。

5　覆蓋巧克力與可可膏放入鋼盆，隔水加熱至融化調整至35℃。

6　將1/3的步驟4加入步驟3，並以橡皮刮刀拌勻（k）。

7　將步驟4一半的份量加入步驟6，以橡皮刮刀大致攪拌後，再分次加入少許剩餘步驟4拌勻（l）。

■ 組合2

1　將60×40cm的蛋糕框中放入分隔板，做成37×21cm的大小，將榛果蛋糕烤上色的那一面朝下放入。

2　倒入1/4巧克力慕斯，以L形抹刀抹平。

3　以小刀在從短邊兩端向內量5.25cm的位置做出記號，並以其為中心線放上已切割完成的果泥與海綿蛋糕層（組合1），將海綿蛋糕面朝下覆蓋（m.n）。

4　將剩餘的巧克力慕斯填入裝有口徑1.3cm圓形花嘴的擠花袋內，擠進步驟3的空隙間及其上方，以L形抹刀抹平（o）。放進急速冷凍庫冷凍。

■ 巧克力鏡面

（容易操作的份量）
可可粉　150g
水　300g
鮮奶油（脂肪成分45%）　150g
波美30°糖漿（→p108）　50g
水麥芽　100g
細砂糖　375g
吉利丁片　9片

1　依照p182操作要領製作。

■ 完成

香緹鮮奶油（→p107）　適量
噴砂用牛奶巧克力（→p110）　適量
苦甜巧克力薄片（5.5×2cm→p113）　適量
洋茴香　適量

1　將已冷凍完成的蛋糕切割成37×10.5大小，放在鋪有網架的烤盤上，並於冷藏庫半解凍至無結霜狀態為止（p）。

2　將巧克力鏡面加熱後降溫調整至25℃，裝入麵糊填充器，自步驟1側邊往上方淋覆（q）。

3　待稍微流下後再以抹刀於上方抹平，抹除多餘巧克力鏡面。

4　移至砧板，使用加熱過的牛刀切除蛋糕邊，再切割成2.5cm厚度。

5　在裝有8齒8號的星形花嘴的擠花袋中填入香緹鮮奶油，以螺旋狀在步驟4上擠出3圈。

6　裝飾上已滴撒噴砂用牛奶巧克力的苦甜巧克力薄片，再放上洋茴香（r）。

看書學習創造美味

不脫離法式甜點的框架是我個人的信條。但身爲一個”外國人”甜點師，我也常迷惘什麼才是對的。在這樣的時候解救我的，是書。比如，關於飲食歷史的書。可以瞭解隨著時代的進化與淘汰，演變成現在的模樣，有些過去的甜點現在反而感覺新鮮，還可發現相當多的啓發。此外，法國每個地方各自爭艷，因此瞭解其鄉土的飲食、文化、氣候，及產業等的知識不可或缺。當然能用自己的雙腳實際尋訪相當重要，但從書上也可獲得相當多的資訊。再者，料理百科全書、甜點製作教科書…等，也時常翻閱。

感受到書本的重要性，始於我在巴黎藍帶Le Cordon Bleu任教時。爲了教授知識與技術的歷史與背景，我閱讀了相當大量的書籍。過去認爲獨樹一幟、令人耳目一新的發想最能展現自我，以此爲轉機，我瞭解到重視基礎，追求風味與加工的用意，以及追根究柢的重要性。

為穩固基礎，製作出屹立不搖的甜點，並不能單靠瞭解最新的甜點或技術，有清楚描述歷史或基本的書，放在手邊隨時翻閱也相當重要。照片1是日文的好書。照片2是關於甜點製作的基本及歷史的書。照片3是關於法國各地飲食的書。

照片1 /「基本法式甜點教科書」第1～3集Roland Bilheux, Alain Escoffier共著，1989～1990年，柴田書店出版：「Larousse料理百科事典」Prosper Montagné編，Courtine Robert J.修訂，1975～1976年，三洋出版貿易出版：「Lenôtre新法式甜點」Gaston Lenôtre著，1978年，三洋出版貿易出版。
照片2 /「Le Grand Dictuinnaire de Cuisine」1983年Alexandre Dumas著，1995年Edit-France出版：「Le Répertoire de la pâtisserie」Jean-Louis Banneau著，1925年Ernest Flammarion出版：「Larousse Gastronomique」Prosper Montagné著，1938年Librairie Larousse出版：「Traite de patisserie Moderne」Emile Darenne，Emile Duval共著，1974年Flammarion出版。
照片3 /「L'Atlas de la France gourmande」Sylvie Girard，Elizabeth de Meurville共著，1990年Jean-Pierre de Monza出版：「Guide Gourmand de la France」Henri Gault， Christian Millau共著，1970年Hachette出版：「Collection” Recueil De La Gastronomie”」Pihan Annie/Schmidt Monique/Behague Dominique/Cathebard-Renard Gisele/Sudres Yves，S.A.E.P.出版。

皮肯阿美爾蛋糕

Picon Amer

在法國學習時，經常在咖啡廳喝阿美爾皮肯酒（Amer Picon）與啤酒調的「Picon Biere」。
阿美爾皮肯酒以橙皮與龍膽草根爲主要成分，是一種香味飽滿的利口酒。
平常不太運用在甜點裡，但我一直想著未來有一天，要擷取進自己的甜點中。
搭配上紅酒無花果，「皮肯阿美爾蛋糕」因而誕生。
法式甜點中有相當多本著永恆不變理論而生的傳統甜點，也是我一直以來相當重視的部分。
皮肯阿美爾蛋糕與其大相逕庭，在運用法式甜點技術的同時，也全面主張原創性，憑藉感覺而生並極致發揮的一道甜點。
繁複卻帶著一致性的風味，正是魅力所在。

以皮肯阿美爾蛋糕為例，從構想到完成的過程

1 構想

想用「阿美爾皮肯酒Amer Picon！」

皮肯慕斯 *Mousse picon*

↓

2 搭配

「適合搭配阿美爾皮肯酒的食材為何？」

果凝（無花果） *Gelifier*

↓

3 結構

「承接水分的部分是？」

巧克力杏仁海綿蛋糕

Génoise Chocolat aux Amandes

↓

4 順口度

「順口的糖漿不可或缺！」

糖漿 *Sirop*

變化 5

「想增加口感的點綴」

內餡 *Garniture*

↓

結構 6

「底部蛋糕體什麼最洽當？」

牛奶巧克力蛋糕

Biscuit Chocolat au Lait

↓

Plus α 7

「透過蛋糕裝飾訴求口味的主張」

焦糖香緹鮮奶油

Chantilly Caramel

無花果裝飾

Décoration de Figue

橙皮細絲

Zestes d'orange en Julienne

1 構想

皮肯慕斯 *Mousse picon*

「阿美爾皮肯酒Amer Picon」是帶著柳橙與香草苦澀香氣，具特色的利口酒。最初的階段是要思考如何把此特徵運用在甜點中。由於是相當強烈的風味，因此比起輕盈的慕斯、芭芭露亞、卡士達奶油，油脂豐富且厚實的奶油餡類較能無違和地融入。但雖如此，奶油霜（Crème au Beurre）、慕斯林（Mousseline）等，又顯得過重無法吃太多，因此添加義式蛋白霜製作成較輕盈的慕斯。

以柳橙果皮及龍膽草根為主要成分的阿美爾皮肯酒。

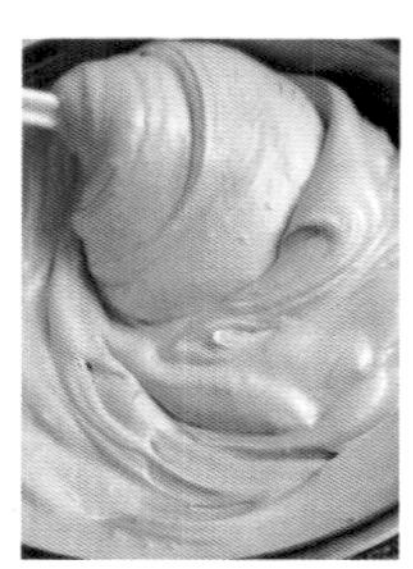

於口中融化的同時，阿美爾皮肯酒的特殊香氣將整個散發出來

2 搭配

果凝 *Gelifier*

與含柳橙原料的阿美爾皮肯酒出人意料之外合拍的，居然是無花果。但若使用新鮮無花果則會凸顯不出清新的獨特氣息，因此以市售果泥為基底，再加入無怪味道且風味濃縮的半乾燥黑無花果乾，一起打成果泥使用。此外，由於是酒精加上水果的搭配，因此想像熱紅酒Vin chaud或桑格利亞水果酒Sangria般，加了肉桂及香草的紅酒，因此決定添加清爽的酸味與深層的風味。帶有濃縮與鮮明滋味，與圓潤的皮肯慕斯相當合拍的果凝，以其具層次感的滋味和繁複的皮肯阿美爾蛋糕相互輝映。

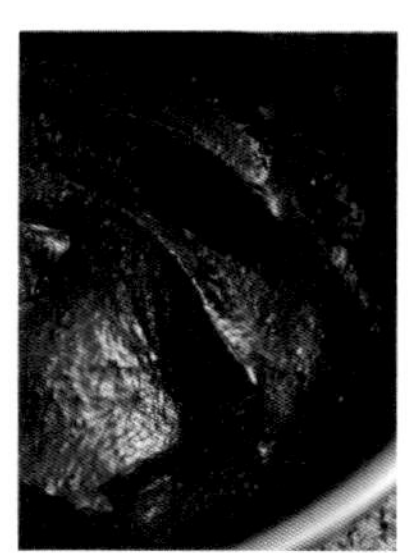

將風味濃厚、香氣濃郁的黑無花果乾打成果泥，再與市售果泥拌合。

3 結構
巧克力杏仁海綿蛋糕

為了更容易吸收糖漿，先以小刀在蛋糕表面密密地劃上切痕。

只要將果凝添加於甜點中則難以避免脫水現象。而扮演承接角色的即是氣孔較粗大，但不影響其他組合要件風味的杏仁海綿蛋糕。甜點整體的油脂較高，屬於濃郁風味，因此添加可可粉以增添層次感，使整體風味更爲協調。

4 順口度
糖漿 *Sirop*

於糖漿中添加黑無花果泥，充滿果實感。

糖漿雖是較不顯眼的存在，但其實卻是決定甜點特色的重要部分。不僅含有水分與糖分，若使用果泥及酒精則風味變得更爲多重，能夠簡單且有效地改變整個蛋糕給人的印象。阿美爾皮肯酒與無花果的組合中，無花果的風味相形偏弱，因此於糖漿中加入黑無花果泥，以提升一致性。

5 變化
內餡 *Garniture*

4種內餡添加嚼感與樂趣。

爲增加帶來樂趣與滿足感的元素，我們更重視品嚐時的"嚼感"與"嚼勁"。在已蘊涵濃郁度、酸味與鮮明風味的甜點中，要再加入一些口感的點綴，當然以添加堅果的內餡莫屬。溫和風味的杏仁、帶皮的榛果中加入高脂肪成分的濃郁牛奶，構成強烈的風味。全部裹上糖衣再續炒至裏上糖色，將烘烤過的堅果香氣與口感發揮至極致。最後拌入與其口感迥異，一咬即化的奶酥餅乾(Streusel)，爲口感添加更多的變化。

6 結構
牛奶巧克力蛋糕 *Biscuit Chocolat au Lait*

製作成不影響其他組成要件的風味、口感與厚度。

爲製作基座的底部麵團，一開始將奶酥餅乾(Streusel)擀薄，但切割時總是容易裂掉。因此將奶酥餅乾作爲內餡的一部分，填進皮肯慕斯中，而作爲基座的底層蛋糕體，則選用不會妨礙滋味與口感的牛奶巧克力蛋糕。

7 增添不同的元素
焦糖香緹鮮奶油　無花果裝飾　橙皮細絲

讓人能從外觀聯想風味的裝飾非常重要。

裝飾並非只展現外觀上的美感，同時也是點綴風味與口感的部分。考量其他的組成要件，發現一般的香緹鮮奶油會顯得過度清爽，因此選用較具層次感及風味的焦糖香緹鮮奶油。水果與醬汁基本上不背離其他組成要件口味，是製作蛋糕時的金規玉律，因此裝飾上紅酒漬無花果乾及細切的糖漬橙皮。

比較

左為一般的皮肯阿美爾蛋糕，若以相同結構來說，如右邊般薄的蛋糕要能獲得相同的滿足感，則不論果凝或慕斯林都要變得更濃厚。

各個組合要件的協調決定甜點的風味

為取得甜點整體風味的協調，各個組成要件的風味、口感與份量感等都要同調。濃厚的奶油搭上具濃縮感的果凝，輕盈的奶油適合輕盈的果凝。此外，越是厚重的口味一旦量太多便感覺膩口，因此份量的拿捏也要注意。若如小蛋糕般要具備一定的高度，則各個組合要件都要輕盈，若要組合風味濃厚的要件，則要向歐培拉(opera)般做得較薄…等，依需求做調整。

POINT 1 *Mousse Picon*

皮肯慕斯

在添加了柳橙與檸檬皮、阿美爾皮肯酒香氣的卡士達奶油中再加入奶油，製作成慕斯林，最後與焦糖風味義式蛋白霜拌合。

呈現深層濃郁與豐富的風味

以慕斯林爲基底

為凸顯出不被阿美爾皮肯酒壓過的香氣，選用帶有蛋黃與奶油深層濃郁香氣的慕斯林。如此一來即使與輕盈的蛋白霜拌合，也能感受到濃厚風味與滑順感。

添加柳橙&檸檬皮

如果單使用阿美爾皮肯酒則會只強調出其獨特風味，凸顯出柳橙帶苦的香氣與澀味，因此再添加磨過的橙皮，以補充一些鮮美的香氣。此外，再加入檸檬皮，讓清爽香氣更上一層。在口中化開來時，柑橘的芬芳會瞬間釋放，瀰漫於口中。

追求強烈感受而選用阿美爾皮肯酒

同為柑橘風味利口酒，清爽的君度酒（Cointreau）54°，主要運用於清爽溫和的冷藏蛋糕中；而木桶中熟成，帶著強烈香氣的茶褐色香橙干邑甜酒（Grand Marnier Excract）50°，常被運用於常溫蛋糕中。阿美爾皮肯酒則是在呈現更強烈、更具特色風味時，顯得效果十足。

比較

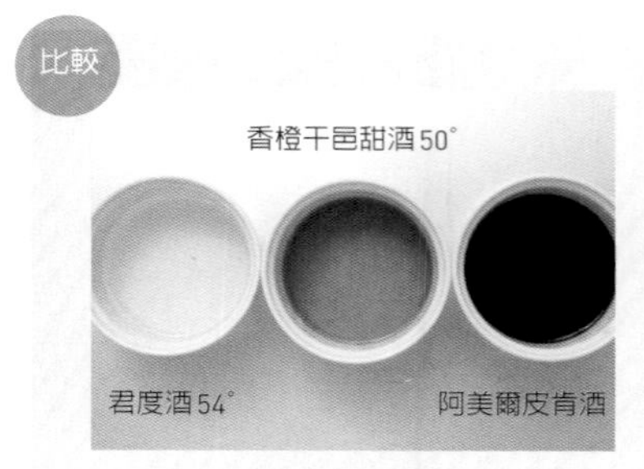

選用柳橙風味利口酒

君度酒 54° 以帶有柳橙豐富的香氣與圓潤的甜度為特徵，算是白橙皮香甜酒（Curacao）的一種。香橙干邑甜酒 50° 算是烈酒（Spirits）之一，酒精濃度高，帶有爽快滋味與香氣。阿美爾皮肯酒的原料不僅有橙皮，也加入金納樹、龍膽等香草所製成的帶苦味利口酒。

抑制厚重感，使其柔滑

添加焦糖風味義式蛋白霜

慕斯林中因為添加了卡士達奶油，比起奶油霜（Crème au Beurre）的奶油含量少了許多，可減緩厚重感。再加入蛋白霜則其比重會輕盈許多，成為綿柔滑順的口感。在保有奶油與蛋濃郁感的同時，又能呈現慕斯般的輕盈。在這樣的組合下，若蛋白霜不帶一定程度的厚重感（糖分），則無法與慕斯林取得平衡。但若只一味添加糖漿只會變得過甜，因此先使其焦糖化後再加入蛋白，以控制甜度並添加微苦的滋味，讓風味更具層次感。

比較

慕斯林

皮肯慕斯

如何實現比慕斯林更輕盈的質感？

只要添加蛋白霜則比重便會輕於慕斯林，變成綿柔軟滑的口感。

溫度的控制與拌合時機很重要

由於皮肯慕斯的配方，原本就較一般慕斯林的奶油比例來得少，加上還要與蛋白霜拌合，因此比較容易呈現分離狀態。為了避免這個狀態，卡士達奶油、乳霜狀奶油、義式蛋白霜的完成時間都要互相搭配，盡快拌合完成最好。將卡士達奶油調整至約30°C，奶油約25°C，義式蛋白霜約29°C，拌合完成時約28～29°C為宜。

POINT 2 *Garniture* 內餡

榛果、杏仁中拌入糖漿，以銅鍋加熱裹上糖衣，拌炒至呈現茶褐色再拌入奶油。

榛果與杏仁脆粒

將榛果與杏仁中拌入糖漿加熱，裹上茶褐色糖衣。

芬芳，且嚼感絕佳

- 榛果不去皮→p134
- 全部切成5mm大小方塊→p134
- 裹上糖衣增添嚼感→p134

奶酥餅乾 Streusel

拌合奶油、黃蔗糖（brown sugar）、杏仁粉和低筋麵粉，再擀薄切塊確實烘烤。

凸顯出風味的深度與層次感

- 使用黃蔗糖（brown sugar）→p50

酥脆，一咬即碎的口感

- 不用蛋並使用較高比例的油脂→p50

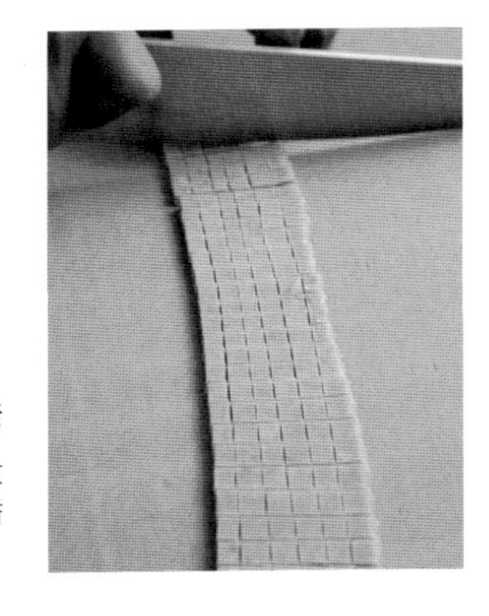

細切後烘烤

奶酥餅乾的麵團配合其他內餡堅果的大小，切成丁狀再烘烤，可增添嚼感與香氣，而且和堅果毫無違和地協調。

核桃脆粒

於核桃中拌入糖漿與糖粉，放進烤箱烘烤。

芬芳且嚼感絕佳

- 全部切成5mm大小方塊→p134

拌合糖漿與糖粉後烘烤

相較於杏仁與榛果，核桃較易出油，因此慢火加熱會容易燒焦而帶苦味。直接放進烤箱在短時間內達到糖化，可達到提香效果。

比較

於高奶油含量的皮肯慕斯中加入只烘烤過的堅果並不協調。將其裹上糖衣增添香氣與甜度，甚至再裹上巧克力，可增添濃郁度。

如何呈現濃厚與爽快的口感？

內餡 Garniture

榛果與杏仁脆粒、核桃脆粒、奶酥餅乾再與牛奶巧克力和可可粉拌合。

呈現多樣化的舒暢口感

全部切成5mm大小方塊

將榛果與杏仁脆粒、核桃脆粒、奶酥餅乾全部統一成相同大小，可使口感也呈現一致性，成為相當協調的風味。

拌入巧克力讓嚼感更佳

拌入溫和的牛奶巧克力與可可粉，可提高油脂成分，添加溫和風味與濃郁感。包裹了一層巧克力也具有防潮效果，可抑止與皮肯慕斯拌合後吸收過多水分，保有爽脆的口感。

Gelifier

果凝

半乾燥無花果與市售果泥拌合並絞碎，再拌入吉利丁、紅酒、波特酒、柳橙汁、香草醬等製作果凝。

豐富果實感及複合式風味

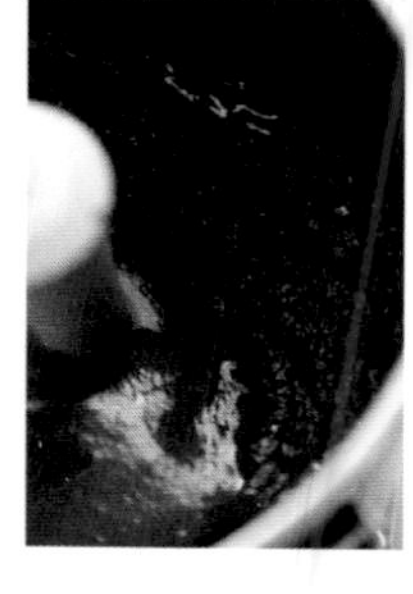

並用果泥與半乾燥無花果

新鮮的無花果風味相當細緻，而單使用市售果泥，又顯得風味的印象太為薄弱。因此並用市售果泥與半乾燥黑無花果乾，以攪拌器打成泥狀再製作成果凝，則可達到濃縮風味與香氣的效果。多了一粒粒種子的口感更增添果實感。攪打完成後不加熱，保留食材原有的新鮮風味。

添加酒精、香料、柑橘的香氣

這個果凝的概念來自於熱紅酒Vin chaud或桑格利亞水果酒Sangria，水果與紅酒組合的風味。加入肉桂與香草以抑制無花果獨特的味道，加入紅酒與波特酒則可添加厚重感及層次感。柳橙汁可呈現清爽度，檸檬酸則增加酸味。以複合式的風味搭配阿美爾皮肯酒的複雜滋味。

提升果實感並濃縮風味與香氣

將風味相當濃縮的半乾燥黑無花果乾打成泥後添加，不論風味或口感都變得相當濃厚，種子的顆粒感更忠實呈現無花果特有的果實感。

POINT 4

Sirop

糖漿

補充豐富的果實風味

添加大量無花果泥

於無花果果泥中，添加大量厚重紅葡萄酒所製成，深具層次感與果實感的糖漿。滿滿吸附入巧克力杏仁風味海綿蛋糕中，與濃厚的皮肯慕斯取得平衡。由於果泥含量較高，因此先以小刀在海綿蛋糕表面輕劃切痕再刷上，稍事片刻後即可完全吸入。

Biscuit Chocolat au Lait

牛奶巧克力蛋糕

於蛋白霜中加入玉米粉，再拌入蛋黃、融化好的牛奶巧克力、奶油，抹平麵糊後烘烤。

輕盈的滋味與口感

- 使用牛奶巧克力→p156
- 使用玉米粉→p157
- 控制溫度勿過低→p157

POINT 6

Génoise Chocolat aux Amandes

巧克力杏仁海綿蛋糕

於粉類中加入可可粉，製作成杏仁海綿蛋糕。

製作氣孔粗大的海綿蛋糕
⇒ 參考杏仁海綿蛋糕

- 以高速一口氣打發→p51
- 降低糖分和粉類→p51

讓口味與色澤調性相同

- 添加可可粉→p187

POINT 7

Chantilly Caramel

焦糖香緹鮮奶油

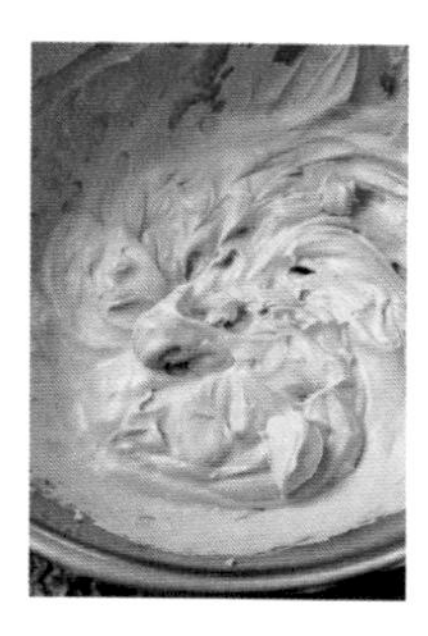

添加上色較深的焦糖拌入鮮奶油與水麥芽中，即製成添加了基本焦糖（Base de Caramel）的香緹鮮奶油。於輕盈順口中增加濃郁香氣。

POINT 8

Décoration de Figue

無花果裝飾

將厚度2mm的半乾燥黑無花果乾，放入添加了細砂糖的紅酒中浸漬一晚，風味會變得更豐厚且多汁。將其運用於裝飾上，可讓人聯想蛋糕風味構成的內容。

皮肯阿美爾蛋糕的配方

57×37cm蛋糕框1個、約68個

■ 果凝
(57×37cm蛋糕框1個／2025g)
水 475g
黑無花果乾(半乾燥) 415g
無花果泥(市售) 1010g
吉利丁片 8.5片
檸檬酸 6.5g
水 6.5g
紅酒 100g
波特酒(Port Wine) 95g
柳橙汁 85g
細砂糖 140g
肉桂粉 2.5g
香草醬 7.5g

1 於煮沸的水中加入已去蒂的半乾燥黑無花果乾，再次沸騰後轉小火，煮2～3分鐘直至無花果變軟(a)。
2 過篩瀝掉水分後以食物調理機打碎。
3 加入1/4無花果泥，不時以橡皮刮刀將食物調理機側邊果泥刮下，以食物調理機攪打至柔滑狀態為止。
4 將另外1/4無花果泥與吉利丁拌合，以微波爐加熱並將吉利丁拌至溶解。
5 步驟3中剩餘的無花果泥再分2次加入，每次加入都要以食物調理機攪打至柔滑狀態，並不時以橡皮刮刀將食物調理機側邊的果泥刮下。
6 檸檬酸加水溶解後加入步驟5，再加入紅酒、波特酒、柳橙汁、細砂糖、肉桂粉、香草醬(b)，並以食物調理機攪打。
7 加入步驟4並再次混合。
8 於57×37cm蛋糕框底部拉緊貼上平整的保鮮膜，再放於烤盤上。將步驟7倒入並以L形抹平抹刀，放進急速冷凍庫冷凍。

■ 巧克力杏仁海綿蛋糕
(60×40cm烤盤1盤／690g)
全蛋 310g
細砂糖 195g
低筋麵粉 80g
法式布丁(Flan)粉 80g
杏仁粉 40g
可可粉 20g

1 依照p188操作要領製作海綿蛋糕。
2 將690g麵糊倒入鋪有蛋糕卷用白報紙烤盤上，並以L形抹刀抹平。
3 於185℃烤箱烘烤約8分鐘。連紙脫模後移至網架放涼(c)。
4 配合57×37cm蛋糕框大小，切除多餘蛋糕體。

■ 糖漿
(容易操作的份量)
無花果泥 350g
紅酒 235g
波美30˚糖漿(→108) 120g

1 將所有材料拌合。

■ 組合1
1 將巧克力杏仁海綿蛋糕烤上色的那一面，以小刀輕輕斜劃數刀線條。
2 刷上糖漿(d)，放置於室溫直至糖漿吸收為止。放入急速冷凍庫冷凍。
3 配合57×37cm蛋糕框大小，切除多餘蛋糕體。

■ 牛奶巧克力蛋糕
(60×40cm烤盤1盤／800g)
覆蓋巧克力(chocolat de couverture)
(牛奶巧克力) 215g
奶油 100g
蛋白 215g
細砂糖 80g
玉米粉 47g
蛋黃 110g

1 依照p159操作要領製作。

◆ 奶酥餅乾
(容易操作的份量)
奶油 200g
黃蔗糖(brown sugar) 200g
杏仁粉 200g
低筋麵粉 200g

1 依照p52操作要領製作奶酥餅乾(e)。
2 撒上手粉後置於工作檯上，稍微搓揉使其軟化，放進壓麵機壓成5mm厚度。
3 以刀切割成5mm方塊狀，分散放置於不沾加工的烤盤上，放入170℃烤箱烘烤8～10分鐘(f)。再移至其他烤盤放涼。

◆ 核桃脆粒
(容易操作的份量)
核桃 125g
波美30˚糖漿(→108) 25g
糖粉 25g

1 將核桃切成5mm方塊狀後放入鋼盆，加入波美30˚糖漿並以刮板攪拌。
2 加入糖粉並以刮板拌勻。用手抓起放下時會呈現一顆顆紛紛落下狀態即可。糖粉的量可依實際操作狀態調整。
3 分散撒於不沾加工的烤盤上，放入170℃烤箱烘烤8～10分鐘(g)。再移至其他烤盤放涼。

◆ 榛果與杏仁脆粒
（容易操作的份量）
榛果（帶皮） 150g
杏仁（不帶皮） 150g
細砂糖 300g
水 75g
奶油 10g

1 將榛果與杏仁切成5mm方塊狀，再依p135榛果脆粒操作要領製作（h）。

■ 內餡
（容易操作的份量）
覆蓋巧克力（chocolat de couverture）
（牛奶巧克力） 200g
可可脂 50g
奶酥餅乾 410g
核桃脆粒 175g
榛果與杏仁脆粒 230g

1 於鋼盆中放入覆蓋巧克力與可可脂，隔水加熱至融化。
2 於鋼盆中放入奶酥餅乾、核桃脆粒、榛果與杏仁脆粒，再加入步驟1並以橡皮刮刀拌勻（i）。重複放入冷藏庫再取出攪拌，直至顆粒不沾黏且巧克力凝固為止。

◆ 焦糖風味義式蛋白霜
（1盤715g）
細砂糖 505g
熱水 適量
蛋白 250g

1 依照p135操作要領製作（j）。

■ 皮肯慕斯
（57×37cm蛋糕框1個／2800g）
牛奶 860g
細砂糖 85g
磨下的柳橙皮 1個
磨下的檸檬皮 1個
蛋黃 260g
細砂糖 171g
法式布丁（Flan）粉 65g
阿美爾皮肯酒（Amer Picon） 65g
奶油 640g
焦糖風味義式蛋白霜 715g

1 製作卡士達奶油。將牛奶放入銅鍋並開中火，加入85g細砂糖、磨下的柳橙皮與檸檬皮，煮至沸騰。
2 於鋼盆中加入蛋黃並以網狀攪拌器打散，並加入已拌合的171g細砂糖與布丁粉拌勻。
3 將一半的步驟1加入步驟2攪拌均勻，再倒回步驟1的鍋中。
4 以網狀攪拌器邊攪拌邊以大火加熱，沸騰後攪拌至一度變稠，再次回軟狀態為止。
5 移至鋼盆中，底部隔冰水降溫，以網狀攪拌器攪拌降溫至約近30℃為止（k）。
6 加入阿美爾皮肯酒，以橡皮刮刀攪拌（l），加入已調整至約25℃乳霜狀奶油，以網狀攪拌器拌勻。
7 趁焦糖風味義式蛋白霜未降溫過頭（約29℃）前，加入步驟6中，以網狀攪拌器拌勻（m）。整體拌合完成時溫度約28～29℃為宜。

■ 組合2
1 將已冷凍的海綿蛋糕刷糖漿的那一面朝下，放於果凝上，撕掉蛋糕卷用白報紙。
2 倒入皮肯慕斯，以L形抹刀抹平。
3 均勻鋪上內餡（n），以抹刀將內餡壓沉入慕斯當中，使其成為平整狀態。
4 將牛奶巧克力蛋糕烤上色的面朝下蓋上，將防沾矽膠墊撕下（o）。
5 放進急速冷凍庫冷凍至易切割的硬度後，以刀切割成10.5×2.6cm大小。

■ 無花果裝飾
（約20個份）
黑無花果乾（半乾燥） 約5顆
紅酒 100g
細砂糖 25g

1 將黑無花果切成2mm圓片後放入鋼盆。
2 紅酒與細砂糖放入鍋中，開中火煮沸。
3 步驟2倒入步驟1中，蓋上保鮮膜放於室溫中降溫。不燙後放進冷藏庫浸漬一晚（p）。

■ 焦糖香緹鮮奶油
（約20個）
鮮奶油（脂肪成分35%） 100g
細砂糖 10g
基本焦糖（Base de Caramel）（→p108） 55g

1 將鮮奶油、細砂糖、基本焦糖放入鋼盆，以網狀攪拌器打至7分發（q）。

■ 完成
橙皮細絲（→p111） 適量

1 於小蛋糕上方中央約4cm範圍以抹刀稍微刮掉（r）。如此一來於上方擠上奶油才不至滑落。
2 在裝有16齒15號的星形花嘴的擠花袋中，填入焦糖香緹鮮奶油，並於步驟1上方刮掉的位置，連續擠上兩朵貝殼型奶油花（s）。
3 放上一片無花果裝飾，再裝飾1～2根橙皮細絲（t）。

微醺紅酒薩瓦蘭

Savarin au Vin Rouge

薩瓦蘭本是一款以富含糖漿的發酵麵團爲主角的甜點。
將其作成夏季杯裝甜點，在輕盈與多汁當中添加嚼感，便成了這道「微醺紅酒薩瓦蘭」。
添加柳橙、肉桂、香草的香氣，展現如熱紅酒（Vin chaud）般的清爽感，
再吸附入滿滿具深層滋味的紅酒糖漿。
綿密濃郁的卡士達鮮奶油、運用了3種新鮮莓果，
以及黑醋栗風味的柔綿輕盈慕斯一一現身，與薩瓦蘭融爲一體，釋放充滿層次感的滋味與香氣。

微醺紅酒薩瓦蘭的口味組合

POINT 6
草莓、覆盆子、紅醋栗
Fraises, Framboises, Groseilles
裝飾。新鮮的果實口感、酸味、色澤。

POINT 3
卡士達鮮奶油
Crème Diplomate
濃稠的舌尖觸感與圓潤感。

POINT 4
黑醋栗慕斯
Mousse aux Cassis
帶來輕盈口感的上層。爲莓果增添層次感，能襯托紅酒風味的黑醋栗。

POINT 1
薩瓦蘭麵團
Pâte à Savarin
這道甜點的主體。吸附飽滿糖漿所呈現的鮮明風味與恰到好處的嚼感。

POINT 5
內餡
Garniture
新鮮果實的口感、酸味、色澤。

POINT 2
糖漿
Sirop
這道甜點的主角。如熱紅酒 Vin chaud般的深層滋味。

微醺紅酒薩瓦蘭的 6 大重點

POINT 1 薩瓦蘭麵團
Pâte à Savarin

將已拌入鹽、細砂糖、即溶乾酵母的全蛋液加入高筋麵粉中攪拌。拌入奶油並長時間發酵，最後烘烤至乾燥。

風味絕佳且細緻

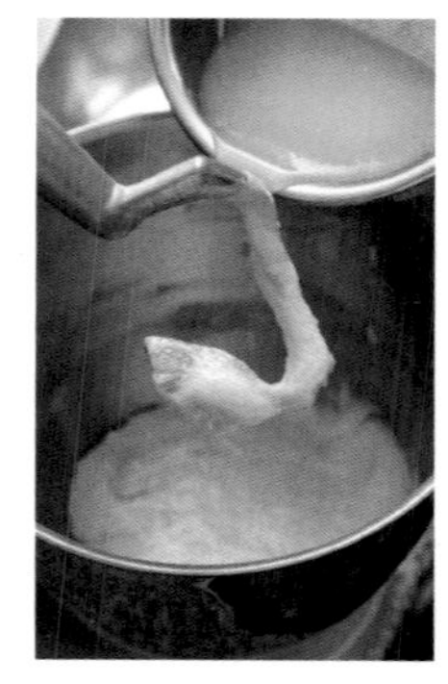

添加大量蛋與奶油

薩瓦蘭給人的印象糖漿多於麵團，但我也想要強調麵團的好滋味。添加與麵粉幾乎等量的蛋液，以及約4成分量的融化奶油，越嚼風味越是瀰漫整個口中的奢華滋味。

以中速攪拌器慢慢攪打

目標是打出雖奢華但不讓人感覺油膩，能於口中化掉般纖細的麵團。在加入阻礙筋性形成的油脂前，先讓麵粉與水分形成強烈的筋性，為避免斷筋因此慢慢攪打，以完成具適當彈性的細緻麵團。組織細緻的麵團雖然不易吸附糖漿，但滿滿吸附後可持續保持穩定狀態，因此入口後麵團中的水分會受擠壓滿溢而出，呈現具一體感的美好滋味。

杯裝甜點所呈現的柔綿清爽感

發酵時間較一般來得長

杯裝甜點中使用的薩瓦蘭麵團，保形性不如以一般小蛋糕方式呈現的薩瓦蘭高也無妨。最後發酵的時間稍拉長，等待麵團膨脹成為2倍大為止，則可製作出高油脂的細緻麵團，但組織不過密，較一般薩瓦蘭麵團來得輕盈。

比較

最後發酵時間不同所造成之差異

杯裝蛋糕重視輕盈感，因此將最後發酵時間拉長，讓麵團充分膨脹，形成組織不過於細密的輕盈口感。

烘烤得一致

分割
滾圓後烘烤

為統一重量、形狀、發酵狀態，先不將麵團擠進軟烤模，而是整形成長條形後分割為每個12g的麵團，再一一滾圓後放進軟烤模中烘烤，才能烘烤得一致。

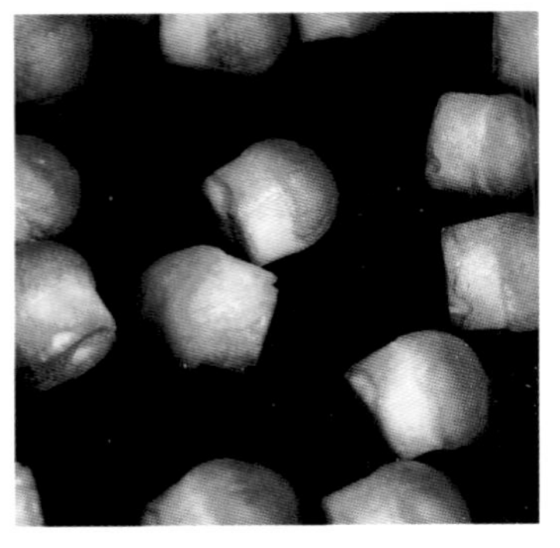

烘烤至乾燥
以美麗上色

像軟烤模這樣的矽膠製烤模不易上色，因此烘烤完成後，必須將麵團先脫模，直接放入烤盤上烘烤至乾燥，烤至側邊也均勻上色為止。

POINT 2 *Sirop* 糖漿

於厚重的紅酒中加入柳橙皮、果汁、肉桂與香草，再煮至出味的糖漿。

呈現鮮明口感

降低甜度

糖漿的甜度一旦過高則會失去輕盈度，因此特意降低甜度以注入更多糖漿，呈現甜點般輕盈且多汁的口感。但甜度太低則會變得太水，給人無味的印象，因此份量要特別斟酌。

將麵團長時間
浸漬於低溫糖漿中

細緻的薩瓦蘭麵團要吸入滲透進糖漿需要較長時間。若是為了使其快速滲透而浸泡於高溫的糖漿中，將會造成糖漿在吸入正中心前，麵團表面已因為吸附太多水分而變軟，麵團一下子膨脹且軟爛，口感也會變差。因此浸泡於約50°C的糖漿中，花時間慢慢吸附，則可保有細緻的組織不變形，也可確實留下口感。

注入滿滿的糖漿

添加滿滿的水分以呈現鮮明風味，也算是杯裝甜點的一大優勢。比起做成小蛋糕型態的薩瓦蘭甜度更低，且可吸附更多糖漿，也更順口。

比較

糖漿溫度所造成滲透度的差異

左為以50°C糖漿浸泡再放進冷藏庫一晚的麵團，整體吸附滿滿的糖漿；右為高溫糖漿浸泡者，麵團已軟爛。

呈現濃厚且具層次感的香氣

於厚重的紅酒中
添加柳橙、肉桂、香草

為凸顯甜點風味，於紅酒中添加柳橙皮及果汁、肉桂、香草，呈現如熱紅酒Vin chaud般香氣濃厚且清爽的糖漿。為與奢華的薩瓦蘭麵團相互協調，選用色澤與香氣皆濃厚的紅酒。

建議

透過糖漿強調個性
與新鮮感

只要改變糖漿風味，薩瓦蘭的可能性便會變得無限寬廣。除了傳統的蘭姆酒風味外，也可使用咖啡、紅茶、水果、香料等。薩瓦蘭是一道會因糖漿而影響整體印象的甜點，因此可透過些微構想的轉變與用心，而創造出完全不同的新鮮滋味。

（上排由左開始順時鐘方向）柳橙汁＋百香果果泥、蘭姆酒＋香草＋柳橙皮＋綠檸檬果汁、紅酒＋柳橙皮與果汁＋肉桂＋香草、草莓果泥＋紅石榴糖漿、義式濃縮咖啡＋咖啡濃縮液＋焦糖、伯爵茶

POINT 3

Crème Diplomate

卡士達鮮奶油

在卡士達奶油中拌入未打發的鮮奶油。

═══ 卡士達奶油Crème Pâtissière ═══

凸顯出濃郁中的輕盈

・加入法式布丁（Flan）粉→p17
・以圓底的鍋子快速拌煮→p17

呈現濃稠滑順的口感餘韻

・拌入未打發的鮮奶油→p17

═══ 卡士達鮮奶油Crème Diplomate ═══

提高濃郁度

・使用乳脂肪含量高的鮮奶油→p17

卡士達鮮奶油即使只有少量，也能呈現濃郁滑順的口感。

Mousse aux Cassis

黑醋栗慕斯

將義式蛋白霜與6分發鮮奶油拌合，再加入黑醋栗果泥與少量吉利丁的清爽慕斯。

呈現更強烈的莓果風味

添加黑醋栗的濃厚風味

莓果的存在能凸顯薩瓦蘭紅酒糖漿。於慕斯中添加風味相當濃厚的黑醋栗，可強調莓果的香氣與酸味。

順口綿軟

⇒ 參考百香果慕斯

・使用較高比例的減糖蛋白霜→p100
・極力減少吉利丁用量→p100

滿滿擠入杯中，營造綿軟輕盈的口感印象。

Garniture

內餡

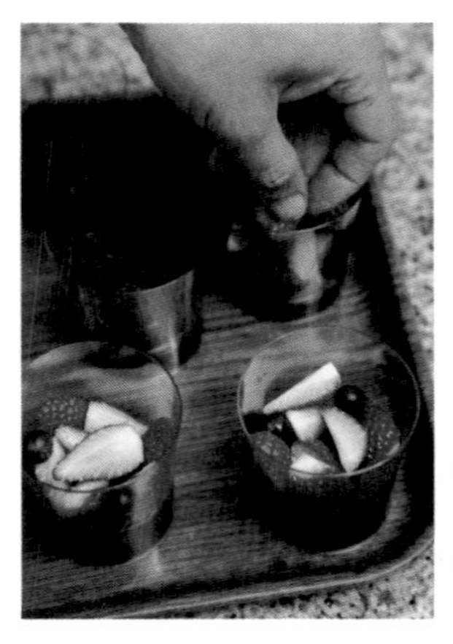

以新鮮水果繽紛且生動的裝飾於薩瓦蘭麵團上。紅色色澤、形狀及酸溜溜的酸味，都會成為點綴，為紅酒糖漿的風味增添層次感。

POINT 6

Fraises, Framboises, Groseilles

草莓、覆盆子、紅醋栗

於完成時放上新鮮莓果，不僅有裝飾效果，和內餡一樣也能增添風味。

微醺紅酒薩瓦蘭的配方

直徑5.5cm，高7cm玻璃杯10個

■ 薩瓦蘭麵團
(1個12g)
即溶乾酵母 6g
溫水 18g
全蛋 275g
細砂糖 18g
高筋麵粉 300g
鹽 6g
奶油 120g

1 將即溶乾酵母放進鋼盆後，加入溫水並以網狀攪拌器拌勻。
2 將全蛋放進鋼盆並打散，鋼盆底部直接以瓦斯爐火加熱至體溫程度。離火後加入細砂糖並拌至溶解，加入步驟1拌勻。
3 將高筋麵粉放入攪拌盆後加入鹽，使用攪拌器以鉤形攪拌棒大致拌勻。
4 將步驟2加入步驟3(a)。自低速慢慢提高至中速，持續攪打麵團。不時停下攪拌器將攪拌缸內側的麵團刮下，再繼續攪拌。
5 攪打到麵團出筋並均勻的狀態，攪拌時鉤形攪拌棒會鉤到麵團使中央呈現隆起狀態時，即可加入融化奶油。
6 以低速攪打，整體大致拌合後，停下攪拌器將附著於攪拌盆內側的麵團刮下，再轉中速攪打15分鐘。
7 將麵團攪打出筋，直到以手將麵團撐開時可呈現薄膜狀態，即可移至鋼盆。
8 將手從麵團兩端底部深入並將麵團抬起(b)，流下的麵團折至下方，再直接將麵團放回鋼盆。
9 轉動90度並重複數次步驟8的操作，直至麵團表面呈現光滑狀態。
10 蓋上保鮮膜，進行基本發酵直至麵團膨脹至兩倍大(c)。在28℃環境下約40分鐘為宜。
11 以刮板將麵團由外往中央刮入以排出空氣，再放置於烤盤上。以手掌拍壓將麵團攤平，放進急速冷凍庫。
12 變硬至可整型程度，即可自急速冷凍庫取出。撒上手粉，將麵團從前方往自己的方向捲成長條狀，捲時以手掌心根部按壓麵團以排出空氣。
13 捲成長條形後，再以刮板將麵團縱切成兩半，再橫切成兩半。切割後的麵團再以手掌滾動搓成細長條形。
14 將麵團分割成每個12g大小，彎曲指尖圍住麵團，在工作檯上畫圈滾動，將麵團滾圓。
15 將直徑4×高2cm的圓形軟烤模放置於烤盤上，將滾圓完成的麵團一一放入，再蓋上保鮮膜等待最後發酵膨脹至2倍大。在28℃環境下約1小時為宜。
16 放進180℃旋風烤箱烘烤15分鐘(d)。中途必須幫烤盤掉頭。自軟烤模脫模後，打開旋風烤箱的風門，再以150℃烘烤約10分鐘，進行乾燥烘烤(e)。必須烘烤至側邊也看不到偏白的麵團，烤上茶褐色狀態為止。
17 放在網架上於室溫中放涼。

■ 糖漿
(容易操作的份量)
紅酒 1500g
細砂糖 300g
磨下的柳橙皮 1個
榨出的柳橙汁 1個
肉桂棒 0.5根
香草莢 1根

1 於深鍋中放進所有材料並以網狀攪拌器邊拌邊加熱至煮沸為止(f)。
2 離火放涼。

■ 組合1
1 拿出5個薩瓦蘭，切除上方與底部烤上色部分，再橫切成兩半。
2 將所需的糖漿放入鍋中加熱至50℃，再移入浸泡用的保存容器內，放入步驟1，以漏杓將薩瓦蘭壓入糖漿中。
3 待薩瓦蘭都浸泡後，直接於糖漿表面緊貼地貼蓋上保鮮膜，再於容器上方也蓋上保鮮膜。將整個容器放進冷藏庫浸泡一晚。中途要將薩瓦蘭翻面，使其能均勻地吸入糖漿(h)。

■ 卡士達鮮奶油
(10個)
卡士達奶油(→p107) 300g
鮮奶油(脂肪成分45%) 90g

1 將300g卡士達奶油放入鋼盆並以網狀攪拌器攪拌至柔滑程度為止。
2 先加入一半的鮮奶油，並以網狀攪拌器攪拌均勻，再拌入剩餘的鮮奶油，以網狀攪拌器攪拌均勻備用。

■ 內餡
(10個)
草莓 20個
藍莓 20個
覆盆子 10個

■ 組合2
1 擠掉浸泡完成薩瓦蘭的部分糖漿後，個別放進玻璃杯底部。將糖漿舀進玻璃杯中直至薩瓦蘭可完全浸泡狀態為止。使薩瓦蘭與糖漿重量合計成為60g為宜(i)。
2 將縱切成4等分的草莓、藍莓、縱切成一半的覆盆子，不規則的放入步驟1的玻璃杯中，呈現從側面可看到多彩繽紛的狀態。

3　將卡士達鮮奶油填入裝有口徑10mm圓形花嘴的擠花袋內，擠入於步驟2中央（j）。

■ 黑醋栗慕斯
（10個）
細砂糖　100g
水　25g
蛋白　80g
黑醋栗果泥　40g
吉利丁片　0.5片
鮮奶油（脂肪成分35%）　100g
香草籽　少許

1　以細砂糖與水做成可以冰水捏出小軟球（petit boulé）程度的糖漿。倒入蛋白後以攪拌器高速打發。確實打發至蛋白霜可以拉出尖角程度即可降成中速，繼續攪打降溫至30°C為止，製作出義式蛋白霜。
2　將黑醋栗果泥放入鋼盆再加入吉利丁，並隔水加熱至40°C以融解吉利丁（k）。
3　於打至7分發的鮮奶油中拌入香草籽。
4　將一半的步驟1加入步驟3，以網狀攪拌器拌勻，再倒回步驟1鍋中，並以網狀攪拌器拌勻。
5　以網狀攪拌器舀起一瓢步驟4，加入步驟2中並以橡皮刮刀拌勻，再拌回步驟4，再以橡皮刮刀拌勻（l）。

■ 組合・完成
防潮糖粉（Sucre Décor）　適量
草莓　適量
香草風味果膠（→p109）　適量
覆盆子　適量
紅醋栗　適量

1　將慕斯填入裝有口徑10mm圓形花嘴的擠花袋內，擠滿＜組合2＞中的卡士達鮮奶油上方，並將表面抹平（m）。
2　放上圓形紙板並從上方篩上防潮糖粉（n）。
3　放上草莓切片，並刷上香草風味果膠，裝飾上覆盆子與紅醋栗。

依甜點形態改變其呈現方式

微醺紅酒薩瓦蘭，乃是將「薩瓦蘭」這道極爲基本的甜點做成杯裝的實例。但若改變成帶回家品嚐用的小蛋糕、多層蛋糕、餐廳飯後甜點等型態，即使是同一道甜點，呈現方式也會大大不同。

將薩瓦蘭以小蛋糕方式呈現範例

為避免薩瓦蘭塌壞，因此需減少糖漿用量，擠上滿滿的香緹鮮奶油。

將薩瓦蘭以盤裝甜點方式呈現範例

由於不需擔心要將甜點帶回家，因此可讓薩瓦蘭麵團吸進滿滿的糖漿，更於香草冰淇淋裝飾上打發的牛奶，可以說是提供現做甜點供人品嚐前提下，特有的呈現方式。將香草莢與糖粉一起烘烤做成的裝飾，也屬盤裝甜點獨有。

香橙巧克力杯

Verrine au Chocolat Orange

繼「微醺紅酒薩瓦蘭」，薩瓦蘭杯裝甜點的續作
即是這道「香橙巧克力杯」。
不讓覆蓋巧克力專美於前，另以可可膏及可可粉等不帶甜味的可可風味，
散佈其間，打造出鮮明的風味。此外，清爽的柳橙作爲點綴，
飄著無糖帶勁的香橙干邑甜酒（Grand Marnier Excract）50°的香氣，後味清爽。
除了吸附滿滿糖漿外，更增添綿柔的巧克力香緹鮮奶油層，凸顯順口度與輕盈感。
這是一道炎夏也能清爽享用至最後的巧克力蛋糕，
以這個觀點來看，也不容錯過。

香橙巧克力杯的口味組成

POINT 3
巧克力奶油
Crème Chocolat
清爽的巧克力風味，柔嫩的質地，更易入口。

POINT 1
巧克力薩瓦蘭麵團
Pâte à Savarin au Chocolat
這道甜點的主體。吸附飽滿糖漿所呈現的鮮明風味與恰到好處的嚼感。

POINT 2
可可糖漿
Sirop à Cacao
這道甜點的主角。可可的強烈風味與順口感。

POINT 7
糖漬橙皮
Ecorce d'Orange Confits
滋味與外觀的點綴。更暗示著與內容物的關聯，金箔增添奢華感。

POINT 6
焦糖風味義式蛋白霜
Meringue Italienne au Caramel
增添與衆不同的質感。焦糖的微苦滋味，小蛋糕般的裝飾。

POINT 5
巧克力香緹鮮奶油
Chantilly Chocolat
醬汁般的效果。乳香味，輕盈感與順口度。

POINT 4
柳橙醬
Marmelade Oranges
第2個風味。柳橙的酸味與香氣，細切橙皮的口感成爲點綴。

製作玻璃內的美麗分層

每一層冷凍後再組合

不需考慮保形性，可由奶油等軟嫩的要件組合而成，算是杯裝甜點的一大優勢。但要將所有要件一口氣裝進玻璃杯，則會造成數個軟嫩質地的元素混在一起，味道也會混雜，因而錯失分層的層次美感。因此每裝進一層便要冷凍一次，待確實冷卻定型後再疊上下一層，製作成可享受從側邊看到美麗分層的玻璃杯裝甜點。

香橙巧克力杯的 6 大重點

Pâte à Savarin au Chocolat

POINT 1 巧克力薩瓦蘭麵團

於高筋麵粉中拌進可可粉，再加入已與全蛋拌合的即溶乾酵母，慢慢攪打後才加入奶油，再經發酵、烘烤而成的薩瓦蘭。視覺效果上也強調巧克力口味。

風味絕佳且細緻

⇒ 參考薩瓦蘭麵團

- 添加大量蛋與奶油→p206
- 以中速攪拌器慢慢攪打→p206

最適合杯裝甜點的輕盈感

- 發酵時間較一般來得長→p206

**加入奶油前
先確實攪打**

由於添加了可可粉不同於一般的薩瓦蘭麵團，油脂成分容易造成麵團的塌軟，形成筋性需要更長的時間，因此在添加奶油前先將麵團確實打出筋性，為麵團建立強健的骨骼。

烘烤得一致

⇒ 參考薩瓦蘭麵團

- 分割滾圓後烘烤→p207
- 烘烤至乾燥以美麗上色→p207

Sirop à Cacao

POINT 2 可可糖漿

於水中加入橙皮與香草後煮沸，再拌入可可粉、細砂糖而成的糖漿。以香橙干邑甜酒打造出風味。

不結塊

**先將可可粉與
細砂糖拌勻**

可可粉含有較高油脂成分，是容易結塊的素材。若在做好糖漿後只拌入可可粉，將會難以拌勻，因此要先與細砂糖拌合後再加入水中拌勻。

**倒入玻璃杯前
再次攪拌糖漿**

由於糖漿中加了可可粉，只要過一段時間便會沉底，因此在將糖漿倒入玻璃杯前一定要先攪拌。

呈現鮮明風味

⇒ 參考糖漿

- 降低甜度→p207
- 將麵團長時間浸漬於低溫糖漿中→p207

注入充分糖漿

杯裝甜點具備能添加較多水分呈現鮮明風味的優勢。同一道甜點比起做成小蛋糕形式的，可降低糖漿的甜度，並吸入更多糖漿，更加順口。

比較

小蛋糕型態
（麵團＋糖漿＝45g）

杯裝甜點
（麵團＋糖漿＝60g）

**杯裝甜點
與小蛋糕形式的糖漿用量**

將香橙巧克力杯做成小蛋糕形式時比較，做成杯狀可吸收進更多的糖漿。

POINT 3 *Crème Chocolat* 巧克力奶油

在牛奶巧克力與可可膏中加入蛋黃、香草、鮮奶油、水麥芽、牛奶，煮成英式蛋奶醬般柔滑狀態。

強烈風味與輕盈感並存

於牛奶巧克力中添加可可膏

顧及口味問題於是不使用苦甜巧克力製作奶油，而選用牛奶巧克力，但如此一來風味稍嫌不足。添加可可膏可在保有圓潤口感的同時，凸顯出強烈的可可風味，並可控制甜度。

以英式蛋奶醬爲基底

以英式蛋奶醬作為巧克力奶油的基底，可降低乳脂肪成分，蛋黃的濃郁風味更可帶來層次感。

柔滑的質感

以小火慢慢煮

由於糖分較平常低，因此在煮英式蛋奶醬時，可能容易把蛋煮熟造成結塊。因此以橡皮刮刀邊攪拌邊以小火加熱，以形成均勻的質感。

以手持式電動攪拌棒幫助乳化

由於添加了可可膏，會比使用一般巧克力容易結塊。因此使用手持式電動攪拌棒，小心攪拌避免拌入空氣，使其達到細緻的乳化狀態。

POINT 4 *Marmelade Oranges* 柳橙醬

將柳橙皮、果肉加上細砂糖、果膠拌合後熬煮，再加入百香果泥與檸檬酸提味。

凸顯柳橙風味

- 添加橙皮→p138
- 切除橙皮的苦澀部分→p138
- 短時間內熬煮完成後攤平開來放涼→p138

留下皮的口感作爲點綴

以刀細切

切成丁狀時，若使用食物調理機會造成部分打成泥狀。以刀細切可完全保留住柳橙皮特有的絕佳口感。

添加酸味

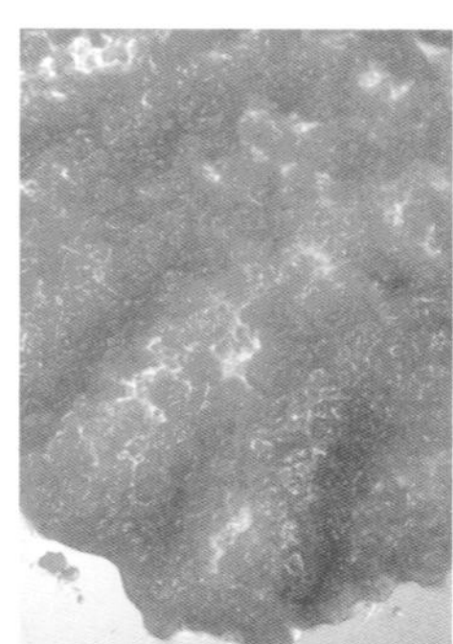

添加百香果泥

若單靠柳橙的酸味稍嫌單薄，因此最後添加百香果泥，可作為點綴效果，並為風味增添俐落的清爽感。於烤盤上攤開來放涼。

POINT 5 *Chantilly Chocolat* 巧克力香緹鮮奶油

將牛奶巧克力的甘納許與7分發的鮮奶油拌合。

溫和風味

使用牛奶巧克力

若使用一連串低糖度偏苦的巧克力元素，則會造成可可風味過強反而膩口。為了增加緩衝層，特別在香緹鮮奶油中選用牛奶巧克力，以其甜度與圓潤感平衡整體風味。

製作成柔滑口感

拌合甘納許與香緹鮮奶油

若於鮮奶油中添加巧克力再打發，會有容易塌軟的問題。因此先製作甘納許再與香緹鮮奶油拌合，可提高保形性。但這個步驟在操作時甘納許的溫度若過高，會造成香緹鮮奶油消泡，因此拌合時的溫度要特別小心。不過由於是杯裝甜點形式，因此會比一般香緹鮮奶油來得軟嫩。

只製作每次需要的分量

巧克力香緹鮮奶油一旦打發過後，就容易呈現軟塌狀態，即使再次攪打也無法改善。因此每次使用時務必只打發需要的分量，並用完。

POINT 6 *Meringue Italienne au Caramel* 焦糖風味義式蛋白霜

抑制甜度並添加微苦滋味

製作成焦糖風味的蛋白霜

先將糖漿煮成焦糖後再加入蛋白可大幅降低甜度，後味也會變得更清爽。同時所帶來的圓潤微苦風味與香氣，會與巧克力相互輝映，更加增添風味的層次感。此外，煮成焦糖（Caramel à sec不加水直至焦糖化）後，所添加的熱水量要較一般義式蛋白霜的熱水量（砂糖1/4的量為宜）更多。將焦糖確實煮融後再作成糖漿。

香橙巧克力杯的配方

口徑5.5cm，高7cm的玻璃杯10個

■ 柳橙醬

（容易操作的份量／1個28g）

薄削下的柳橙皮 100g	
細砂糖 195g	果膠 1.6g
柳橙果肉 275g	百香果泥 36g
檸檬酸 0.7g	水 0.7g

1 將柳橙皮內白膜部分以水果刀削除，細切成2mm丁狀。

2 於煮沸的熱水（配方份量外）中加入步驟1，稍攪拌後煮至沸騰。煮沸後約1分鐘即以錐形濾網（chinois）等過篩，瀝掉水分。

3 再次放入已煮沸的熱水中，以小火煮15分鐘，直到軟得可以手指壓壞的程度為止。以錐形濾網（chinois）過篩瀝掉水分，再以橡皮刮刀輕壓確實擠乾水分（a）。

4 將部分細砂糖與果膠拌合備用。

5 柳橙果肉放入圓底銅鍋，加入步驟4剩餘的細砂糖與步驟3，開中火並以網狀攪拌器邊擠壓邊加熱。

6 待整體加熱至沸騰再加入步驟4，以網狀攪拌器邊攪拌邊加熱，直到達39%白利糖度（Brix）為止（b）。

7 熄火後依序加入百香果泥與檸檬酸，並以網狀攪拌器攪拌。倒入烤盤攤開（c），於室溫中放涼後再放入冷凍庫。

■ 巧克力薩瓦蘭麵團

（容易操作的份量／1個12g）

即溶乾酵母 9.5g	溫水 30g
全蛋 440g	細砂糖 30g
高筋麵粉 470g	可可粉 20g
鹽 9.5g	奶油 190g

1 依照p209薩瓦蘭麵團的操作要領製作，烘烤後將薩瓦蘭放涼。不過操作過程中要將可可粉與高筋麵粉拌合，充分攪打待筋性確實形成後才加入奶油（d）。

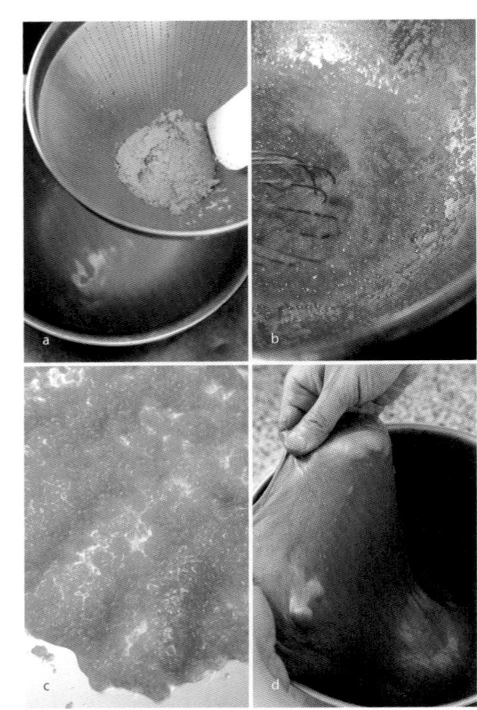

a b c d

■ 可可糖漿

（1個55g）

水　1000g　　榨柳橙汁　0.5個份

磨下的柳橙皮　1個份　　香草莢　1根

細砂糖　300g　　可可粉　40g

香橙干邑甜酒（Grand Marnier Excract）50°

200g

1　將水、榨柳橙汁、磨下的柳橙皮、香草籽與香草莢放入鍋中，開火煮至沸騰。

2　先將細砂糖與可可粉拌合，再加入步驟1（e），以網狀攪拌器邊加熱邊攪拌至沸騰。

3　離火倒入鋼盆，待不燙後加入香橙干邑甜酒50°並攪拌（f）。完成時達27%白利糖度（Brix）。

■ 組合1

1　將已放涼的10個薩瓦蘭底部上色面切除，兩邊墊上2.5cm高的鋁條，切除薩瓦蘭上部使其高度一致（g）。排列入較深的容器內。

2　將可可糖漿調整至50℃後倒入步驟1。

3　糖漿蓋過薩瓦蘭高度狀態即可，緊貼地覆蓋上保鮮膜（h），並於容器上方再蓋上一層保鮮膜。整個容器放進冷藏庫一晚，中途將薩瓦蘭上下翻面，使其能均勻吸收糖漿。

■ 巧克力奶油

（1個45g）

覆蓋巧克力（chocolat de couverture）

（牛奶巧克力）　180g

可可膏　36g　　蛋黃　95g

香草莢　1根

鮮奶油（脂肪成分35%）　85g

水麥芽　36g　　牛奶　130g

1　將覆蓋巧克力與可可膏放入鋼盆，隔水加熱至融化。

2　將蛋黃、香草籽放入鋼盆，以網狀攪拌器拌勻。依序加入鮮奶油、水麥芽、牛奶，並一一拌勻。

3　將香草莢放入鍋中，倒入步驟2。開小火並依照英式蛋奶醬操作要領製作，以橡皮刮刀不停攪拌加熱至80℃，蛋奶醬會薄薄黏著在刮刀上的狀態（à la nàppe）為止。

4　於步驟1中加入步驟3，以橡皮刮刀攪拌。取出香草莢再以手持式電動攪拌棒攪拌，使其確實達到乳化狀態（i）。

■ 組合2

1　輕輕擠壓已浸泡糖漿之薩瓦蘭後，個別放入玻璃杯底部，再倒入糖漿直至蓋過薩瓦蘭為止。薩瓦蘭與糖漿合計60g為佳。排列於烤盤上放進冷凍庫確實冷凍。

2　將巧克力奶油裝入麵糊填充器中，填入步驟1每杯45g，再次冷凍（j）。

3　將柳橙醬填入裝有口徑8mm圓形花嘴的擠花袋內，擠入步驟2每杯28g。放進冷凍庫冷卻凝固至表面凝結為止（k）。

■ 巧克力香緹鮮奶油

（1個15g）

鮮奶油（脂肪成分35%）　75g

水麥芽　25g

覆蓋巧克力（chocolat de couverture）

（牛奶巧克力）　100g

鮮奶油（脂肪成分40%）　355g

細砂糖　36g

1　於鍋中加入75g鮮奶油與水麥芽，開中火以網狀攪拌器攪拌至沸騰。

2　於較深的容器中放入細切的覆蓋巧克力，倒入步驟1。以手持式電動攪拌棒攪拌，以確實達到乳化狀態。

3　移至鋼盆，邊以橡皮刮刀攪拌邊用冰水降溫至約20℃。

4　於355g鮮奶油中加入細砂糖，打至7分發程度。

5　將1/3步驟4加入步驟3，以橡皮刮刀拌勻。

6　將剩餘的步驟4加入步驟5，先以網狀攪拌器大致攪拌，再改持橡皮刮刀拌至均勻。

7　填入已裝有口徑13mm圓形花嘴擠花袋內，於已裝有薩瓦蘭、巧克力奶油、柳橙醬的玻璃杯內，每杯擠入15g（l）。放進冷凍庫冷卻定型。

◆ 焦糖風味義式蛋白霜

（容易操作的份量）

細砂糖　95g　　熱水　適量

蛋白　75g

1　依照p135操作要領製作。

■ 完成

（10個）

杏仁片　適量　　糖粉　適量

糖漬橙皮　適量

香草風味透明果膠（→p109）　適量

1　焦糖風味義式蛋白霜打發後，立即以抹刀抹入玻璃杯內巧克力香緹鮮奶油上方，並抹平。

2　剩餘的焦糖風味義式蛋白霜，填入裝有10齒10號星形花嘴的擠花袋內，擠螺旋狀玫瑰花於步驟1上（m）。

3　將已稍微烘烤過的杏仁片每杯撒上3片，為了讓蛋白霜側邊也能沾上糖粉，傾斜玻璃杯再篩上糖粉。將玻璃杯側邊的糖粉以濕布擦乾淨。

4　於烤盤架上網架，將步驟3放入，以220℃旋風烤箱烘烤至蛋白霜表面上色，約需1分鐘。

5　將糖漬橙皮切成細長三角形，於切面刷上香草風味果膠，放在步驟4（n）上。於末端裝飾金箔。

「甜點師是幕後工作者」

甜點師這個職業開始受到社會關注，甚至上媒體的機會也越來越多。很多時候被擴大報導的並非甜點而是甜點師，然而我認爲甜點師這個職業應該受好評的並非人，而是甜點。不比甜點這個主角更搶眼，是我所主張身爲職人該有的姿態。

大家總以爲甜點師這個職業華麗絢爛，然而眞正絢爛美麗的，其實是陳列於櫥窗裡的甜點。我們每天的工作只是一連串踏實穩健的細活，做的是無華樸實的幕後工作。職人爲了製作出美味的甜點，深刻體認這個樸實的工作內容，而且懷抱堅強的信念，堅持不怠惰到最後。即使成爲經營者兼主廚，我也不爲營業額而製作商品，從進貨到販賣，一向以甜點品質爲最優先考量，我祈願能持續做一個思考經營的職人。這是我所堅持的信念。

第 3 章
多層蛋糕

Les Entremets

Galette des Rois Chocolat

Bavaroise aux Oranges

Rubis

Cœur Framboise

品嚐過程也是成就美味的一個部分

在法國，飯後甜點不可或缺。一大群人圍著桌子，一同分享喜悅，同時透過舌尖與心靈並懷抱愉悅的心情，用心品嚐。我認爲這才是甜點原本應扮演的角色及品嚐的方式。

日本當前的西式甜點水準甚至已凌駕發源地，食用者所擁有的知識及品嚐的經驗也出人意料的高深。然而，若分析其消費行爲，會發現多半是將焦點集中於素材或製作手法的細微分析，以及與其他店鋪商品的比較、驗證，常令人覺得甜點本有的樂趣被遺忘了。一味追求細節，卻不知不覺將最重要的樂趣拋之腦後，我想這樣的美味並不完整。

在法國，甜點是飲食的一部分，也是文化的一部分。孕育自法國的歷史與風土，帶給人們精神上的豐沃。因此我祈願大家可以從這個觀點來看待甜點，創造一個包含飲料與餐桌擺設，也都令人衷心喜悅的餐桌，享受品嚐具眞正意義的甜點。

巧克力國王派

Galette des Rois au Chocolat

1月6日主顯節（Épiphanie）時吃的國王派，是法國甜點中不可或缺的節慶甜點之一。
由於是切割分食以獲得隱藏於內的fève（小瓷偶）形式，因此不以小蛋糕方式呈現，烘烤成一大個蛋糕有其必要的意義。
除了添加原味杏仁奶油餡（frangipane）的國王派外，還有蘋果、紅茶風味等，
每年都會準備4種左右的口味，當中非常受歡迎的即是巧克力口味。
從杏仁奶油餡到裝飾，所有組成要件都做成巧克力口味，將微苦的可可魅力發揮到極致。
忠實呈現Galette（法文是平板、圓形物品的意思）的原意，不烘烤出高度也是一大重點。

POINT 1

巧克力
反折疊千層酥皮

Feuilletage Inversé au Chocolat

酥鬆一咬即碎口感的千層酥皮。從香氣、可可風味、外觀各方面強調巧克力的存在。

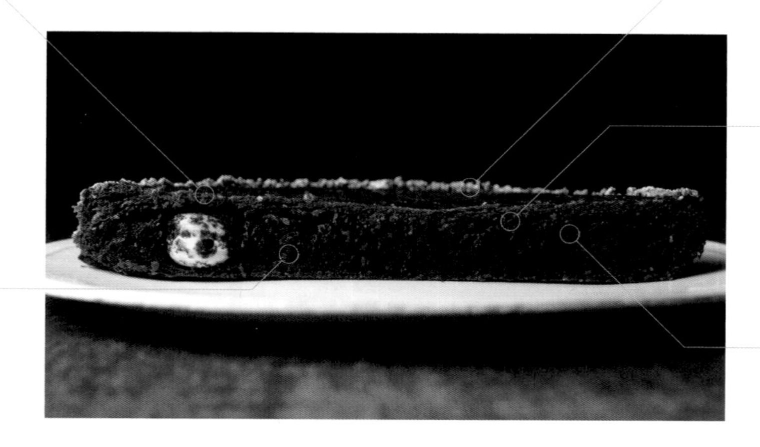

POINT 2

甘納許

Ganache

這道甜點的關鍵。單靠杏仁奶油餡無法獲得的濃厚巧克力風味。

POINT 5

香脆可可豆碎粒

Croquant de Grué de Cacao

裝飾。可可豆原始的滋味與香味，口感的點綴。

POINT 4

巧克力豆

Grains de Chocolat

一粒粒的口感，以最直接的方式主張巧克力的存在。

POINT 3

巧克力
杏仁奶油餡

Frangipane au Chocolat

圓潤、濃郁、柔軟的口感。可可的香氣。

重點 1
以巧克力千層酥皮展現個性

這道國王派的特徵是，爲了在視覺上表現巧克力的存在感，因此特地將千層酥皮製作成巧克力口味。重點是將可可粉拌入折疊用的奶油麵團中。若將可可粉全部份量加入基本揉和麵團內，則可能因爲其油脂造成筋性容易斷裂，無法形成美麗的分層，因此不能添加太多。將一半以上的可可粉加入同爲油脂成分的折疊用奶油麵團，便可以在不影響口感與美麗分層的情形下，添加最大量的可可粉。然而，於基本揉和麵團中加入可可粉，難免還是會造成筋性容易斷裂，麵團強度不夠，因此必須使用較高比例的高筋麵粉以補強筋性。

完成的巧克力反折疊千層酥皮。以風味與色澤傳達巧克力的存在。

比較

操作的重點在於，不僅基本揉和麵團，折疊用的奶油麵團中也添加了可可粉。

應如何添加可可粉

可可粉若只添加於麵粉中（基本揉和麵團），則會因可可的油脂造成筋性容易斷裂，無法形成美麗的分層。但若將一部分加入折疊用奶油麵團內，則會如右邊照片般層次分明且美麗。

重點2
烤成扁平狀態

稱爲“Galette”的必備條件爲千層酥皮不能過度膨脹，必須烤成扁平狀態。反折疊千層酥皮的做法，如同千層派（→p78）、草莓大黃巧酥（→p85），呈現酥鬆一咬即碎的輕盈口感，如草莓大黃巧酥般，增加折疊的次數，即可做出不容易碎裂且不會膨脹過高的麵團。此外，非常重要的是，以2片千層酥皮夾住中間的奶油餡層時，上或下其中一個麵團必須（朝壓麵機壓擀時的前進方向）轉90°再疊上。千層派皮由於筋性的緣故，會朝擀捲的反方向回縮，如果兩片重疊的千層酥皮都以同方向回縮，則會使圓形變形成橢圓形。因此也要鬆弛一晚再烘烤。待筋性穩定後再烘烤，可以形成較美麗的分層。如果想要烤得更爲扁平，也可以在烘烤中途蓋上一塊烤盤輕壓，可統一烘烤完成品的狀態。

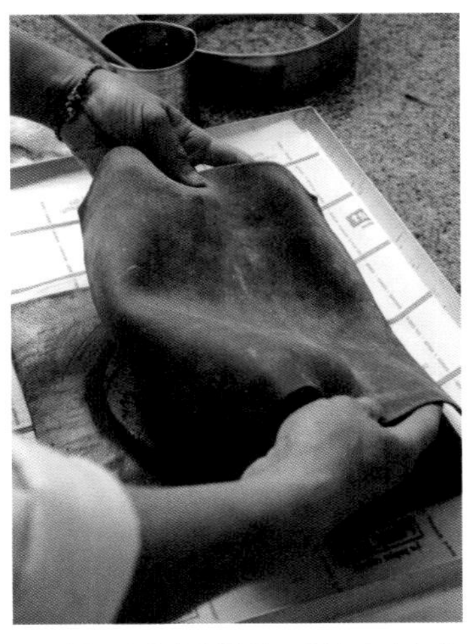

於千層酥皮放上甘納許、巧克力杏仁奶油餡後，上面覆蓋的麵團，必須是下方麵團（朝擀捲方向）轉動90°後的方向，可避免變形。

整型完成烘烤前，必須先於冷凍庫鬆弛一晚，穩定筋性。

烘烤成圓滿且扁平的圓形，是國王派的一大重點。

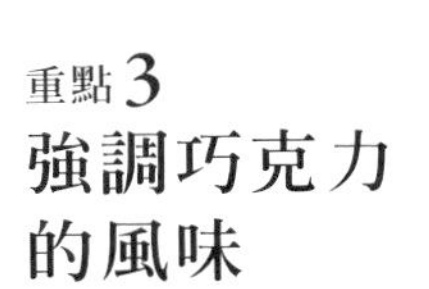

重點3
強調巧克力的風味

這道國王派的一大特徵，是所有的組成要件都做成巧克力口味，強力凸顯巧克力風味。若僅於杏仁奶油餡中添加可可粉，則巧克力風味稍嫌不足，所以再加入一層苦甜巧克力搭配可可膏的甘納許，加強印象。甘納許與杏仁奶油餡之間，再撒上巧克力豆作爲內餡，讓巧克力比例更爲提升。裝飾則使用烘烤過的可可豆搗碎製作的可可豆碎粒，增添微苦滋味與口感，使整體風味更一致。

於甘納許上撒巧克力豆，並放上小瓷偶，以風味與口感提升巧克力的存在感。之後再擠上巧克力杏仁奶油餡。

於烤好的國王派側邊刷上杏桃果醬，再貼附上香脆可可豆碎粒。

巧克力國王派的配方

直徑23cm，2個

■ 巧克力反折疊千層酥皮

（容易操作的份量）

基本揉和麵團（Détrempe）

奶油 35g	高筋麵粉 575g
低筋麵粉 70g	可可粉 35g
水 340g	鹽 15g
糖粉 15g	

折疊用奶油麵團麵團

高筋麵粉 195g	可可粉 38g
奶油 715g	

1　依照p83操作要領製作基本揉和麵團。但低筋麵粉、高筋麵粉先與可可粉拌合再加入。

2　依照p83操作要領製作折疊用奶油麵團。可可粉先與高筋麵粉拌合再加入。

3　基本揉和麵團與奶油麵團的折疊參考p84，以折疊成3摺→4摺→3摺→4摺的順序操作（b）。

4　將步驟2切成21×21cm（基本的1/3分量。厚度以1.5cm為宜），以壓麵機擀壓。大致擀開後翻面，擀至厚度成為2mm為止（c）。

5　以兩手抬起麵團使其自然垂下，幫助麵團回縮。

6　切成兩片30×30cm大小麵團後，放置於鋪有烤盤紙的烤盤上（必須記住擀開的方向）。再於上方鋪上一張烤盤紙，置於冷藏庫鬆弛1小時以上（d）。

■ 甘納許

（1個130g）

牛奶 30g

鮮奶油（脂肪成分35%） 85g

水麥芽 36g

可可膏 16g

覆蓋巧克力（chocolat de couverture）

（苦甜巧克力） 130g

奶油 8g

1　將牛奶、鮮奶油、水麥芽放入鍋中，開火煮至沸騰。

2　於較深的容器內放入可可膏與覆蓋巧克力。倒入步驟1並加入奶油，以手持式電動攪拌棒攪拌，直到柔滑乳化狀態為止（e）。

3　攤平於烤盤上，於室溫放涼。

■ 巧克力杏仁奶油餡

（1個260g）

杏仁粉 100g	低筋麵粉 17g
可可粉 25g	全蛋 100g
細砂糖 95g	奶油 100g

卡士達奶油（→p107） 80g

蘭姆酒 8.5g

1　依照p58操作要領製作杏仁奶油餡。但杏仁粉、低筋麵粉先與可可粉拌合後再加入。由於添加可可粉後油脂成分增加，可能喪失杏仁奶油餡原有鬆軟的質感，因此拌合時，要以網狀攪拌器拌入空氣，避免烘烤後變得過於厚重。

■ 組合與烘烤

巧克力豆　1個蛋糕30g

蛋黃液（→p108） 適量

1　將其中1片巧克力反折疊千層酥皮置於鋪有烘焙紙的烤盤上，各以直徑23cm與18cm的圈模，做上2個圓的記號。

2　將甘納許填入裝有口徑13mm圓形花嘴擠花袋中，各別以螺旋狀擠130g於18cm的圓內（厚度約8mm），以小刀抹平。

3　將小瓷偶置於圓的邊緣，撒上巧克力豆（f），以抹刀稍按入。

4　將巧克力杏仁奶油餡填入裝有口徑15mm圓形花嘴擠花袋內，於步驟3分別擠上260g平坦的螺旋狀（厚度約1.2cm），以抹刀抹平（g），圓形的邊緣刷上水。

5　其上方再蓋上1片巧克力反折疊千層酥皮，方向必須不同於底部的麵團，與壓麵機前進方向成90˚再蓋上。

6　一邊壓出麵團間的空氣，一邊於甘納許與杏仁奶油餡的外圍末端部分，以拇指確實按壓至黏合（h）。

7　蓋上直徑23cm的圈模，以小刀切除多餘的麵團，放進冷藏庫鬆弛最少1小時。

8　將步驟7翻面後放上鋪有烤盤紙的烤盤，並刷上蛋黃液，蓋上直徑18cm的圈模，以小刀刀背做上記號。

9　拿掉圈模，於該圓的範圍內以小刀刀背畫上平行的雙線，再畫上以60˚交錯的雙線成為菱格狀（i）。

10　在圓的邊緣以小刀刀背畫上葉脈圖樣。自中心曲線起交替畫上線條，為了讓線條越來越粗，小刀的刀鋒必須慢慢傾斜躺下劃開。

11　放入上火190℃、下火200℃的平板烤箱（平窯）烘烤。

12　約30分鐘表面開始上色時先出爐，於側邊以小刀刺入，戴上棉手套用雙手將空氣按壓出。

13　同時以小刀在表面畫線上方刺入，排出空氣。

14　在烤盤放上3cm高的烤模作為支撐，蓋上一張烤盤紙後再蓋上烤盤（為了統一高度），再放回同溫度設定的烤箱中，繼續烘烤30分鐘（j）。

15　拿掉烤盤，雙手戴上棉手套，由上向下按壓，以幫助空氣排出。再次送回烤箱，續烤30分鐘。

16　移至放有網架的烤盤上，在上方與側邊篩上薄薄的糖粉（k）。

17　放進210℃旋風烤箱烘烤4～5分鐘，讓糖粉焦糖化。取出於網架上放涼。

◆ 香脆可可豆碎粒
可可豆　適量
糖粉　適量

1　將可可豆以食物調理機打碎成1.5mm程度後移至鋼盆。
2　加入水（適量）並以刮板拌勻。
3　將糖粉分3次拌入，以刮板拌勻。若結塊先以手指壓散。
4　全部用手分散，使其完全成為分散狀態（不黏手且完全裹上糖粉）。
5　分散撒於鋪有防沾矽膠墊烤盤上，以170°C烤箱烘烤成為糖粒狀，約10分鐘。於室溫放涼後裝入密封容器保存。

■ 完成
杏桃果醬（→p109）　適量
香脆可可豆碎粒　適量
糖粉　適量

1　於烘烤完成的國王派邊緣刷上加熱的杏桃果醬，在上方沾黏上香脆可可豆碎粒，稍微按壓使其黏合。
2　於香脆可可豆碎粒上，篩一層薄薄的糖粉（l）。

在AIGRE DOUCE除了傳統的杏仁奶油餡外，每年會準備約四種口味的國王派。截至目前爲止，曾販賣過的有：摩卡咖啡、柳橙、蘋果伯爵茶（蘋果紅茶）、百香果、焦糖蘋果、魁北克（楓糖口味）、栗子、檸檬無花果、柳橙巧克力等。重點是不論哪種口味，主角都是千層酥皮與杏仁奶油餡，其他的元素只定位在額外添加的角色。照片上方是剛出爐，夾有蘋果與焦糖風味杏仁奶油餡的「焦糖蘋果」；照片下方是夾入濃郁的柳橙風味杏仁膏與柳橙風味杏仁奶油餡的「柳橙」，並將柳橙丁泥及柑橘（Mandarin orange）濃縮果泥、糖漬柳橙…等拌入其中。

柳橙芭芭露亞

Bavaroise aux Oranges

耶誕節是甜點店一年之中最熱鬧的季節。
法國耶誕節餐桌上不可或缺的耶誕樹幹蛋糕（Bûche de Noël），
將奶油餡以蛋糕體捲起成粗圓長條形，是傳統的造型。
但最近時有所見，將慕斯或芭芭露亞等製作成細長型的多層蛋糕，
呈現出現代時尚的耶誕樹幹蛋糕。
節慶用的甜點，大家重視的除了滋味以外，就是視覺上看了會讓人心弛神往、雀躍的華麗展示。
「柳橙芭芭露亞」中使用了雙色，如席布斯特奶油般的慕斯，和橙色糖板等異於日常甜點，
帶著特別風格的用心裝飾，詮釋耶誕氣氛。
不管從哪下刀，都可砰然躍出鮮豔美麗的剖面也是一大特點。

柳橙芭芭露亞的口味組成

POINT 9
糖漬橙皮
Ecorce d' Orange Confits
傳達甜點口味的裝飾。視覺上的點綴。

POINT 3
杏仁海綿蛋糕
Genoise aux Amandes
吸收糖漿的海綿。滿滿吸附，提升鮮明風味。

POINT 2
杏仁風味襯底海綿蛋糕
Fond de Genoise
基底。飽滿的杏仁風味與濕潤感。

POINT 8
糖板
Pastillage
貼於蛋糕兩端的特別裝飾。代表獨創的主張。

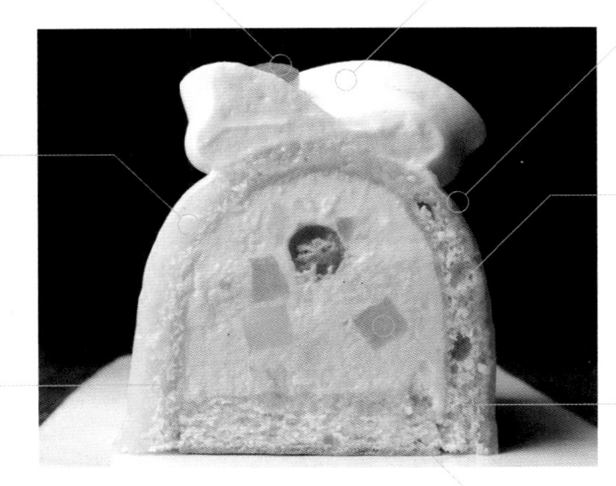

POINT 6
百香果慕斯
Mousse Fruits de la Passion
是上層內餡，同時也是視覺上的點綴。與芭芭露亞成爲對比，如席布斯特奶油（Crème chiboust）般輕盈的口感與風味。

POINT 7
果膠
Nappage
帶給甜點光亮與色澤。風味更佳。

POINT 4
糖漿
Sirop
添加順口感與清爽酸味。醬汁般的效果。

POINT 5
內餡
Garniture
雙色果凝與紅醋栗成爲視覺效果與風味的點綴。果實滋味與鮮明風味。

POINT 1
柳橙芭芭露
Bavaroise aux Oranges
這道甜點的主角。柳橙清爽、飽滿的滋味與香氣。奢華、入口即化的質感。

重點 1
設計與美味共存

多層蛋糕外觀上的華麗展現雖重要，但風味與口感都不應與其有太大差距，必須留意以能讓甜點的美味更爲加分的素材爲重。比如擠於蛋糕上的雙色慕斯，不使用常見的義式蛋白霜或奶油，而選用不加蛋黃的席布斯特奶油般的慕斯，在強烈主張水果風味的同時，也添加輕盈、滑順的口感。此外，不使用色粉，添加百香果與芒果果泥，使顏色甚至風味都更爲出色。

再者，容易被忽略但一定不能大意的是果膠。常見因考慮作業方便，而直接使用不須加水加熱，直接刷上的市售透明果膠，如此一來即便想增添風味，但可添加的果泥量難免受限。若使用可加水加熱的透明果膠，則可以添加果泥取代水，不僅可確實爲風味加分，在甜點變得更有光澤感以外，獲得增加風味的效果。

比較

果膠的類型會改變果泥的用量

不加水類型的透明果膠100g，所能添加的果泥量僅為5g；相對於此，加水類型果膠100g，可添加25g。

比較

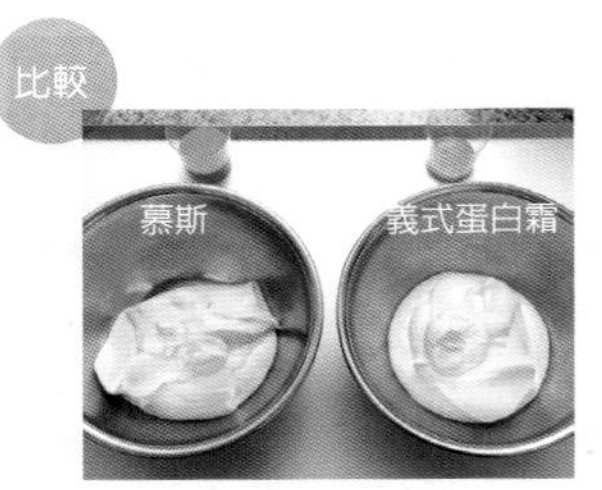

可添加果泥量的差距

比較慕斯與義式蛋白霜，義式蛋白霜（蛋白100g）最多只能添加15g果泥，但慕斯（蛋白75g）可添加57g，因此風味更佳。

於加水類型的透明果膠中加入百香果與杏桃果泥，熬煮成水果風味果膠。讓蛋糕不僅帶有美麗光澤，風味也更好。

重點2
獨創的絢爛繽紛裝扮

家人朋友聚會活動中享用的甜點，其視覺上的華麗感是非常重要的要件。將黃與白雙色慕斯塡進一個擠花袋內，以波浪狀擠在蛋糕上，呈現美麗對比的蛋糕裝飾。操作的重點是避免二種慕斯狀態的差異，同時間完成並迅速擠完。配合聖多諾黑(Saint-Honoré)專用花嘴的出口處線條作爲界線，塡入雙色慕斯，擠出時即可呈現美麗的雙色。

此外，側面黏貼的糖板是糖花的一種，將其運用於多層蛋糕，有助於讓裝飾看起來更具高級感。

慕斯操作最大的重點是雙色同時間，且以相同的柔滑狀態完成。為避免結塊迅速煮好的慕斯基底，分別調味成二種口味，並在義式蛋白霜最佳狀態下快速拌合。

為避免狀態變差，最好兩人分工合作，同時進行完成二種慕斯直到填入擠花袋為止。

將二種慕斯各別放入擠花袋，再套進同一個擠花袋內，是一次擠出雙色的訣竅。將二個擠花袋口剪成相同大小，有助於擠出時色澤平均。使用聖多諾黑專用花嘴。

黏貼於蛋糕兩端的糖板。壓切成圓形並蓋上AIGRE DOUCE的標誌章，以噴槍噴砂上橘色與綠色的色粉。以竹籤背在糖板上按壓，製作橙皮般的質感，並以星形六角螺絲起子按出蒂頭的形狀。

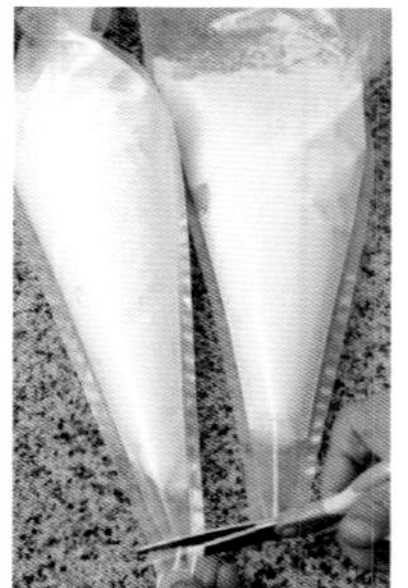

重點3
分切享用
也充滿樂趣的設計

我想用心於每個組成要件的配置與配色，讓耶誕樹幹蛋糕般長條形切片享用的蛋糕，不管從哪裡切下都可看到美麗的剖面。將組成要件做成層層疊疊，這樣正統形態的蛋糕也很美，但我在這道甜點當中使用了彩色的方塊果凝，和紅醋栗一起分散加入芭芭露亞當中，顯得更加生動，呈現充滿童趣的設計。

加入芭芭露亞中的內餡(雙色果凝與紅醋栗)，為了分切時能有均勻的切面，因此加入時要注意平均分散。

柳橙芭芭露亞的配方

57×8cm半圓長條1條

■ 杏仁風味襯底海綿蛋糕

(56.5×5.6cm1片)

全蛋 330g　細砂糖 270g
杏仁粉 250g　奶油 100g
牛奶 70g　低筋麵粉 180g
泡打粉 6.5g

1　將全蛋放入攪拌盆，以網狀攪拌器打散。加入細砂糖邊以網狀攪拌器攪拌，邊隔水加熱至40°C左右。
2　加入杏仁粉，以網狀攪拌器攪拌，再以攪拌器高速攪打，待整個打發後降為中速繼續打發。
3　另取一鋼盆放入奶油與牛奶，隔水加熱至融化。
4　將步驟2攪打至泛白，舀起麵糊時會緩慢流動而落下，即可停下攪拌器。
5　舀一勺步驟4至步驟3中，並以網狀攪拌器拌開。
6　於剩餘的步驟4中，加入混合完成的低筋麵粉與泡打粉，再以橡皮刮刀拌合。拌至看不見白粉狀態後再繼續稍微攪拌，以拌出筋性。
7　將步驟5加入步驟6中，以橡皮刮刀拌勻(a)。
8　於鋪有防沾矽膠墊烤盤內，放上57×37cm蛋糕框，倒入步驟7以L形抹刀抹平。
9　放進180°C旋風烤箱烘烤15分鐘。拿掉蛋糕框連著防沾矽膠墊，一起移至網架放涼(b)。

■ 杏仁海綿蛋糕

(60×40cm烤盤1盤/690g)

全蛋 275g　細砂糖 185g
奶油 25g　低筋麵粉 82g
法式布丁(Flan)粉 62g
杏仁粉 62g

1　依照p52的操作要領製作杏仁海綿蛋糕。

■ 糖漿

(海綿蛋糕用150g，襯底海綿蛋糕用50g)

柳橙汁 75g　百香果泥 65g
杏桃果泥 65g

1　將所有材料拌合備用。

■ 組合1

1　將杏仁風味襯底海綿蛋糕切割成56.5×5.6cm大小，烤上色的那一面朝下，放在烤盤上，以刷子刷50g糖漿並冷凍。
2　將杏仁海綿蛋糕切割成56.5×18cm大小，烤上色面朝下，放在烤盤上，以刷子刷上150g糖漿。於上方鋪上OPP膠膜，蓋上網架後翻面，拿掉烤盤。
3　連著膠膜一起放進半圓長條模，沿著模具的曲線鋪上(c)。

◆ 果凝

(1/3個蛋糕框份量780g/A、B各1個)

洋梨罐頭糖漿 215g　吉利丁片 8片
糖煮洋梨(罐頭) 790g　磨下的柳橙皮 1.3個份
百香果泥 186g　柳橙汁 290g
紅石榴糖漿(grenadine) 14g

1　將洋梨罐頭的糖漿放入平底深鍋中，開火煮至沸騰再加入吉利丁並拌至溶解。
2　於食物調理機中加入糖煮洋梨、磨下的柳橙皮及少量百香果泥，並將整體攪打成泥。
3　待整體打成泥狀後再加入剩下的百香果泥、柳橙汁(d)，再次攪打成柔滑狀態，即可移至鋼盆。
4　邊加入步驟1，邊以網狀攪拌器拌勻。
5　將步驟4分成2盆各780g，其中一盆什麼也不添加(A)，另一盆加入紅石榴糖漿，並以橡皮刮刀拌勻(B)。
6　準備2個1/3蛋糕框，於底部緊實黏貼上保鮮膜再放置於烤盤上。分別倒入A與B後放進急速冷凍庫冷卻定型(e)。
7　從蛋糕框脫模後個別切成1cm方塊大小(f)，再放進冷凍庫備用。

■ 柳橙芭芭露亞

(1條930g)

牛奶 255g　香草莢 0.5根
磨下的柳橙皮 0.3個份
蛋黃 110g　細砂糖 100g
柳橙汁 100g　吉利丁片 3.5片
柑橘(Mandarin orange)果泥 15g
柳橙丁泥(Perlée d'orange) 100g
君度酒(Cointreau) 54° 30g
香橙干邑甜酒(Grand Marnier Excract) 50° 30g
鮮奶油(脂肪成分35%) 255g

1　於鍋中加入牛奶、香草籽與香草莢、磨下的柳橙皮，開中火加熱邊以橡皮刮刀攪拌至沸騰。
2　於鋼盆中加入蛋黃打散，再加入細砂糖以網狀攪拌器攪拌。邊倒入煮沸的柳橙汁邊攪拌均勻(g)。
3　將步驟1倒入步驟2，以橡皮刮刀拌勻，再倒回步驟1的鍋中。
4　開中火以橡皮刮刀邊攪拌邊加熱，待冒出大氣泡且開始變濃稠(約80°C為宜)即可熄火，邊攪拌邊利用餘溫加熱。
5　以錐形濾網(chinois)過篩入鋼盆，加入吉利丁後以橡皮刮刀拌溶，再以手持式電動攪拌棒攪打，至香草與橙皮的香味確實釋放出為止(h)。
6　加入柑橘果泥，以手持式電動攪拌棒攪打。
7　隔冰水攪拌降溫至38°C左右。加入柳橙丁泥、君度酒、香橙干邑甜酒，再以橡皮刮刀攪拌均勻。
8　於打至6分發的鮮奶油中，邊加入步驟7邊以網狀攪拌器攪拌。改持橡皮刮刀攪拌至整體呈均勻狀態(i)。

■ 組合2

果凝A 75g　果凝B 75g
紅醋栗（冷凍） 40g

1 在已鋪有杏仁海綿蛋糕的半圓長條模中，倒入930g柳橙芭芭露亞。

2 將兩種果凝混勻後撒入芭芭露亞中，並以小刀刀尖將果凝壓沉入；再撒上冷凍紅醋栗，一樣壓沉入芭芭露亞（j）。

3 將已刷上糖漿的冷凍襯底杏仁海綿蛋糕，上色面朝上覆蓋，以手心輕按使其黏合（k）。放進急速冷凍庫冷凍。

■ 果膠

（容易操作的份量）
透明果膠（可加水稀釋） 560g
百香果泥 70g　杏桃果泥 70g
水麥芽 40g

1 將所有材料放入鍋中，開中火。

2 以木杓邊攪拌至水麥芽溶解且沸騰為止（透明果膠未完全溶解也無妨）。

3 離火並以手持式電動攪拌棒攪拌至柔滑狀態（l）。使用前調整至55℃具流動性的狀態。

■ 組合3

1 以噴火槍稍微將已冷凍蛋糕的半圓形長模加熱，翻面放在鋪有網架的烤盤上。脫模後拿掉OPP膠模。

2 將果膠填入麵糊填充器內，自步驟2末端開始淋覆在表面（m）。

3 砧板鋪上OPP膠模再篩上糖粉，放上步驟2。切成21cm長度。

4 移到厚襯紙板上，放進冷藏庫冷卻。

■ 百香果慕斯

（容易操作的份量）
柳橙汁 300g　百香果泥 85g
磨下的柳橙皮 0.4個　玉米粉 30g
細砂糖 50g　吉利丁片 4片
A［芒果果泥 125g
　 吉利丁片 0.7片
B 君度酒（Cointreau）54° 15g
義式蛋白霜
　細砂糖 300g
　水 75g
　蛋白 300g

1 鍋中加入柳橙汁、百香果泥、磨下的柳橙皮。

2 先混合玉米粉與50g細砂糖，再加入步驟1中，以網狀攪拌器拌勻。

3 開中火，以網狀攪拌器攪拌，依照卡士達奶油操作要領製作，待冒泡沸騰後離火即加入4片吉利丁，攪拌至溶解（n）。

4 分成2份各480g。於其中一份中加入0.7片吉利丁，以及稍微加熱的芒果果泥，以網狀攪拌器拌勻（A），為避免降溫放置於較溫暖的地方。

5 另一份加入君度酒，並以網狀攪拌器拌勻（B）。為避免降溫放置於較溫暖的地方。

6 製作義式蛋白霜。以細砂糖與水做成可以冰水捏出小軟球（petit boulé）程度的糖漿。倒入蛋白後以攪拌器的高速打發。確實打發至蛋白霜可以拉出尖角程度即可降成中速，繼續攪打降溫至30℃為止。

7 將步驟6分成各一半，分2次各別加入A與B，以橡皮刮刀拌勻（為了讓慕斯在相同狀態下完成，最好二人同時分工進行，o）

8 將冷藏庫中的蛋糕取出，將蛋糕最頂部約3cm寬部分的果膠以小刀刮除。

9 將步驟7分別填入擠花袋，擠花袋口寬2cm處剪開。將2個擠花袋都拉直併攏，筆直地一起放進已裝有聖多諾黑花嘴的擠花袋內。將2個擠花袋口對準花嘴的裂縫處，先擠出少許做確認。調整擠花袋至雙色都能以完美的狀態擠出為止（p）。

10 稍微傾斜並以波浪狀擠上步驟8（q）。放進急速冷凍庫，待稍微定型後改移至冷藏庫。

■ 糖板

（容易操作的份量）
糖粉 100g　吉利丁片 0.5片
杏仁膏（裝飾用） 100g
巧克力用色素（黃、紅、綠） 少許
※巧克力用色素必須加熱融化後使用。

1 將糖粉放入鋼盆，加入先以微波爐加熱融化好的吉利丁，並攪拌至成為泥狀。

2 將杏仁膏壓平並於上方放上步驟1 再以手掌壓平。以刮板切割成8等分，重疊疊上。再切成8等分，再次重疊疊上。

3 於工作檯篩上糖粉（配方份量外）作為手粉，將步驟2於手心搓揉至均勻狀態（r）。

4 以擀麵棍擀成1mm厚度，並以直徑6cm圈模壓切。蓋上AIGRE DOUCE標誌的橡皮章，並以竹籤壓出點點做出柳橙皮般的花紋，再以星行六角螺絲起子按壓出柳橙蒂頭的形狀（s）。

5 於蒂頭部分噴上綠色（綠色與少許的黃色）色素，並避開該部分，在整體噴上橘色（黃色與少許紅色）色素。

■ 完成

糖漬橙皮 適量
香草風味果膠（→p109） 適量

1 於蛋糕兩側切口處各貼上一片糖板。

2 將糖漬橙皮壓切成直徑1.5cm、直徑1.3cm、直徑8mm的圓形。裝飾於蛋糕上的百香果慕斯上（t）。

3 將糖漬橙皮刷上香草風味果膠。

紅寶石

Rubis

「紅寶石」蛋糕是我在「雷諾特LENÔTRE」實習時第一次接觸，
受到相當大衝擊的一款蛋糕。
紅醋栗的強烈酸味與澀味、奶油、等量的杏仁粉與糖、蛋白霜、
只添加了酒的慕斯口感、擠上大量又甜又重的蛋白霜…等。
所有的一切都是經典中的經典，讓我不禁回憶起當時「理解這道甜點的美味＝理解法式甜點」的感受。
雖然花了一些時間，然而現在我終於可以打從心底覺得美味。
即便如此，對現代人來說，這道甜點畢竟過甜過厚重，因此我保留下好的部分，調整得更輕盈容易入口，
讓糖漿、慕斯、義式蛋白霜都帶著檸檬香氣，並減低義式蛋白霜的砂糖用量，讓甜度大幅下降。
不強調酸與甜的對比，而是讓酸味與香氣合而爲一，使整體風味更加柔和協調，
才是專屬於我的「紅寶石Rubis」。

紅寶石的口味組成

POINT 1
杏仁慕斯
Mousse aux Amandes
這道甜點的主體。生杏仁與奶油的濃郁與美味。

POINT 2
經典海綿蛋糕
Génoise Classique
具相當存在感，是這道甜點的基座。支撐濃厚的慕斯，厚重的口感與風味。

POINT 3
糖漿
Sirop
降低厚重感的清爽檸檬香氣。好吃且順口。

POINT 4
果凝
Gelifier
多汁的果實風味，無澀味的莓果酸味。讓甜點更好入口。

POINT 5
紅醋栗醬汁
Sauce Groseilles
令人印象深刻的醬汁是口味與視覺上的主角，帶澀味的酸味是絕佳點綴。

POINT 6
義式蛋白霜
Meringue Italienne
輕盈有彈性的檸檬香氣，也具備裝飾效果。

POINT 7
紅醋栗
Groseilles
傳達口味的裝飾。

重點 **1**
活用古典的雅趣

「紅寶石」原本由奶油加上等量（tant pour tant）杏仁粉與糖，以及蛋白霜、添加櫻桃白蘭地的慕斯，搭配組織細密的濕潤海綿蛋糕、高甜度的義式蛋白霜、紅醋栗醬汁等，四大成分組合而成。其中的義式蛋白霜，使用蛋白兩倍份量的砂糖製作，相當甜。當時僅用噴火槍將其表面噴至上色，是黏膩厚重的口感。與帶著強烈酸味的紅醋栗成爲對比，總之風味強烈，在我印象中是一道非常厚重的經典甜點。外觀設計從現代角度來看，充滿粗曠古樸的氛圍。然而這古樸的特徵也正是「紅寶石」的魅力所在。若爲了調整成現代人喜好，而捨棄其深具魅力的部分，不免顯得捨本逐末，因此決定不改造其基本組成和各部分間的協調。另外，也承襲其擠上大量蛋白霜，再以噴火槍噴至上色的呈現方式。但另一方面，則將糖份與酒精比例大幅降低，以凸顯其輕盈感。另外，將酸味散佈各處以求協調，打造成現代化風味。琢磨"古樸感"使「紅寶石」變身成令人耳目一新的個性化，更饒富趣味的是，看起來更美味了。

義式蛋白霜是象徵這款紅寶石蛋糕的特點之一。於蛋糕周圍滿滿擠上一圈。

不在蛋白霜上直接使用噴火槍，而是篩上糖粉再送進烤箱烤至上色。與大紅色紅醋栗醬汁所形成的色彩對比，也是紅寶石的特色。

重點2
比起對比更注重呈現協調感

品嚐甜點時，要每一口都能以最佳比例吃進所有組合成分非常困難。此外，只要其中一個組成要件相當突出，即使進到口中便會融合為一，也會因對比過於強烈，感覺整體不協調。在此我們添加了檸檬的香氣作為額外的元素，在糖漿、慕斯、義式蛋白霜的各個部份，拌入檸檬皮或檸檬果泥，讓檸檬的酸味與香氣處處散佈，溫和地包覆住紅醋栗的強烈酸味，而取得風味上的協調。這裡的檸檬對提點出各個部份滋味的效果絕佳。同時，將古典「紅寶石」蛋糕中不存在的覆盆子果凝隱藏於慕斯中，使鮮明風味與順口度大幅提升。覆盆子的酸味雖與紅醋栗醬汁相當，但少了其澀味，可成為銜接紅醋栗與其他部分的緩衝劑。即使不熟悉紅醋栗那充滿個性滋味的人，也可以不過度抗拒地品嚐是一大好處。

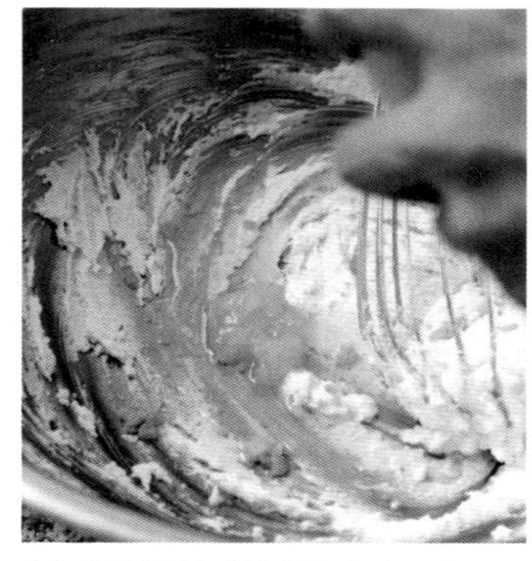

杏仁慕斯及糖漿等各個組成要件中，都分別加入磨下的檸檬皮、檸檬利口酒(Limoncello)、檸檬果泥等，以凸顯出風味的一致性，並可緩和「紅寶石」帶給人的濃厚沉重印象。

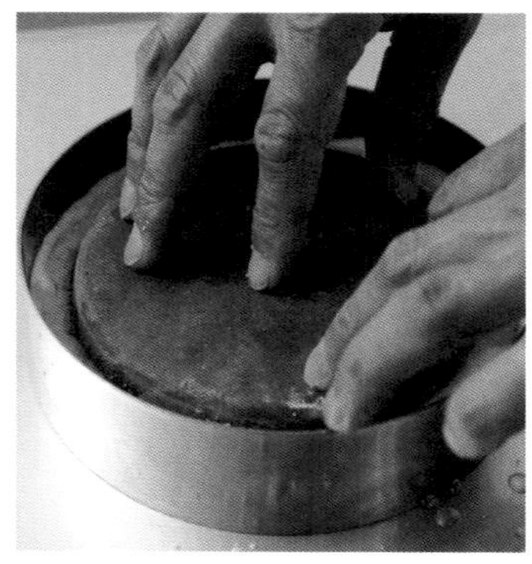

果凝是在覆盆子中加入少量細砂糖，大致煮過後再添加吉利丁後冷凍。在杏仁慕斯中加入果凝，可添加清爽的果實與鮮明風味，讓慕斯更好入口。

重點3
製作輕盈蛋白霜，美麗呈現

運用義式蛋白霜做裝飾，是經典甜點中常用的手法。若提高糖分則蛋白霜的光澤及氣泡持久度都會變佳，但使用過量則會變成又甜又厚重的甜點。在此口味優先於裝飾，因此減低糖度製作成現代風的輕盈風味。為了避免破壞蛋白霜的氣泡，盡量應於販賣提供前才打發並抹面裝飾。萬一打發過頭，或甚至即使以絕佳狀態打發完成，也會因放置時間太長而變得粗糙，因此蛋白霜須趁柔滑狀態時快速抹面裝飾完成。再者，「紅寶石」使用奶油含量高的慕斯，溫度管理也要特別小心。將蛋糕確實冷凍後，在義式蛋白霜降至30℃狀態下抹面裝飾，再放進高溫烤箱中迅速烘烤，才可避免慕斯中的奶油融化，以完美狀態完成。

為能輕盈呈現，因此控制蛋白霜的砂糖量。於提供販賣前打發並迅速抹面，可避免蛋白霜變粗糙。

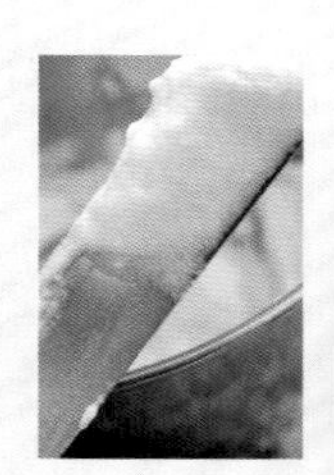

打發後放置一定時間便會如照片般，蛋白霜會呈現脫水現象。

比較

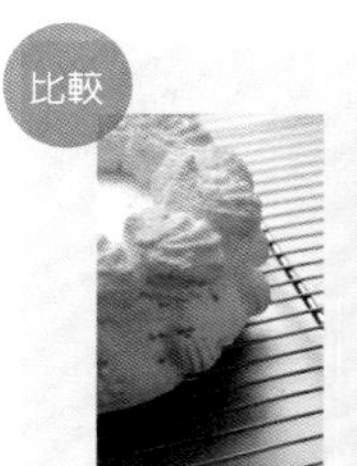

義式蛋白霜的溫度

義式蛋白霜在溫暖狀態下開始裝飾，會造成慕斯中所含的奶油融化，放進烤箱烘烤時蛋白霜會滑落。如右邊照片般，從側邊看起來呈現膨脹狀態。

紅寶石的配方

直徑15cm×高4.5cm的圈模，2個

■ 經典海綿蛋糕
（直徑15cm×高5.5cm的海綿蛋糕模2個／1個230g）
全蛋　205g
細砂糖　125g
奶油　40g
低筋麵粉　120g

1　於攪拌盆內放入全蛋與細砂糖，以網狀攪拌器攪拌並隔水加熱至約40℃再繼續攪拌。
2　攪拌器以高速打發，充分打入空氣，直至泛白並變濃稠，麵糊呈緞帶狀滑落為止。
3　轉低速慢慢攪打，將麵糊的氣泡調整至細緻，便可停下攪拌器。
4　於融化好的奶油中加入少許步驟3，以網狀攪拌器拌勻。
5　剩餘的步驟3移至鋼盆，加入已過篩的低筋麵粉，邊以橡皮刮刀攪拌。需攪拌至稍感覺得到麵糊變重為止，稍微出筋的狀態（a）。
6　將步驟4加入步驟5拌勻。
7　於已鋪上蛋糕卷用白報紙的帶底海綿蛋糕模中，各倒入230g麵糊。
8　兩手拿起烤模，在工作檯上輕敲以敲出空氣，旋轉烤模讓麵糊呈現中央凹陷狀態。
9　放入烤盤上以上火180℃、下火170℃的平板烤箱（平窯）烘烤約35分鐘（b）。從烤模脫模，連著紙一起放上鋪有烤盤紙的網架上放涼。

■ 果凝
（1個125g）
覆盆子（冷凍，碎粒）　235g
細砂糖　40g
紅石榴糖漿（grenadine）　5g
吉利丁片　0.8片

1　於鍋中加入覆盆子、細砂糖、紅石榴糖漿，開中火。以網狀攪拌器邊攪拌邊加熱邊熬煮開（c）。
2　離火後加入吉利丁，以網狀攪拌器拌至溶解。
3　移至鋼盆，再倒入直徑12×高2cm的圓形軟烤模中，每個125g（d）。放入冷凍庫冷卻定型。

■ 紅醋栗醬汁
（1個25g）
細砂糖　100g
果膠　1g
紅醋栗（冷凍，整顆）　400g
紅醋栗果泥　100g
水　80g
※紅醋栗先解凍備用。

1　取少許份量中的細砂糖先與果膠拌合。
2　將紅醋栗解凍時流出的果汁與紅醋栗果泥、水、剩下的細砂糖放入寬底鍋中，以網狀攪拌器攪拌。
3　開大火以網狀攪拌器邊加熱邊攪拌。沸騰後加入步驟1，再加入紅醋栗果肉，以木杓邊攪拌至再次沸騰。
4　移至烤盤上攤平，於室溫下放涼（e）。

■ 糖漿
（1個100g）
波美30°糖漿（→108）　105g
檸檬利口酒（Limoncello）　55g
水　20g
檸檬汁　13g
磨下的檸檬皮　1.5g

1　將所有材料拌合。

■ 杏仁慕斯
（1個230g）
細砂糖　110g
水　27.5g
蛋白　90g
奶油　70g
糖粉　45g
杏仁粉　70g
磨下的檸檬皮　3.3g
檸檬果泥　17g
檸檬利口酒　28g
吉利丁片　1.1片

1　將細砂糖和水煮至沸騰，直至可以冰水捏出小軟球（petit boulé）程度的糖漿。邊倒入蛋白中邊以高速打發。打至6分發即降到中速，續攪拌到降溫至30℃為止。製作濃稠的義式蛋白霜。
2　與步驟1同時，將奶油放入別的鋼盆，以網狀攪拌器攪打至乳霜狀態，加入糖粉攪拌均勻。再依續加入杏仁粉、磨下的檸檬皮、檸檬利口酒，以網狀攪拌器拌勻。
3　吉利丁先以微波爐融化備用。
4　將步驟1分2次加入步驟2，並一一以橡皮刮刀攪拌。
5　未完全拌勻前先取一勺放入步驟3拌勻，再倒回步驟4，以橡皮刮刀拌勻（f）。

■ 組合
1　將經典海綿蛋糕底部薄薄一層切除，再橫剖片成每片1cm厚度的蛋糕3片。
2　於鋪有烤盤紙的烤盤上，放直徑15cm×高4.5cm的圈模，放入一片步驟1，以刷子刷上35g糖漿。
3　將杏仁慕斯填入裝有口徑13mm圓形花嘴的擠花袋內，於步驟2上以螺旋狀擠出（g）。

4　蓋上一片步驟1，並以手心輕按使其黏合，再刷上25g糖漿。

5　將果凝自軟烤模脫模，並疊上。於圈模及果凝的空隙間擠入杏仁慕斯，上方也以螺旋狀擠上杏仁慕斯（h）。

6　以小L形抹刀抹平，並將慕斯抹上圈模邊緣（i）。

7　蓋上一片步驟1，以手心輕按使其貼合，刷上40g糖漿。放進急速冷凍庫冷凍定型。

■ 義式蛋白霜

（容易操作的份量）

細砂糖　100g

水　25g

蛋白　100g

磨下的檸檬皮　5g

1　將細砂糖和水煮至沸騰，煮至可以冰水捏出小軟球（petit boulé）程度的糖漿。邊倒入蛋白中邊以高速打發。

2　打發後即可降到中速，加入磨下的檸檬皮並確實打發至可以拉出尖角程度。續攪拌到降溫至30℃為止（j）。

■ 完成

烘烤過的杏仁碎粒　適量

烘烤過的杏仁片　適量

紅醋栗　適量

1　將已冷凍的蛋糕放上轉台，依照p41「基本抹面」的操作要領，將義式蛋白霜平整抹上（k）。移至烤盤。

2　將義式蛋白霜填入裝有8齒8號星形花嘴的擠花袋中，從蛋糕側面由下而上，擠出12個水滴形奶油花（l）。

3　將義式蛋白霜填入裝有8齒10號星形花嘴的擠花袋中，於蛋糕上方邊緣處擠出11個螺旋狀玫瑰花。

4　將烘烤過的杏仁碎粒用拋投的方式，黏貼上步驟2的側面。將烘烤過的杏仁片撒於步驟3上方。

5　在整個蛋糕表面密實的篩上糖粉（m），放進230℃旋風烤箱烘烤1分鐘（n），再放進冷凍庫2分鐘左右冷卻。

6　於蛋糕上方中央位置，以湯匙舀入紅醋栗醬汁，再裝飾上一串紅醋栗。

覆盆子之心

Cœur Framboise

形狀對於擺放在餐桌時，展現多層蛋糕特有華麗氛圍的影響，舉足輕重。
圓形、四方形、愛心形…等，市面上的形狀五花八門，而我選擇使用簡潔的橢圓形。
我追尋比一般市面上橢圓形更細、更具設計感的造型，因此特地請人量身訂做。
「覆盆子之心」使用了一大一小此造型模具製作。採用巧克力與覆盆子口味，正所謂經典傳統組合。
又在其中添加了柔嫩的牛奶凍、果凝、爽脆的堅果、奶酥餅乾，在口感與滋味上做了變化。
視覺上高雅別緻的蛋糕，卻蘊含繽紛多彩的豐富夾層，這樣的感覺落差是這道甜點最大魅力所在。
如果能透過與摯愛的親人朋友一起分享，藉此增加更多的笑顏與更熱絡的對話交流，對甜點師而言，這已是無可取代的幸福。

覆盆子之心的口味組成

POINT 7
巧克力鏡面
Glaçage Cacao
黝黑晶亮的光澤。濃稠柔滑的口感。

POINT 1
巧克力慕斯
Mousse au Chocolat
這道甜點的主角。控制甜度，圓潤當中帶有可可的微苦，柔滑的舌尖觸感。

POINT 2
覆盆子風味牛奶凍
Blanc-Manger à la Framboise
這道甜點的第二主角。富彈性的柔嫩口感與滑溜的順口度。

POINT 3
果凝
Gelifier
莓果不帶雜質的酸甜滋味與鮮明風味。清晰呈現覆盆子滋味特有的樣貌與色澤。

POINT 9
覆盆子、紅醋栗
Framboises, Groseilles
裝飾。新鮮果實的口感與酸味。

POINT 6
糖漿
Sirop
凸顯覆盆子風味的幕後功臣。賦予甜點整體一體感。

POINT 5
巧克力杏仁海綿蛋糕
Génoise Chocolat aux Amandes
吸滿糖漿的海綿。與其他組合要件相互協調，帶著沉穩的濃郁香氣與層次感。

POINT 8
蛋白霜
Meringue
裝飾。一碰即融的輕盈口感。

POINT 4
堅果脆粒
Fond de Croquant
口感的點綴。饒富變化的口感與香氣。

重點 1
展現時尚風格

多層蛋糕具備著瞬間奪人目光的強大魅力，即使陳列許多小蛋糕也不敵多層蛋糕強而有力的存在感。「覆盆子之心」爲了將俐落流線型的造型發揮到極致，盡量只做最簡單的裝飾。首先是巧克力鏡面，雖然相當細微，但絕對是展現高級感的最佳裝飾，黝黑晶亮感最襯托莓果的火紅色澤。接著，爲追求更上一層樓的華美艷麗感，選用了蛋白霜。又圓又大的擠花難免顯得過於粗曠，因此使用較細的星形花嘴擠出細尖造型，呈現俐落簡潔感。爲了統一色調展現高雅別緻氛圍，先以噴砂噴上巧克力後，再貼到蛋糕側邊，以星形花嘴擠花所造成蛋白霜的凹凸形狀，會凸顯巧克力噴砂的濃淡差異，更加強時尚感。

巧克力鏡面使蛋糕瞬間變得高雅成熟。

蛋白霜細尖造型，為甜點添加華麗感。

巧克力與莓果類是經典搭配。不只風味，也襯托其鮮紅色。

比較

多層蛋糕特有的存在感

將「覆盆子之心」做成小蛋糕與多層蛋糕作比較。呈現方式與存在感的差異，一目瞭然。

重點2
鮮明的滋味與口感

如同裝飾，這道甜點的滋味與口感，也帶給人相當簡練俐落的印象。爲了避免扮演主角的巧克力慕斯變得過於厚重，故選用牛奶巧克力作爲主體，再添加可可膏與苦甜巧克力提味。覆盆子果凝與巧克力慕斯爲對比。而富彈性軟嫩的牛奶凍，則扮演串連這兩者的角色，緩和對比使其更爲協調。此外，爲口感增加存在感的是，爽脆酥鬆、嚼感絕佳的堅果脆粒。更增添了香氣與堅果的濃郁感，提味效果大幅提升。

作為主角的慕斯，以牛奶風味的覆蓋巧克力為基底，添加苦甜巧克力與可可膏，增添風味的層次感。

將覆盆子果凝倒入小一號的蛋糕模中定型備用，除了酸甜滋味與鮮明風味，使用叉子享用時，翩然現身的鮮豔色澤也令人印象深刻。

鋪於底部堅果脆粒的香氣與爽脆的口感，成為蛋糕的完美點綴。

重點3
切面也美觀

多層蛋糕基於分切一人一片的特質，必須留心其切面視覺效果的美感。「覆盆子之心」是在黝黑的鏡面與慕斯中，濃淡感各異的覆盆子鮮紅色驀地現身，令人印象深刻的一道甜點。每層一一冷凍整型，以確保每一層都能保持平整，讓人更能享受多層構造特有的美感。既然要活用精心安排的色彩，對於層層相疊時的順序更要小心。比如以這道甜點來說，覆盆子風味的牛奶凍一定要配置在果凝的上方。因爲一旦相反，解凍後的果凝滲流出的果汁，將會滲透入覆盆子風味牛奶凍中，顏色將混雜在一起。此外，務必於果凝下方放上海綿蛋糕，如此一來即可吸取滲流出的果汁。

比較

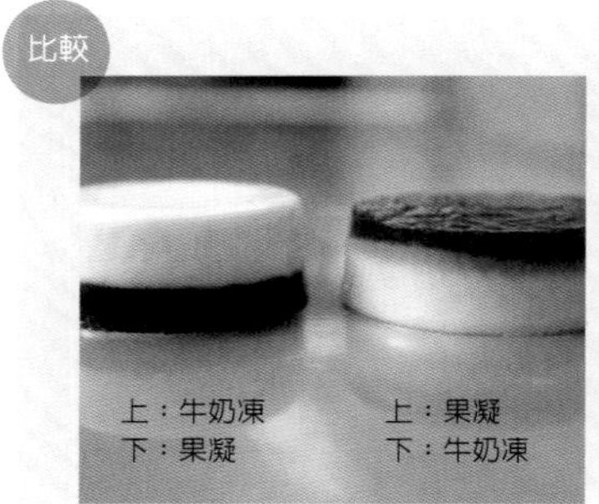

分層順序應該如何安排

將果凝與牛奶凍，顏色濃淡迥異的分層重疊時要特別小心。疊上時由於是冷凍狀態，起初即使沒問題，一旦果凝疊在上面解凍，便會滲出顏色，破壞原本顏色分明的層次。

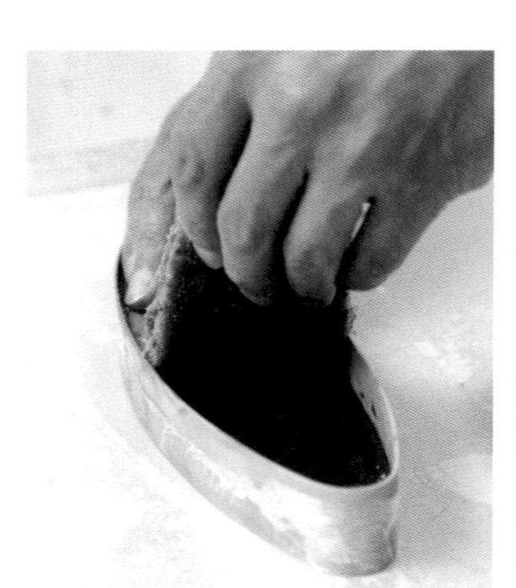

分層相疊時厚度必須一致並注意要平坦，才能確保不管從哪裡切割，都可以出現美麗的切面。

覆盆子之心的配方

長徑25×短徑8×高3.5cm的橢圓形2個

◆ 奶酥餅乾
（容易操作的份量）
奶油　100g
黃蔗糖（brown sugar）　100g
杏仁粉　100g
低筋麵粉　100g

1　依照p52步驟1～3操作要領製作麵團。
2　置於已撒上手粉的工作檯上，稍微搓揉至變軟。以壓麵機壓成5mm厚度。
3　以刀切成5mm四方塊狀，撒於不沾加工烤盤上，在170℃烤箱烘烤8～10分鐘。再於另一個烤盤上攤開放涼。

■ 杏仁脆粒
（容易操作的份量）
杏仁（去皮）　100g
細砂糖　100g
水　25g
奶油　3g

1　依照p112操作要領製作。

■ 堅果脆粒
（2個蛋糕所需份量／1個65g）
可可粉　7g
覆蓋巧克力（chocolat de couverture）
（牛奶巧克力）　3g
奶酥餅乾　80g
杏仁脆粒（→p112）　35g

1　將可可粉與覆蓋巧克力放入鋼盆，隔水加熱至融化。加入奶酥餅乾與杏仁脆粒並以橡皮刮刀攪拌（a）。
2　於烤盤鋪上OPP膠膜，放上長徑25×短徑8×高3.5cm的橢圓形模具。每一個模具中加入65g步驟1，並以湯匙背壓平（b）。放進冷藏庫冷卻定型。

■ 覆盆子風味牛奶凍
（2個蛋糕所需份量／1個50g）
牛奶　70g
香草籽　0.3根
細砂糖　20g
吉利丁片　1.7片
鮮奶油（脂肪成分35%）　75g
覆盆子白蘭地　12g

1　於平底深鍋中加入牛奶、香草籽並開中火。以網狀攪拌器邊攪拌邊加熱至沸騰。
2　離火後加入細砂糖與吉利丁，以橡皮刮刀拌至溶解。移入鋼盆中隔冰水將溫度調整至約30℃為止。
3　將鮮奶油打發至帶濃稠感的3分發程度。
4　添加步驟2，以網狀攪拌器攪拌。隔冰水降溫，以橡皮刮刀邊攪拌至呈現濃稠狀態為止（c）。
5　加入覆盆子白蘭地並攪拌後，填入麵糊填充器中。
6　於2個長徑21×短徑7×高3.5cm的橢圓模具底部，密實地黏貼上保鮮膜再放入烤盤上。各倒入50g步驟5於模具中，再放進急速冷凍庫冷凍（d）。

■ 果凝
（長徑21×短徑7×高3.5cm的橢圓模具2個／1個60g）
覆盆子（冷凍，碎粒）　80g
覆盆子果泥　80g
細砂糖　30g
紅石榴糖漿　35g
吉利丁片　1片

1　於平底深鍋內加入覆盆子、覆盆子果泥、細砂糖、紅石榴糖漿，以網狀攪拌器攪拌並加熱。
2　邊攪拌邊加熱至沸騰片刻後，離火加入吉利丁攪拌至溶解。
3　移至鋼盆，邊攪拌邊隔冰水降溫（e）。

■ 組合1
1　將果凝填入麵糊填充器，各倒入60g在已冷凍的覆盆子風味牛奶凍上。再放進急速冷凍庫冷凍（f）。

■ 巧克力杏仁海綿蛋糕
（60×40cm的烤盤1盤／690g）
全蛋　310g
細砂糖　195g
低筋麵粉　80g
法式布丁（Flan）粉　80g
杏仁粉　40g
可可粉　20g

1　依照p188的操作要領製作。

■ 糖漿
（2個／1個35g）
覆盆子白蘭地　20g
覆盆子果泥　30g
波美30°糖漿（→p108）　25g

1　將所有材料拌合。

■ 組合2
1　以長徑21×短徑7×高3.5cm的橢圓模具壓切巧克力杏仁海綿蛋糕。在無烤上色的那一面刷上35g糖漿（g）。

2 將步驟1蓋於已冷凍的果凝上，並以手指輕按壓至貼合。放進急速冷凍庫冷凍。

◆ 焦糖風味炸彈麵糊（pâte à bombe）
細砂糖 90g
熱水 90g
蛋黃 120g

1 鍋中加入細砂糖並開小火。加熱期間不時搖晃鍋身，直至煮成淡焦糖色即熄火並加入熱水，再以中火加熱至110°C為止。
2 將蛋黃放入鋼盆，邊以網狀攪拌器攪拌邊加入步驟1。過篩入攪拌盆中。
3 以攪拌機高速攪打，充分打入空氣，直至麵糊呈緞帶狀滑落的硬度為止（h）。

■ 巧克力慕斯
（1個130g）
覆蓋巧克力（chocolat de couverture）
（牛奶巧克力） 145g
覆蓋巧克力（苦甜巧克力） 45g
可可膏 15g
鮮奶油（脂肪成分35%） 220g
焦糖風味炸彈麵糊 70g

1 將2個種類的覆蓋巧克力與可可膏放入鋼盆，隔水加熱並以橡皮刮刀拌至融化（i）。
2 將鮮奶油打至6分發。
3 將1/3的步驟2加入步驟1，以橡皮刮刀拌勻。再加入焦糖風味炸彈麵糊，以橡皮刮刀拌開。
4 剩下的步驟2也加入步驟3，以橡皮刮刀攪拌至整體均勻狀態為止（j）。

■ 組合3
1 於冷卻定型的堅果脆粒上，倒入巧克力慕斯至模型的2/3高度為止，以湯匙背抹平並抹至慕斯模上緣，使中央呈現凹陷狀態（k）。
2 將已層疊冷凍備用的果凝與巧克力杏仁海綿蛋糕，海綿蛋糕的那一面朝下，放入步驟1中，並以手指按壓使其沉入慕斯當中，直到慕斯模空隙的慕斯滿出的程度為止（l）。
3 將巧克力慕斯倒滿入慕斯模中，以抹刀抹平。抹去慕斯模邊緣的慕斯（m），放進急速冷凍庫冷凍。

■ 巧克力鏡面
（容易操作的份量）
可可粉 150g
水 300g
鮮奶油（脂肪成分45%） 150g
波美30°糖漿（→p108） 210g
水麥芽 100g
細砂糖 375g
吉利丁片 9片

1 依照p110操作要領製作。

■ 蛋白霜
（容易操作的份量）
蛋白 100g
細砂糖 100g
糖粉 100g

1 將蛋白放入攪拌盆中並加入少量細砂糖，以攪拌器高速打發。整體大致打發後，再逐漸分次，每次添加少許細砂糖打發。
2 待確實打發後再篩入糖粉，以橡皮刮刀拌勻（n）。
3 填入裝有12齒7號星形花嘴的擠花袋內，於鋪有烤盤紙的烤盤，擠出長2.5cm寬1.5cm的水滴形蛋白霜。
4 放入90°C旋風烤箱烘烤60分鐘。連著烘焙紙放在網架上，於室溫中放涼（o）。

■ 完成
噴砂用牛奶巧克力（→p110） 適量
覆盆子 適量
紅醋栗 適量
糖粉 適量

1 將已冷凍的蛋糕脫模，並放於已架有網架的烤盤上。在冷藏庫半解凍至表面不結霜狀態。
2 加熱巧克力鏡面再調整降溫至25°C，填入麵糊填充器。於步驟1上方末端沿著其側邊，再往中央方向淋覆。
3 以抹刀抹平上方並抹去多餘的巧克力鏡面（p）。移至蛋糕底部襯板上。
4 將蛋白霜排列於烤盤上並以烤箱稍微加熱，再於表面噴砂上牛奶巧克力（q）並趁風乾前貼在步驟3的側面（r）。
5 覆盆子上篩少許糖粉後放在蛋糕表面，再裝飾上紅醋栗。

團隊的力量

專屬於我的口味與特色能夠忠實呈現於甜點上，無疑地，都要歸功於與我一起在廚房工作的每位夥伴。接下來能夠把這些甜點以最佳狀態提供給顧客，則要仰賴負責販賣的夥伴。這是由工作夥伴們所集結而成的一個團隊。為了讓廚房的夥伴理解我的甜點，傳達給大家的不僅僅是配方及作法，包含每個工序代表的意義，我都會詳細具體說明。隨後再由副主廚及冷藏蛋糕、常溫蛋糕的各個負責夥伴同心協力，不時相互確認。常見大家圍著廚房工作檯作業的畫面，這是一個充滿可以恣意確認每個操作內容氛圍的環境。摒棄上對下的強權壓抑，注重互相尊重，早晚餐食與共，確實做好良好的溝通。如家人般的關係，是我們的優勢。各司其職，不互相揣測，推誠布公，才得以團結一致，共同追求更上一層樓的美味。

（後排：由右而左）
冨田大介先生／梶塚良先生／小嶋健先生／石田恒平先生／真柴愛子小姐／平松佑介先生／五十嵐樹先生／山下達夫先生
（前排：由右而左）
安積研二先生／大和さやか小姐／清水聡美小姐／土淵由紀小姐／渡辺千代子小姐／寺井則彥主廚／山﨑千尋小姐／江越仁美小姐／高原由依小姐／池本彩苗小姐／前花朋代小姐

焦糖布丁　麥香布丁　巧克力布丁　草莓香緹蛋糕　悲慘世界

香緹乳酪蛋糕　草莓塔　蘋果凍派　栗子火炬　皇家栗子派

千層派　草莓大黃巧酥　雪人馬卡龍　覆盆子馬卡龍花　異國椰香布丁

蜜桃梅爾芭杯　閃電提拉米蘇　椰香蛋糕卷　榛果蛋糕　象牙白巧克力蛋糕

榛果咖啡蛋糕　洋梨栗子塔　加勒比　椰子草莓蛋糕　草莓夏洛特

柔情　黑森林開心果蛋糕　洋茴香咖啡蛋糕　皮肯阿美爾蛋糕　微醺紅酒薩瓦蘭

甜點名（中文）

甜點名（法語）

組成要件名（數字為配方頁數）

用語解說

à la nàppe 加熱蛋黃、砂糖、牛奶，加熱至以木杓舀起，木杓平坦處會留下痕跡狀態（80℃）為止。
à la minute 現點客製。
appareil 液狀蛋糊。
infuser 萃取香味。
verrine 杯裝甜點。
Escoffier 埃斯科菲耶 Auguste Escoffier 奧古斯特・埃斯科菲耶。現代法國料理的始祖。也泛指埃斯科菲耶所著作的書。
eau-de-vie 以水果及穀物等為原料之蒸餾酒。
ovale 橢圓形。
OPP 膠膜 透明膠膜。
cacaomas 可可膏 pâte de cacao。
gâteau 甜點、蛋糕。
ganache 甘納許，於巧克力中拌入鮮奶油或牛奶等製作而成者。
garniture 填的餡料、內容物。
caraméliser 焦糖化、裹上焦糖。
caramel à sec 製作焦糖時不加水直至焦糖化。
cuisinier 廚師。
couverture 含較高可可脂成分，製作甜點用巧克力。
quenelle 紡錘狀（兩端尖細的圓柱型）。
glaçage 淋覆用。
glace royale 蛋白糖霜。使用糖粉、蛋白等製作的高黏度糖霜。
crème 奶油餡。
crème anglaise 以蛋黃、牛奶、砂糖製作之香草風味蛋奶醬。
crème au beurre 奶油霜。
crème d'amande 杏仁奶油。
crème pâtissière 卡士達奶油。
creme d'Anjou 天然乳酪製作的軟嫩甜點，是 Anjou 地區的名產。
groseille 紅醋栗。
croquant 具嚼感且爽脆。
copeau 巧克力刨花。
cornet 圓錐形。以烘焙紙捲成圓錐形的擠花袋。
confiture 果醬。
compote 糖煮。
sambuca 義大利的利口酒。具甜點風味，比 pernod 茴香酒更溫和。有無色透明與黑色兩種，本書使用無色透明者。
génoise 以全蛋法製作的海綿蛋糕體。
chinois 圓錐形濾網網。
julienne 切絲。
gelifier 果凝。
gelée 果凍。
shock freezer 急速冷凍庫。
silpat 防沾矽膠墊 以矽膠與玻璃纖維製作的烘焙用烤墊。
silpan 矽膠網墊 網狀加工製作由 DEMARLE 公司製作的烘焙用烤墊。
stick mixer 即手持式電動攪拌棒。
cercle 無底的圈模。
dice 切丁。
dacquoise 達克瓦茲 以杏仁粉與蛋白霜製作的甜點。
tant-pour-tant 杏仁粉與糖粉以 1：1 比例拌合。
détrempe 製作千層酥皮中的以麵粉為基底之基本揉和麵團。
tempering 調溫（主要為覆蓋巧克力）溫度調整。
tremorine 轉化糖。
nappage 凸顯光澤感用。
nappage neutre 透明果膠。
pâte à Glacer 淋覆用巧克力。
pâte à choux 泡芙麵團。
pâte à bombe 炸彈麵糊 於蛋黃添加糖漿後打發之麵糊。
pie roller 壓麵機 將麵團擀薄之機器。
bavaroise 芭芭露亞。
pastis 藥草與洋茴香類利口酒總稱。
pastillage 裝飾用的砂糖團。
palette knife 抹刀 塗奶油餡等抹平時使用的金屬抹刀。
pièce montée 裝飾用甜點。宴會時將甜點層疊點綴起的大型裝飾。
piquer 打洞、刺洞。
biscuit 分蛋製作的海綿蛋糕體。
biscuit sans farine 不使用麵粉的海綿蛋糕。
pistolet 噴砂用器具。
feuillantine 搗碎的薄脆餅。
feuilletage 折疊千層酥皮。
fève 豆子。放入國王派中的小瓷偶。
fonçage 將麵團入模至烤模底部或內側。
petit gâteau 一人份蛋糕。
petit boulé 將細砂糖與水煮至 118℃。
praline 帕林內將堅果裹上焦糖後做成泥狀者。
framboises 覆盆子、野莓。
Brix 糖度 白利糖度計（曲折度糖度計）所測量的糖度。
fraisier des bois 野草莓。
fromage blanc 天然乳酪。
perle 珍珠。
Baumé degree 液體的濃度。為測量比重之單位，以比重計測量。
pocher 以未達沸騰溫度之熱水燙煮。
pomponette 小圓球烤模 小蛋糕用模。比小塔模更深。
macaronnage 製作馬卡龍時邊按壓消泡，邊拌合粉類與蛋白霜之作業。
macaron parisienne 表面光滑的巴黎風馬卡龍。
marzipan 杏仁膏。分為 pâte d'amande（熟杏仁膏）、pâte d'amande crue（生杏仁膏）、塑形用杏仁膏等。
masquer 抹面。將奶油或蛋白霜等以抹刀抹覆上蛋糕體等。
mousseline 慕斯林 於卡士達奶油中拌入奶油。
meringue Italienne 義式蛋白霜。
recette 配方。
rosacea 螺旋狀玫瑰花。以星形花嘴擠出的形狀。

ATISSERIE FRANCAISE AIGRE DOUCE
PATISSERIE

後記

「AIGRE DOUCE」開店10周年這個具代表性的里程碑，這本屬於我人生的第一本書終於問世了。契機乃始於在『CAFÉ-SWEETS』這本雜誌，自2011年3月份刊起爲期一年的連載。只介紹配方&作法未免稍嫌枯燥，因此在每次的連載中我將每個組成要件分開一一追根究柢，解說我創造美味的細節內容。這也挑戰了透過雜誌平面所能傳達資訊的極限。傳達給大家的不僅僅是一個成功範例，而是透過數個失敗實例或實驗性比較，各種可能性的呈現，努力讓讀者能關注多樣化的甜點製作，與美味的呈現方式。

將那些連載更加擴大充實而製作的這本書中，介紹的甜點數量大幅增加，網羅各式各樣的蛋糕體及奶油餡，並對操作技巧及呈現型態也進行解說。整個內頁結構與坊間的配方食譜大相逕庭，從攝影到編排可說是一連串測試與失敗的嘗試。深入理解我的甜點，並將其化爲文字的瀨戶理惠子小姐。只要說明我的重點，便立即爲我拍攝大量照片的合田昌弘先生。偶與我面對面，負責連載編輯柴田書店的永井里果小姐，以及決定出書後爲我檢閱所有內容，整理成冊的鍋倉由記子小姐。將繁複的內容，設計編排地更平易近人的成澤豪先生及成澤宏美小姐。以及，爲我作好萬全準備，並協助將我的想法化爲現實「AIGRE DOUCE」的所有夥伴。最後，還有我的家人。雖然給大家添了相當多的麻煩，但也憑藉著大家的力量，讓這本書裝載入無數的心血。銘感於心。

現在雖然多了許多像這樣可以講述關於我的甜點製作的機會，但我並非一開始從事這個工作便一帆風順。我進到最初始實習的「雷諾特LENÔTRE」時，既不具備製作甜點的基本知識，理解力不足也不夠勤奮，吃了很多苦頭。但遇到了雷諾特東京店總主廚Serge Fribault爲始等，亦師亦友的傑出人士們，並受到了影響，瞭解到對事物追根究柢的重要性，跌跌撞撞中成就了今天的我。之後也經由世界盃甜點大賽（La Coupe du Monde de la Pâtisserie）、巧克力師及甜點師協會（Relais Desserts），而與法國本地的甜點師有越來越多交集，因而得以建構起不同於法國修業學習時代的關係，衷心感激。

對於甜點的製作，我想繼續下去的是對口味的堅持。只要繼續作爲一位職人，對口味創作探求的心就永無止盡。我重新體認到，未來我仍想繼續將更多的美味透過我個人特有的方式，以各種面貌，多樣化地描繪呈現下去。

2014年2月

寺井則彥

寺井則彥 *Norihiko Terai*

1965年，神奈川縣出生。調理師專門學校畢業後於西式甜點店工作。1984年進入「雷諾特LENÔTRE」工作了5年，練就了法式甜點的基礎。1991年赴法，於法國昂熱（Angers）的「Le Trianon」、比利時根特（Gand）的「Damme」、米盧斯Mulhouse的「Jacques」、法國巴黎的「Jean Millet」專研技藝後，更於法國藍帶「LE CORDON BLEU」巴黎校執教鞭。1996年就任「Hotel de Mikuni」甜點主廚。2003年代表日本參加世界盃甜點大賽（La Coupe du Monde de la Pâtisserie），並獲第二名殊榮。2004年獨立於目白開業經營「AIGRE DOUCE」。2005年成爲巧克力師及甜點師協會（Relais Desserts）會員，與世界各國頂尖甜點師有了更多深入交流的機會，並於法國舉辦講習會等，相當活躍。2012年擔任世界盃甜點大賽亞洲盃特別審查員。2013年擔任世界盃甜點大賽日本代表隊隊長，並在同年6月法國歐蘭德（Hollande）總統訪日時，受邀於首相主辦的午餐會中負責甜點製作。

Pâtisserie AIGRE DOUCE
東京都新宿區下落合3-22-13
電話／03-5988-0330
營業時間／10：00～19：00
咖啡廳13：00～19：00
公休日／週一・週二
（週一為國定假日時將照常營業）

系列名稱 / MASTER
書　名 / 味之美學
作　者 / 寺井則彥 NORIHIKO TERAI
出版者 / 大境文化事業有限公司
發行人 / 趙天德
總編輯 / 車東蔚
翻　譯 / 王雪雯
文編校對 / 編輯部
美　編 / R.C. Work Shop
地　址 / 台北市雨聲街77號1樓
TEL / (02)2838-7996
FAX / (02)2836-0028
初版日期 / 2018年9月
定　價 / 新台幣 1300元
ISBN / 9789869620512
書　號 / M14
讀者專線 / (02)2836-0069
www.ecook.com.tw
E-mail / service@ecook.com.tw
劃撥帳號 / 19260956大境文化事業有限公司

國家圖書館出版品預行編目資料
味之美學
寺井則彥 著；--初版.--臺北市
大境文化，2018[107] 248面；21×27公分.
（MASTER；M14）
1.點心食譜
427.16　　107012872